# 바이오필하모니

Biophilharmonie

김학용 저

북스힐

## 들어가면서

어울림!

세포는 수영장입니다. 하나의 인간 세포에는 10만 종의 단백질, 2미터 길이의 DNA, 헤아릴 수 없을 정도로 많은 수의 탄수화물, 지방, 무기물, 이온 등이 어지럽게 수영하고 있습니다.

수천만 개의 분자들은 무질서하게 서로 엉켜 있는 것처럼 보이지만 실제로는 매우 질서정연하고 체계적으로 생명 활동에 참여하고 있습니다. 흔히 '무질서 속의 질서'를 카오스라고 하지만 세포에는 어울림이라는 단어가 적절합니다. 60조 개의 세포가 모여서 사람을 만들고 그렇게 만들어진 사람의 몸의 안팎에는 그 수보다 10~100배 많은 박테리아들이 공생하고 있습니다. 더불어 살다가 심술이 나면 질병을 주는 녀석들이지요. 공생하는 박테리아뿐만 아니라 바이러스들까지도 수시로 우리 몸을 드나듭니다. 지구상에는 이러한 거대한 식구를 거느린 인간이 70억 명 살고 있습니다.

숲 속 세계는 어떨까요? 두 손으로 흙 한 줌을 쥐면 그 안에는 100억 마리의 박테리아, 100만 마리의 효모, 20만 마리의 곰팡이, 1만 마리의 원생동물이 있습니다. 전 세계 바다 속 바이러스는 $1 \times 10^{32}$개에 이릅니다. 일렬로 세우면 천만 광년에 달하는 숫자이지요.

세포라는 수영장이 어떻게 생겼는지, 그 안에 있는 단백질이 어떤 일을 하는지, 에너지 공장에서는 탄수화물을 어떻게 생산하는지, 벽을 쌓는 지방이라는 벽돌은 어디에 있는지, 수영장 컨트롤 타워에 있는 DNA가 수영장을 어떻게 통제하는지에 대해서 모아 놓은 것이 생명과학 책입니다. 이러한 내용을 다룬 책들은 너무나도 많지만 이 책은 어울림이라는 관점에서 생명을 소개하였습니다. 자세히 기술하다 보니 생명과학 이야기들이 다소 깊어졌습니다. 특히 Part Ⅰ, Ⅱ, Ⅳ의 일부 내용은 완벽히 이해하고자 애쓰지 않아도 무방합니다. 개인의 필요에 따라 선택적으로 활용했으면 합니다. 생명과학 용어들은 푸른색으로 처리하여 이 책의 이해를 도울 수 있도록 하였습니다.

먼저 생명체 내의 미시세계를 여행하면서 분자들을 들여다보려고 합니다. 분자 수준을 넘어서서 이제 생명체 자체를 여행하는 것이지요. 생명은 애초에 주변 환경을 기반에 두고 발생했고 이는 생명체를 주변 환경과 더불어 살아가는 것으로 바라보아야 한다는 의미입니다. 지구 속에서의 생명체 그리고 나아가 태양계 속에서의 생명체를 들여다봅시다. 생명체를 스스로 디자인하고 복잡계로서의 생명체를 여행하면서 마무리할 것입니다.

원고를 세심하게 교정해 주신 같은 학과 조태주 교수님과 신호전이/시스템 생물학 연구실 식구들에게도 감사 인사를 드립니다. 항상 곁에서 보듬어 주는 아내와 두 딸들에게 사랑을 보냅니다.

2014년 8월

저 자

## 차 례

**PART 0** 생명 속으로 1

**PART I** 생명 속의 미시세계 15

생명체에서 원자로 / 17
원자 속에 들어 있는 미시세계 / 19
원자에서 분자로 / 22
분자에서 거대분자로 / 32

**PART II** 생명체의 청사진 DNA 45

DNA 이야기 / 47
4진법으로 생명을 연주하는 인간 게놈이라는 악보 / 48
염색체 이야기 / 54
복제 이야기 / 55
전사 이야기 / 60
번역 이야기 / 68
개인 게놈 시대 / 74

**PART III** 지금도 생명체는 진화하고 있다 79

진화의 문턱에서 / 81
핀치의 부리를 통해서 본 진화 / 84
연구실에서 쏟아져 나온 박테리아의 진화 정보 / 103

분자 수준에서의 진화 / 106
적응에 대한 이야기 / 107
DNA의 새로운 화두, DNA는 생명체의 주인인가? / 109

PART Ⅳ 바이러스 이야기 111

생물과 무생물 사이 / 113
DNA의 수평적 이동 / 116
바이러스의 특징 / 120
바이러스의 분류 / 121
HIV와 후천성 면역결핍증 / 124
인플루엔자바이러스 / 127
구제역 바이러스 / 129
인유두종바이러스 / 131
프리온 / 133

PART Ⅴ 진화가 가져다준 생명체의 아이러니 139

구석기시대의 몸 / 141
혈색소 침착증 이야기 / 142
당뇨병 이야기 / 144
콜레스테롤이 나쁘다고? / 147
알데히드 탈수소효소 이야기 / 150
고혈압과 소금 이야기 / 152
글루코스-6-인산 탈수소효소 이야기 / 157
맹장 이야기 / 158
노화 이야기 / 160
프로그램화된 세포의 죽음, 세포사멸 이야기 / 165
손을 사용한 인간의 진화가 불러온 딜레마, 힘든 분만 / 168

**PART Ⅵ 사람이라는 행성 171**

박테리아의 세계에 온 것을 환영합니다 / 173
미생물이 비만을 조절한다고? / 174
기생충이 숙주를 조정한다고? / 176
질병 어떻게 볼 것인가? / 180
박테리아가 살아가는 방법 / 184
세계 최초의 유전공학자, 박테리아 / 187
플라스미드 / 188
사람 인슐린을 생산하는 박테리아 / 191

**PART Ⅶ 발생학의 패러다임을 바꾼 사람들 195**

발생 과정 / 197
발생이 가역적이라고? / 199
체세포 복제양 돌리 / 200
낭배형성 과정 / 201
배아줄기세포 / 202
성체줄기세포 / 203
줄기세포 사용의 한계 / 204
특화를 유도하는 마스터 유전자 / 205
암과 유도만능줄기세포 / 209
유도만능줄기세포의 응용, 질병을 접시 속으로 / 209

**PART Ⅷ 암! 함께 살 수는 없을까? 213**

절반의 성공에 대한 이야기 / 215
암 세포 / 216
신생혈관형성억제와 암 전이 / 217
줄기세포와 암 / 223
발암유전자와 원종양형성유전자 / 225

유전자의 자리이동과 발암유전자 / 226
암세포의 성장속도 / 228
암은 외부 문제가 아닌 내부문제로 다루어야 합니다 / 232
암! 함께 살 수는 없을까? / 233

**PART Ⅸ 생활 속의 생명과학 235**

생명과학, 생활 속으로 / 237
건강 속의 생명공학 / 238
형질전환 돼지 / 240
CSI 속의 생명과학 / 243
농업과 생명과학 / 248
생물반응기로서 동물 / 253
LMO와 GMO / 254

**PART Ⅹ 태양계에 속한 거의 모든 것들의 어울림 257**

태양 에너지로 살아가는 지구 생명체들 / 259
지구 생명체들의 탄생 / 263
지구 생명체들의 어울림 / 264
호모 사피언스를 만나면서 사라진 생명들 / 266
그 외에 우리 곁을 떠난 지구 종들 / 273
국립공원도 격리된 작은 섬 / 274
호모 사피언스가 헤집어 놓은 지구 에너지 문제 / 275
하늘조차도 / 276
미래에너지 / 278

**PART Ⅺ 과연 DNA는 생명체의 주인인가? 283**

유전자일까, 환경일까? / 285
후성유전자에 대해서 / 290

DNA 메틸화 / 293
히스톤 변형 / 295
논-코딩 RNA 이야기 / 297
자기조절시스템을 찾아서 / 299

PART XII 나에게 맞는 음식을 찾아서 303

개인맞춤형 식품 시대, 에피푸드 / 305
지방에 대한 불편한 진실 / 306
욕심이 비만을 부른다 / 308
현미 이야기 / 312
음식에 대한 불편한 진실 / 314
약과 독은 양의 문제입니다 / 316
유기농 채소가 우리 몸에 좋다고? / 317
내 체질에 맞는 나만의 음식을 찾아서 / 318

PART XIII 생명체를 디자인하라! 321

생체모방 / 323
생명체를 합성하다 / 328

PART XIV 복잡계 시대, 생명과학의 미래는? 335

복잡계로서 생명체 / 337
네트워크 과학 / 342
가상세포에 대해서 / 347

■ 찾아보기 —— 353

# PART 0

# 생명 속으로

## 차이코프스키 1812년 서곡
*1812 Overture Op. 49*

나폴레옹의 군대를 물리친 러시아의 승리를 기념하기 위해 작곡한 서곡입니다. 초기에는 나폴레옹 군대에게 밀리다가 러시아의 쿠투조프 장군의 군대가 반격하여 프랑스 대군의 퇴로를 차단한 보로디노 전투를 기념하여 작곡하였습니다. 반전을 의미하는 북소리가 서곡 중간 중간에 나오는데 북 대신 포병대가 실제 축포를 쏘았다는 이야기가 있습니다. 보스턴에서는 미국 독립기념일마다 보스턴 심포니 오케스트라가 이 곡을 연주합니다. 21세기 생명과학은 인간게놈프로젝트가 완성되면서 새로운 반전의 시기를 맞고 있습니다. 생명체를 바라보는 기존 관념에서 벗어나 새로운 관점에서 생명과학을 바라보는 반전의 시각이 필요할 때입니다.

생물과 무생물의 차이에 대해서 이야기해 봅시다. 무엇을 들 수 있을까요?

## 생명체는 외부 환경에 반응하나 무생물은 외부 환경에 반응하지 못한다

스마트폰에서 말하는 기린이나 말하는 고양이를 터치할 경우, 고양이는 외부의 자극에 분명 반응하지요. 그렇다면 스마트폰에 있는 말하는 고양이는 생명체일까요?

## 생명체는 세포로 구성된다

세포란 무엇인가요? 외부 환경과 구별되는 생명체의 독특한 특징입니다. 생명체는 세포로 구성되어 있다는 전제하에 이야기를 전개하고 있습니다. 컴퓨터의 부품들이 모여 컴퓨터를 만들 때 컴퓨터의 부품이 컴퓨터를 만드는 최소 단위라는 표현을 쓸 수 있겠지요? 세포라는 것은 살아 있는 생명체의 최소 단위라는 전제에서 출발합니다. 다시 말해 생명체를 만드는 최소의 부품이 세포라고 할 수 있습니다. 전제가 아닌 세포나 생명의 특성을 이야기합시다.

### 생명체는 호흡을 한다

호흡이란 무엇인가요? 산소를 들이 마시고 몸속에 있는 에너지원인 탄수화물(또는 탄소화합물)을 물과 이산화탄소로 분해하여 에너지를 냅니다. 생명체는 이 에너지를 이용하며 살아갑니다. 자동차의 연료인 휘발유는 탄소화합물입니다. 자동차 연소 시, 산소가 요구되고 물과 이산화탄소와 에너지를 내놓고 나온 이 동력에너지를 사용하여 자동차를 움직이게 합니다. 사람과 자동차는 같은 원리로 에너지를 내지만 사람이나 생명체는 호흡이라 하고 무생물은 연소라고 명명했을 뿐입니다. 원리는 다를 바가 없지요. 인간이나 자동차가 같이 산소를 이용하고 에너지원을 이산화탄소와 물로 분해하고 에너지를 만들고 사용하는 것은 같습니다. 생명체만의 고유의 특징은 아닙니다.

### 생명체는 생식을 한다

맞습니다. 생명체는 자손을 낳습니다. 무생물은 자식 즉 자손을 번성시킬 수가 없습니다. 그렇다면, 월경이 끝난 할머니나 어린이는 생명체가 아닌가요? 생식은 생명체의 고유한 특징입니다. 그러나 생식이 생명체의 필수조건은 아닙니다.

## 생명체는 진화한다

컴퓨터에 학습 프로그램이 있습니다. 정보가 들어오면 학습하여 다시 그 정보를 첨가한 후에 프로그램이 버전 업 되어 더 나은 결과를 도출합니다. 이것은 생명체의 진화와 다를 바가 없습니다. 컴퓨터 프로그램도 끊임없이 진화합니다. 요즘은 정・재계와 같은 사회 시스템에서도 진화라는 개념을 도입하고 진화의 관점에서 이해하고 해석하고 있습니다. 따라서 진화를 생명체만의 고유한 특성으로 볼 수는 없습니다.

지금까지 우리는 생명의 특징에 대해서 알아보았습니다. 그런데 우리가 진리라고 생각했던 생명체의 특성이 엉망이 되었습니다. 왜 이렇게 엉망이 되었을까요? 그 답은 간단합니다. 생명에 대한 정의가 아주 오래전 최소한 자동차나 컴퓨터가 만들어지기 전에 내려졌기 때문입니다. 시대가 바뀌고 과학이 발전하거나 새로운 사실이 발견되면 때로는 정의나 특성을 다시 정립하여야 합니다. 생명과학 분야는 특성을 재검토하는 최소한의 시간조차 가지지 않았습니다. 최첨단 컴퓨터가 장착된 자동차가 주류를 이루고 컴퓨터의 일상화를 넘어선 스마트폰 시대에 접어든 오늘날의 우리는 생명체에 대한 특성을 다시 생각해야 합니다. 자! 이 시점에서 우리가 내릴 수 있는 생명체의 특성에 대해 알아봅시다.

## 생명체는 최적의 반응성을 가진다

우리는 이야기합니다. 죽는 것보다 확실한 생명체의 특성이 있을까? 박테리아도 죽는가? 그 동안 박테리아는 영원히 산다는 견해가

지배적이었지만, 최근에는 박테리아도 죽는다는 연구 결과가 있습니다. 이 부분에 대해서는 Part Ⅵ에서 자세히 다루도록 하겠습니다. 결국 무생물과 생물의 가장 큰 특징은 무생물체는 죽지 않는 데 반해 생명체는 죽는다는 사실입니다.

그렇다면 생명체는 왜 죽을까요? 다시 말해 생명체가 죽는 이유는 무엇일까요? 우리는 이 이유에서 생명체가 가지는 근원적인 특성을 발견할 수 있을 것입니다. 먼저, 생명체와 무생물체를 이루고 있는 물질의 특성을 비교해 봅시다. 무생물체를 이루고 있는 물질은 공유결합이나 이온결합 등 비교적 강한 결합으로 이루어져 있습니다. 이에 반해 생명체를 이루고 있는 물질들은 이러한 강한 결합으로 물체를 유지하는 동시에 매우 약한 결합인 수소결합(hydrogen bond), 반데르발스 힘(Van der Waals force), 소수성 결합(hydrophobic interaction) 등이 반응에 관여합니다. 다시 말해 생명체를 이루는 물질은 강한 결합과 약한 결합이 동시에 존재하는 특성을 가지고 있습니다. 일반적으로 강한 결합이 구조를 지탱하고 유지하는 데 사용되고 약한 결합은 자유롭게 반응을 하는 데 관여한다고 볼 수 있습니다. 무생물체는 반응을 하지 않습니다. 생명체를 이루고 있는 물질은 어떨까요? 어떤 물질이나 외부 신호에 빠르게 반응하기 위해서 생체분자가 들어오는 물질이나 신호와 약한 결합을 통해 빠르게 반응하고 반응이 끝나면 이 결합을 곧바로 끊고 원래 상태로 돌아갑니다. 빠르게 반응하는 이 약한 결합은 잘 끊어지는 약점이 있습니다. 생명체의 목적이나 의지와는 무관하게 이 약한 결합이 끊어지게 되면 반응할 수 없을 것입니다. 우리는 이것을 생명체의 죽음이라고 합니다. 필자는 이러한 이유로 생명체를 '약한 결합시스템'으로 정의하고자 합니다.

## 생명체는 최고의 연속성을 가진다

생명체는 자신의 형질을 지속적으로 유지하고 대대로 물려주려는 특성이 있습니다. 이러한 특성을 우리는 '자기복제시스템'이라고 이야기할 수 있습니다. 앞에서 언급한 생식과 어떤 차이가 있을까요? 생식을 통해서 자신의 DNA를 유지하려는 것은 같은 의미이지만 앞에서 언급한 바와 같이 생식을 못하는 생명체도 있기 때문에 생식을 생명체의 특징이라고 단정지을 수는 없습니다. 자기복제시스템으로 바꾸는 것이 더 정확하다는 의미입니다. 왜냐하면 20세기 생명과학이 이룬 최대의 성과가 생명체가 자기복제시스템을 가진다는 특성을 발견한 것이기 때문입니다.

1950년 샤가프(Erwin Chargaff)는 모든 생명체의 아데닌과 티민의 비율이 같고 구아닌과 시토신의 비율 또한 동일하다는 샤가프 법칙(Chargaff's rule)을 발표하였습니다. 예를 들어 한 가닥의 염기 수가 100개인 DNA 조각에 아데닌이 42개 있다면 티민의 수도 42개가 됩니다. 또한 시토신과 구아닌의 수는 각각 58개가 될 것입니다. 이중나선구조가 발견되기까지 샤가프는 이 법칙의 규칙성을 설명하기 위해서 시간이 필요했습니다. 1953년 왓슨과 크릭이 DNA가 이중나선구조로 이루어졌고 아데닌과 티민 및 구아닌과 시토신이 서로 상보적으로 결합하고 있다는 결과를 발표하면서 확실히 증명되었습니다. 두 가닥의 DNA가 서로 상보적으로 결합하고 있다는 의미는 무엇일까요? 한 가닥의 DNA에 부분적으로 돌연변이가 일어나거나 사라지더라도 다른 가닥의 염기를 통해 상보적으로 보완이 가능하다는 의미입니다. 예를 들어, DNA 한 가닥에 3개의 염기가 사라졌다고 가정합시다. 그 부분과 일치하는 다른 가닥이 −A−G−C−였다면 사라진 가닥에 오는 염기는 −T−C−G−가 될 것입니다.

DNA 이중가닥이 서로 상보적 구조를 이루는 것이 가지는 또 다른 의미는 무엇일까요? 생명체의 자기복제시스템을 의미합니다. Part Ⅱ에서 자세히 알아보겠지만 하나의 세포가 분열하여 두 개의 딸세포가 될 때 이 DNA 두 가닥을 기반으로 새로운 DNA를 합성하여 전달하게 됩니다. 이러한 과정으로 생명에 대한 DNA를 자손에게 남길 수 있는 것입니다. 이 복제과정을 보면, 서로 상보적인 두 가닥의 DNA를 분리하여 한 가닥의 DNA를 바탕으로 새로운 DNA 가닥을 상보적으로 합성합니다. 그리하여 원래에 있는 DNA 가닥에 상보적으로 새롭게 합성한 가닥이 이중나선 구조를 만들게 합니다. 또 다른 DNA 가닥도 마찬가지 방법으로 합성하여 이중나선 구조를 만듭니다.

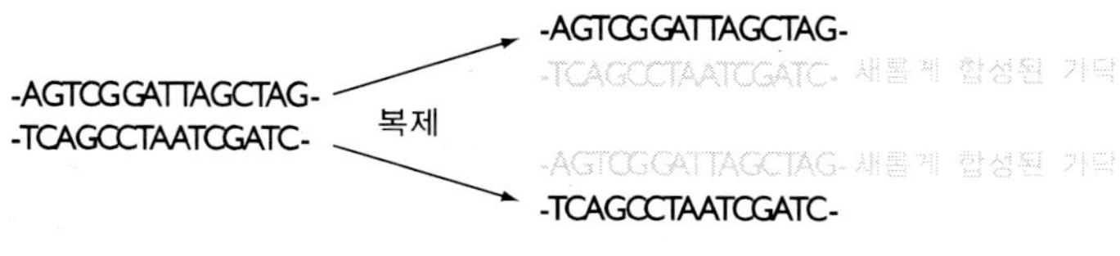


이러한 복제과정을 자기복제시스템이라고 정의하고 이 시스템을 이용하여 자신의 DNA를 자손에게 연속적으로 이어지게 함으로써 생명체를 유지하려고 하였습니다. 이것이 생명체만의 고유의 특징이라고 할 수 있습니다. 바이러스는 이중나선구조를 가지고 있는 녀석들도 있지만 한 가닥으로 된 DNA나 한 가닥의 RNA를 가지고 있는 녀석들도 있습니다. 이러한 바이러스는 자기복제시스템이 없습니다.

설령 이중나선 DNA를 가지고 있는 바이러스가 있더라도 그들은 자신이 스스로 복제할 수 있는 장치(관련 단백질과 DNA 조각들)를 가지고 있지 않기 때문에 생명체라고 할 수 없습니다. 생명과학자들 사이에서도 바이러스가 생명체인가에 대한 논란은 분분합니다. 여기서 언급한 생명체의 특성을 감안하면 분명 바이러스는 생명체가 아닙니다. 여기서는 결론을 짓는 대신 열린 마음으로 지켜보는 것으로 마무리하겠습니다. 이러한 이유로 생명체는 '자기복제시스템'이라고 정의할 수 있습니다.

## 생명체는 최고의 유연성을 가지고 있다

생명체는 자기조절 기능을 가지고 있습니다. 외부의 급격히 변화하는 조건 속에서도 생명의 본질을 유지하려는 항상성(homeostasis)은 곧 생명체의 유연성으로 나타납니다. 이 유연성을 조절하는 능력이 생명체의 자기조절 기능입니다. 자기조절이란 무엇일까요? 스스로가 일정한 질서를 위해 자신을 조절하는 능력이 자기조절 기능입니다. 질서정연하게 되어 있는 반응계에서는 자기조절이 일어납니다. 질서정연하다는 것은 엔트로피가 감소하다는 것인데 이것은 자연법칙에 역행합니다. 이 시스템을 유지하기 위해서는 에너지가 필요할 것입니다. 사람 몸속에서 가장 중요한 부분인 뇌, 생명을 구성하는 세포에서 가장 중요한 부분인 막, 즉 시스템이 무너지면 생명체는 죽습니다. 이 자기조절기능은 생명체라는 시스템 내에서만 가능합니다. 따라서 생명체는 '자기조절시스템'이라고 정의할 수 있습니다.

생명체란 공유결합을 통해 구조를 유지하고 약한 결합에 의해 외부 또는 내부의 다른 인자들과 끊임없이 소통(반응)합니다. 자기복제를 통해 연속성을 유지하며 자기조절 기능을 통해서 항상성 또는 외부에 대처하는 유연성을 가지고 있는 시스템이지요. 따라서 생명체는 마치 오케스트라를 구성하고 있는 악기 하나하나가 독립적으로 존재하지만 자기조절이라는 악보로 연주하는 하나의 교향곡과 같은 것입니다. 생명체가 연주하는 이 교향곡은 자기복제라는 능력 때문에 생명체가 죽지 않는 한 끊임없이 연주할 것입니다. 생명체는 약한 결합이 상호 빠르게 반응하여 생명 활동을 창조합니다. 생명체는 자기복제시스템을 기반으로 자신의 DNA를 자손에게 영원히 남기려고 합니다. 생명체는 자기조절시스템을 통해서 항상성을 유지합니다. 이러한 점에서 무생물과 다릅니다.

20세기 자연과학의 근본은 물리학입니다. 물질의 근본을 다루는 물리학에서는 물질을 이루고 있는 공유결합을 다루기 때문에 약한 결합을 다루는 것은 아닙니다. 공유결합 속에서 노니는 약한 결합과 생명체에서 일어나는 반응과의 관계를 이해하는 방법을 도출하는 것이 생명체를 이해하는 데에 관건이 될 것입니다. 그렇다면 무생물체에는 약한 결합이 없을까요? 물($H_2O$)을 예로 들어 봅시다. 두 분자의 수소가 한 분자의 산소 분자에 결합한 것입니다. 그러나 한 물 분자는 다른 물 분자와 약한 결합인 수소결합을 하고 거대한 덩어리를 형성하고 있습니다. 물은 강한 공유결합과 약한 수소결합의 집합체입니다. 생명체의 70~90%를 차지하고 있는 물도 약한 결합시스템의 특성을 가지고 있습니다. 생명체와 무생물체의 약한 결합시스템이 융합하여 지금의 생명체를 탄생시킨 것은 아닐까요?

그러나 이것만으로 생명체를 설명하기에는 부족합니다. 생명체만의 고유한 이 특성 위에 또 다른 인자를 추가하여야 진정한 생명체가 됩니다. 생명체는 수백만 또는 수천만의 인자(또는 생체분자)들이 모여 상호 작용하는 복잡계 시스템입니다. 복잡계 시스템에서 나타나는 특성을 고려하지 않고 생명체를 이야기할 수 없습니다. 생명체만의 고유한 특성은 아니지만 복잡계가 가지는 특성을 추가하여야 생명체의 특성을 이해할 수 있습니다.

복잡계의 두 가지 특징은 '자기조직화(self-organization)'와 '창발적 행위(emergent behavior)'입니다. 복잡계 관점에서 볼 때 생명체란 자기조직화에 의해서 만들어진 시스템이며 동시에 창발적 효과를 나타내는 시스템이라고 정의할 수 있습니다. 물론 이 두 가지 특성은 생명체에서만 나타나는 특성이 아니라 복잡계 세상에서는 항상 나타납니다. 이런 이유로 생명체의 특성에 넣지 않고 복잡계인 생명체를 이해하는 선에서 접근하려고 합니다.

자기조직화란 무엇일까요? 사막에는 모러 물결이 있습니다. 모래 물결 위의 모래는 중력에 의해 밑으로 떨어져야 함에도 불구하고 떨어지지 않고 다른 모래들과 서로 끌리는 힘에 의해 물결을 유지하고 있습니다. 중력에 의해 떨어지지 않게 하는 이러한 힘이 자기조직화의 힘입니다. 태국의 국립공원에 가면 수천 마리의 반딧불이가 짝짓기를 위해서 마치 크리스마스 트리의 반짝이는 불빛처럼 반짝입니다. 수천 마리의 반딧불이가 동시에 반짝이는 힘의 근원 또한 자기조직화입니다. 또 다른 예가 있습니다. 물고기가 살고 있는 어항의 유리를 두드리면 수많은 고기들이 동시에 방향을 틉니다. 이는 우두

머리 고기의 지시가 아니라 자기조직화의 힘에 의한 것입니다. 우리 주위에는 이처럼 수많은 자기조직화 현상을 자연에서 발견할 수 있습니다. 이러한 힘, 다시 말해 생명체를 구성하고 있는 분자들의 자기조직화가 시스템을 유지하고 있습니다. 따라서 생명체에는 이와 같은 자기조직화의 힘이 필수조건입니다.

복잡계는 특이한 행동 양상을 보여줍니다. 그 행동 양상을 우리는 창발적 행위라고 합니다. 창발적 행동이란 각 구성원들 전부는 전혀 가지고 있지 않는 특성임에도 구성원들이 모일 때 나타나는 전혀 예기치 못한 행위 또는 현상입니다. 간단히 말해, 생명체는 분명 물질로 이루어져 있습니다. 하나의 세포는 모두 물질로 되어 있습니다. 그 세포에는 정신도 영혼도 없습니다. 그런데 이러한 세포 60조 개가 모여 하나의 생명체인 인간을 만들면 그 생명체는 정신 또는 영혼을 가집니다. 정신이나 영혼은 어디에서 온 것일까요? 이러한 것이 창발적 행위입니다. 죽음이란 결국 60조 개의 세포가 흩어지고 서로 단절되어 하나의 세포로 분리되는 것입니다. 흩어진 각 세포에는 창발적 원인에 의해 발생된 정신이나 영혼도 사라집니다. 생명 과학적 특성에서 보면 죽음 이후에는 내세도 영생도 영혼도 없는 그대로의 무로 돌아가는 것입니다. 이에 대해서는 Part XIV에서 좀 더 자세히 살펴보도록 하겠습니다.

지금까지 새로운 시각에서 생명체의 특성을 알아보았습니다. 21세기에 들어섰음에도 불구하고 우리가 아는 생명체에 관한 정보는 여전히 10% 미만입니다. 나머지 90%는 여전히 모르고 있는 실정이지요. 고정관념에서 벗어난 혁신적이고 창의적인 사고와 시각으로 숨겨진 90%의 비밀을 보았으면 합니다. 이 책이 여러분들에게 그 시각을 가지는 데 보탬이 되면 좋겠습니다. 이것이 필자가 이 책을 읽는 독자들에게 하고 싶은 이야기입니다. 지난 수백 년 동안 인간은 환원주의(reductionism)를 통해 자연법칙과 생명 현상을 철저하게 이해하고자 노력했고 괄목한 성과도 거두었습니다. 그러나 20세기에는 생명을 시체로 만들어 해부대에 올려놓고 생명 없는 질서를 찾고자 하였습니다. 이것이 한계입니다. 앞으로 다가올 미래는 생명체에서 생명이 있는 무질서를 보아야 합니다. 살아있는 혼돈, 즉 생명 속의 카오스를 파악하는 것이 21세기 생명과학을 파헤치는 우리에게 직면한 과제입니다. 이 글을 읽는 여러분들이 바로 그 과제의 선두에 서 있습니다.

PART Ⅰ

# 생명 속의 미시세계

## 차이코프스키 비창 교향곡
*Symphony No. 6 in B minor, Pathétique*

이 작품을 작곡할 당시, 차이코프스키는 인생에 대한 극심한 절망감에 시달렸다고 합니다. 이러한 그의 번민이 피안의 세계로 녹아내렸는데, 정신세계의 심연에 흐르는 비탄과 격정, 인간애의 동정 또한 동시에 나타나는 작품입니다. 그러기에 비창 교향곡이 맞습니다. 이 비창은 낭만주의 교향곡 중 가장 뛰어나다는 평을 받았을 뿐만 아니라, 차이코프스키 자신도 '나의 일생에서 가장 뛰어난 작품'이라고 한 최고의 작품입니다. 또한 비창이 초연된 후 차이코프스키가 9일 만에 세상을 떠남으로써, 그의 진혼곡으로 불리기도 합니다. 소나타 형식, 공허한 화음의 배경, 불안정한 박자, 엘리제를 연상하는 감상, 호소하듯 울부짖는 아다지오, 이 곡은 차이코프스키의 마지막 탄식의 노래이자 애가이기에, 비창이라는 이름이 적합할지도 모릅니다. 그러나 이러한 평가들은 차이코프스키의 불행, 비창이라는 제목으로부터 쉽게 가져버린 선입견의 결과일 수도 있습니다. 왜 차이코프스키는 동생에게 이 교향곡의 제목을 열정이라고 소개했을까요? 열정보다는 비창이 좋겠다는 동생의 의견에, 차이코프스키는 어떤 표정을 지었을까요? 왜 스스로 이 작품을 자신의 작품 중 최고라고 평가했을까요? 그에게 운명처럼 닥쳤던 고난과 비탄을 극복한 말년의 차이코프스키는, 모든 것을 초월한 상태로 작곡을 통해 비창을 열정으로 승화시켰을 것입니다. 삶을 승화시킨 인간에게 제목은 중요하지 않을지도 모르겠습니다. 비창을 열정으로 승화한 차이코프스키의 6번 교향곡은 '열정 교향곡'으로 불리기도 합니다. 이 곡을 듣고 있는 여러분의 감상은 어느 쪽인가요? 비창과 열정 그리고 새로운 감상, 여러분이 느끼는 것이 정답입니다.

## 생명체에서 원자로

● 앞에서 언급한 바와 같이 생명체는 너무나 복잡합니다. 복잡한 생명체를 이해할 수 있는 방법은 두 가지가 있습니다. 하나는 복잡한 것을 복잡한 그대로 이해하는 전체주의적인 접근 방법이고 다른 하나는 복잡한 생명체를 구성하고 있는 요소 하나하나를 더 작은 요소로 분해하여 구성성분들을 보고 복잡한 생명체를 이해하는 방법입니다. 이러한 접근 방법을 우리는 환원주의 또는 요소환원주의라고 합니다. 20세기 생명과학은 이 환원주의를 기반으로 생명체를 이해하였습니다. 지금부터 환원주의에 입각해서 분석하고 이해한 생명체에 대해 알아보도록 하겠습니다.

복잡한 생명체를 좀 더 자세히 들여다보면 기관으로 이루어졌음을 알게 됩니다. 이 기관은 조직으로 이루어지며 조직은 다시 세포로 구성되어 있습니다. 이러한 각 구성체를 중점적으로 다루고 연구하면서 하나의 학문이 탄생하게 되었습니다. 생명체의 기관과 조직을 다루는 학문을 우리는 의학이라고 하며 조직과 세포를 다루는 학문을 생물학이라고 합니다. 좀 더 세분화시켜 볼까요? 세포 안에는 무엇이 있습니까? 에너지 대사를 주로 관장하는 미토콘드리아(mitochondria), DNA와 RNA로 알려진 핵산을 가지고 있으며 생명체 정보를 관장하는 핵(nucleous), 단백질 합성에 관여하는 소포체(endoplasmic reticulum), 합성된 단백질들을 최종 목적지까지 보내는 역할을 하는 골지체(golgi apparatus), 강력한 가수분해 효소가 들어 있어 물질들을 분해하는 리소좀(lysosome), 특히, 지방의 가수분해를 돕는 퍼옥시좀(peroxisome), 그리고 이들을 둘러싸고 있는 원형질막(plasma membrane)이 있습니다. 우리는 이들을 통칭하여 세포 내 소기관이라고 합니다.

세포 내 소기관은 생명체를 이루는 4대 거대 분자인 탄수화물, 단백질, 핵산, 지질로 되어 있습니다. 거대분자는 다시 작은 분자로, 작은 분자는 원자로 세분화할 수 있습니다. 원자(atom)는 더 이상 자를 수 없는 가장 작은 물질이라는 의미입니다. 원자는 원자핵과 전자로 구성되며, 원자핵은 중성자, 양성자, 중간자로 이루어집니다. 그런데 여기서 끝나지 않습니다. 중성자, 양성자, 중간자는 다시 쿼크(quark)로 나뉠 수 있습니다. 쿼크를 묶어주는 입자가 있는데 묶어 준다는 의미로 우리는 이 녀석을 글루온(gluon)이라고 합니다. 이처럼 매우 작은 입자나 원자 또는 아주 작은 분자를 다루는 학문을 우리는 물리학이라고 하며 분자를 다루는 학문은 화학, 그리고 최근에 와서 세포 내에서의 생명 활동을 분자 수준에서 이해하려는 학문을 생화학이라고 합니다.

## 원자 속에 들어 있는 미시세계

파인만(Richard Feynman)은 양자전기역학으로 1965년에 노벨상을 수상한 물리학자로 우리나라에는 ≪파인만 씨, 농담도 잘하시네≫라는 책으로 잘 알려진 인물입니다. 이 물리학의 거장은 "후손에게 전해줄 단 하나의 문장이 있다면 무엇인가?"라는 질문에 "모든 것은 원자로 되어 있다."라는 말을 하였습니다. 이 말의 의미는 무엇일까요? 20세기(또는 파인만이 살아 있는 동안)의 과학의 근간은 환원주의이며 이 과학적인 방법에 의해서 자연과학이 발전하였다는 것입니다.

원자가 다른 원자와 합쳐지면 분자가 됩니다. 여기에 각설탕 1개가 있습니다. 각설탕 한 개가 차지하는 부피는 1세제곱센티미터입니다. 이 공간 안에 각설탕을 만드는 분자는 자그마치 $2.7 \times 10^{19}$개(270억 개의 10억 배)가 있습니다. 자! 여기서 미시세계를 한 번 상상해 볼까요? 아주 작은 물방울의 지름은 1밀리미터입니다. 이 물방울의 지름을 12미터로 확대해 보겠습니다. 이 물방울 안에 자라고 있는 짚신벌레(2마이크로미터)를 맨눈으로 볼 수 있을 것입니다. 지름 1밀리미터인 물방울을 24킬로미터 길이로 늘렸습니다. 그러면 물방울 속의 원자가 보이는데, 그 지름이 종이 한 장 두께입니다. 이 종이 한 장을 같은 배율로 늘려볼까요? 아마 서울 금천구에 있는 호암산보다 더 높이 종이를 쌓아야 될 것입니다. 필자가 살고 있는 충북에서 비슷한 높이를 찾는다면 보은 수안면에 있는 항건산(398미터)이 될 것입니다.

원자는 앞에서 이야기한 바와 같이 원자핵과 전자로 되어 있습니다. 수소 원자는 원자핵에 하나의 전자가 그 주위를 돌지요. 이 수소 원자의 크기를 교실 세 개가 들어갈 수 있는 3층짜리 건물만큼의 크기로 확대하면 아마도 원자핵은 그 건물에 있는 파리 한 마리 정도가 중앙에 있다고 생각하면 될 것입니다. 물론 한 개의 수소 전자는 건물 전체의 외곽을 돌고 있겠지요. 무게는 어떨까요? 건물 전체를 돌고 있는 전자의 무게는 무시해도 되고 교실 중앙에 앉아 있는 파리 무게가 원자 무게의 전체라고 보면 됩니다. 그렇다면 원자는 빈 공간 덩어리라고 이야기할 수 있겠지요.

지구상에 존재하는 모든 물질들은 대부분이 빈 공간으로 되어 있다는 이야기입니다. 블랙홀에 대해서 들어 보았지요? 블랙홀은 모든 물질들을 압축시켜 빨아들인다고 알려져 있습니다. 지구가 블랙홀로 빨려 들어간다면 모든 빈공간은 사라지고 압축이 되겠지요. 어느 입자물리학자의 이야기입니다. 아마도 지구가 블랙홀로 빨려들어 간다면 그 크기는 골프 공 크기의 부피로 압축된다고 합니다.

여기서 한 번 생각해 봅시다. 1866년 알프레드 노벨이 최초로 다이너마이트를 발명하였습니다. 핵폭탄을 만드는 계획인 맨해튼 프로젝트는 1942년 미국이 주도하고 영국과 캐나다가 공동으로 참여하여 이루어졌습니다. 1945년 7월, 핵폭탄은 사상 최초의 핵폭발 실험인 트리니티 실험을 통해 완성되었고 같은 해 8월 히로시마와 나가사키에 최초로 투하되었습니다. 다이너마이트는 원자핵의 주위를 돌고 있는 전자가 다른 전자들과 결합하고 분해하는 동안 일어나는 반응입니다. 핵폭탄은 원자핵을 이루면서 매우 강력하게 결합되어 있는 양성자, 중성자, 중간자들 그리고 이들을 구성하고 있는 쿼크와 쿼크를 잡고 있는 글루온의 힘이 분리되면서 만들어지는 에너지이지요. 우리는 원자핵 주위를 돌고 있는 거의 무게가 없는 전자들의 반응인 다이너마이트의 위력을 어느 정도 알고 있습니다. 전자들의 반응이 이 정도라면 모든 물질의 거의 전부인 원자핵이 분리되면서 일어나는 핵폭탄의 위력은 우리가 쉽게 상상할 수 없을 정도로 어마

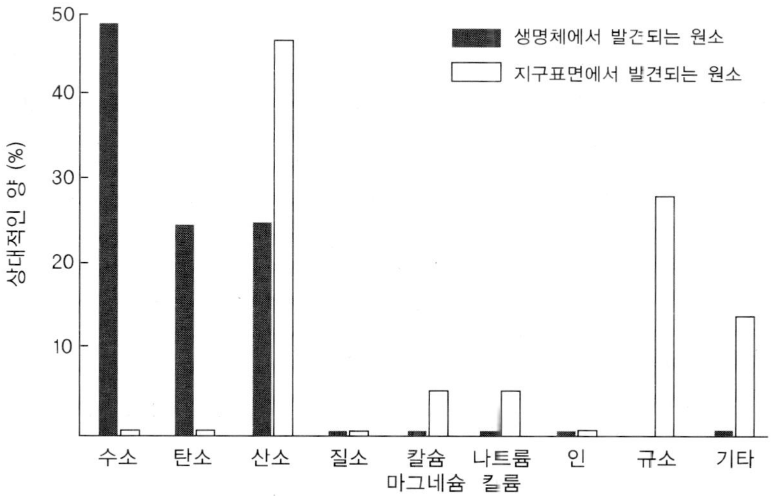

어마할 것입니다.

생명체에서 많이 발견되는 원소들은 지구 표면을 구성하고 있는 원소들과 어떤 차이가 있을까요? 그림에서 보는 바와 같이 생명체는 수소(H), 탄소(C), 산소(O)가 대부분이며 미량의 질소(N), 칼슘(Ca), 마그네슘(Mg), 나트륨(Na), 칼륨(K), 인(P) 등입니다. 이에 반해 지구 표면에는 산소(O)와 규소(Si)가 대부분이며 칼슘, 마그네슘, 나트륨 및 칼륨이 생명체에 비해 많습니다. 그 외 원소들은 대부분의 생명체가 가지고 있는 원소들이 지구 표면에서도 발견이 됩니다. 지구 표면에 있는 원소들과 생명체에서 발견되는 원소들의 종류와 분포가 많이 다르다는 것을 알 수 있습니다.

## 원자에서 분자로

물질세계를 이루고 있는 것은 원자가 아니라 원자들이 모인 분자이며 분자는 다른 분자와 결합하여 화합물을 만들고 이를 물질이라고 합니다. 분자를 만들고 화합물을 만드는 기본적인 원리(힘 또는 근원)는 무엇일까요? 각 원소들은 원자핵을 중심으로 전자가 돌고 있습니다. 단단히 뭉쳐져 있는 원자핵은 핵폭발과 같은 가공할 만한 힘 없이는 나눌 수가 없습니다. 결국 화학반응 또는 분자간의 결합은 전자의 이동에 기인하게 됩니다. 원소에는 하나의 전자가 도는 수소부터 수십 개의 전자들이 도는 다양한 원소까지 있습니다. 다음 그림에는 생명체에서 많이 발견되는 원소들을 모아 놓았습니다.

전자들은 일정한 궤도를 유지하며 원자핵을 돌고 있습니다. 마치 태양계를 중심으로 행성이 도는 것처럼 원자핵이라는 태양 주위에 전자라는 행성이 일정한 궤도를 유지하며 돌게 됩니다. 그러나 모든 전자들이 항상 자신의 궤도를 도는 것은 아닙니다. 어떤 전자들은 궤도를 벗어나 다른 원소에 있는 전자들에게 다가가려고 하는데 우리는 이러한 이동이 가능한 전자들을 최되각전자(valence electron)라고 합니다. 그림에서 최외각전자들을 검은 점으로 표시했습니다. 모든 원소들은 서로 결합하여 분자가 될 때 항상 일정한 규칙에 의해 결합하게 됩니다. 원자핵으로부터 멀리 떨어져 있는 전자들은 안정성을 위하여 각 방에 2개 또는 8개의 전자를 채워야 합니다. 이것이

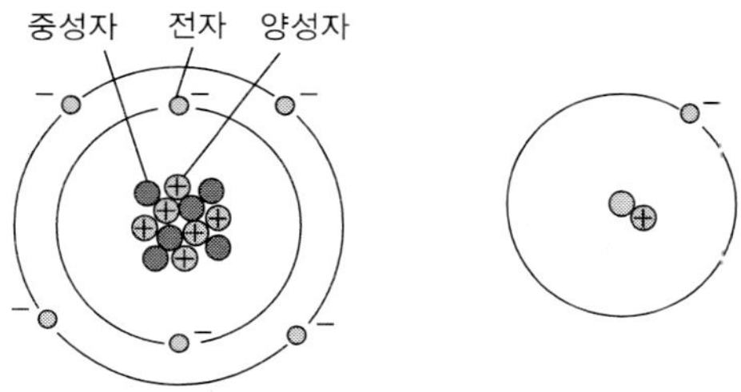


탄소원자　　　　수소원자

전자각(electron shell)

원자번호

| | element | I | II | III | IV |
|---|---|---|---|---|---|
| 1 | Hydrogen | • | | | |
| 2 | Helium | oo | | | |
| 6 | Carbon | oo | •••• | | |
| 7 | Nitrogen | oo | ••••• | | |
| 8 | Oxygen | oo | •••••• | | |
| 10 | Neon | oo | oooooooo | | |
| 11 | Sodium | oo | oooooooo | • | |
| 12 | Magnesium | oo | oooooooo | •• | |
| 15 | Phosphorus | oo | oooooooo | ••••• | |
| 16 | Sulfur | oo | oooooooo | •••••• | |
| 17 | Chlorine | oo | oooooooo | ••••••• | |
| 18 | Argon | oo | oooooooo | oooooooo | |
| 19 | Potassium | oo | oooooooo | oooooooo | • |
| 20 | Calcium | oo | oooooooo | oooooooo | •• |

바로 분자를 만들고 화합물을 만드는 기본적인 원리 또는 힘입니다.

그림에서 생명체에서는 발견되지 않지만 전자를 2개 가진 헬륨, 10개를 가진 네온, 18개를 가진 아르곤을 소개했습니다. 이들은 원자핵으로부터 가장 멀리 떨어져 있는 방에 2개 또는 8개의 전자가 이미 채워져 있습니다. 이 녀석들은 앞에서 말한 2개나 8개를 채우는 규칙을 이미 만족하기 때문에 더 이상 다른 원소들을 찾아다니면서 새로운 분자를 만들지 않습니다. 이러한 원소들은 전혀 반응을 하지 않기 때문에 불활성이라고 합니다. 우리가 헬륨가스를 들이마셔도 전혀 해롭지 않은 이유는 이 가스가 우리 몸에 있는 무엇과도 결합하지 않기 때문입니다.

원소들은 원자핵으로부터 가장 멀리 떨어져 있는 방에 2개 또는 8개를 채우려는 성질이 있습니다. 이것이 화학반응으로 나타납니다. 예를 들어 볼까요? 우리가 말하는 소금은 Na와 Cl로 이루어집니다. 원자번호가 11인 Na에는 최외각에 1개의 전자가 외로이 돌고 있고 원자번호가 17인 Cl에는 최외각에 7개의 전자가 함께 돌고 있습니다. Na 입장에서는 자신의 최외각 방에 7개의 전자를 채우는 것이 매우 어렵기 때문에 자신의 최외각전자를 다른 원소에게 주려는 경향이 많습니다. 반면 Cl 입장에서는 7개를 가지고 있기 때문에 자신의 전자를 다른 원소에게 주기보다는 다른 원소로부터 1개를 얻으려는 경향이 많습니다. 그리하여 1개의 전자를 버리려는 Na와 1개의 전자를 얻으려는 Cl이 의기투합하여 NaCl(염화나트륨)으로 결합하게 됩니다.

Na 원자핵에는 11개의 양성자가 있고 Cl 원자핵에는 17개의 양성자가 있습니다. Na와 Cl이 의기투합하여 소금을 만들 때, Na는 전자 하나를 잃게 되기 때문에 양성자는 11개인데 전자는 10개가 되어 양성자가 한 개 더 많습니다(원자핵에 있는 양성자는 너무나 강하게 결합되어 있기 때문에 핵분열과 같은 에너지 없이는 절대 떨어지지 않습니다). 우리는 전자를 잃은 원소를 양이온(cation)이라고 합니다. Cl은 같은 원리로 전자를 얻게 되기 때문에 전자가 하나 더 많은 음이온(anion)이 됩니다. 같은 원리로 전자 2개를 잃어버리는 경우는 '2가 양이온'이라고 하며 전자 2개를 얻은 경우를 '2가 음이온'이라고 합니다. 이처럼 양이온이나 음이온들이 결합하여 분자를 만드는 경우를 이온결합이라고 하며 그 세기는 몰(mol)당 20킬로칼로리 정도 됩니다(20kcal/mol).

이번에는 다른 예를 들어 보겠습니다. 탄소의 원자핵 주위에는 6개의 전자가 돌고 있습니다. 따라서 탄소는 4개의 최외각전자를 가지고 있습니다. 이 경우 가장 바깥쪽의 방에 8개의 전자를 채우기 위해서는 다른 곳에서 4개를 가져오거나 4개를 다른 원소에 주어야 합니다. 사실 두 방법 모두 어렵습니다. 이럴 때 모두가 만족스러운 방법은 무엇이 있을까요? 1개의 탄소에 4개의 수소가 있다고 생각해 봅시다. 탄소의 최외각전자 1개에 수소의 최외각전자 1개가 방마다 두 개씩 들어갈 수 있을 것입니다. 따라서 최외각전자는 탄소가 가지고 있는 4개와 수소 4개가 가지고 있는 4개가 합해져 8개가 채워지게 되겠지요. 우리는 이것을 메탄($CH_4$)이라고 합니다.

원자핵으로부터 가장 멀리 떨어져 있는 탄소의 각 방마다 1개씩 총 4개의 전자가 들어 있습니다. 여기에 4개의 수소가 자신이 가지고 있는 전자를 탄소의 각 방에 넣고 함께 전자를 공유합니다. 탄소 입장에는 8개의 전자가 채워져 있는 것이며 각 수소도 자신의 방에 전자 2개가 채워져 있는 것으로 인식합니다. 이 경우 전자를 함께 공유하기 때문에 전자를 주거나 받는 NaCl보다 서로 더 밀접하게 연결됩니다. 이를 공유결합이라고 합니다. 물론 이 결합의 세기는 이온결합의 세기보다도 더 강하겠지요? 그 세기는 이온결합의 5배인 몰당 100킬로칼로리 정도입니다(100kcal/mol).

이번에는 탄소 2개와 수소 4개의 경우를 예로 들어 봅시다. 탄소가 2개면 탄소와 탄소가 전자를 공유하더라도 한 탄소에 최소한 3개의 수소가 가지고 있는 전자를 공유하면 최소한 6개의 수소가 필요하다는 계산이 나옵니다. 즉, $C_2H_6$가 되어야 합니다. 우리는 이 녀석을 에탄(ethane)이라고 합니다. 그런데 지금 살펴보고자 하는 녀석은 6개의 수소가 아닌 4개의 수소를 가지고 있는 경우입니다. 2개의 수소가 각각 하나의 탄소와 전자를 공유하게 되면 두 탄소는 전자가 하나씩 부족하게 됩니다. 이때 각 탄소의 부족한 전자는 수소에서 채워지는 것이 아니라 상대방 탄소에서 하나를 더 찾게 됩니다. 하나의 탄소가 다른 탄소의 전자를 두 번 공유할 때 우리는 이중결합이라고 합니다. 이때 비록 두 개의 공유결합을 하고 있지만 두 결합 사이의 결합 세기는 다릅니다. 하나는 정상적인 탄소－탄소 결합, 즉 시그마결합을 하고 있으며 다른 하나의 탄소－탄소 결합은 파이결합을 하고 있습니다. 파이결합의 세기는 시그마에 비해 약합니다.

두 사람이 정면을 향해 나란히 서 있습니다. 한 사람의 왼손과 다른 사람의 오른손을 잡습니다. 두 사람이 몸을 돌리지 않고 다른 나

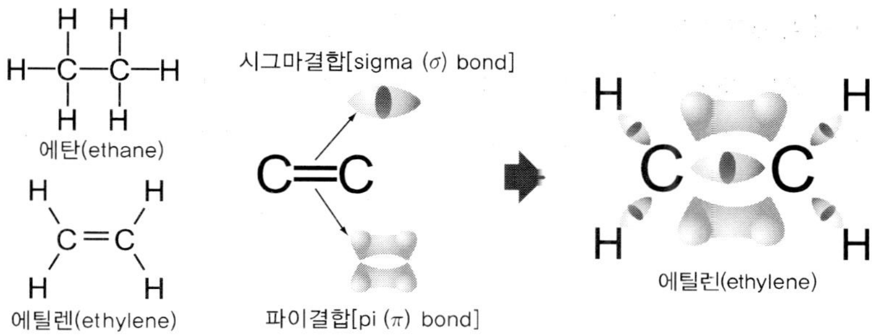


머지 손을 잡는 방법으로는 머리 위로 잡는 방법이 있습니다. 이때 편안히 잡은 두 손을 시그마결합, 머리 위로 잡은 불편한 손을 파이결합이라고 해 봅시다. 머리 위로 잡은 손은 약하게 잡히기 때문에 쉽게 떨어집니다. 잡은 손이 쉽게 떨어진다는 것은 무엇을 의미할까요? 화학에서는 이것이 비록 지금은 탄소가 각각 서로 결합하고 있지만 반응할 수 있는 다른 녀석이 다가온다면 언제든지 그 녀석과 결합할 수 있다는 의미입니다. 공유결합도 세기가 같은 것이 아닙니다. 생화학자는 이러한 이중결합을 보면 어떤 녀석과 반응하여 생명활동을 할 것인가를 생각하는 버릇이 있습니다. 다시 말해 생화학자는 탄소－탄소 이중결합에서 어떤 생명현상이 일어나는지를 예측하는 버릇이 있습니다.

여러분은 포화지방산과 불포화지방산에 대해서 한 번쯤은 들어보았을 것입니다. 포화지방산은 지방산을 이루고 있는 탄소－탄소 결합 사이에 이중결합이 없다는 의미이고 불포화지방산은 결합 사이에 이중결합이 하나 이상 있다는 의미입니다. 이중결합이 있으면 파이결합이 쉽게 떨어져서 반응을 잘하게 하기도 하지만, 여러 개의 지방산이 모여 있을 때 구조적으로 차곡차곡 채워지지 않고 두 지방산 사이에 공간을 남기면서 채워집니다. 동물의 지방은 포화지방산이 많으며 식물의 지방산은 불포화지방산이 많습니다. 따라서 돼지 삼겹살에 있는 지방은 차곡차곡 채워져 있어서 상온에서 고체 형태이며 옥수수에는 불포화지방산이 많아 지방이 느슨하게 채워지기 때문에 액체 상태로 존재합니다.

지금까지 살펴본 이러한 이온결합이나 공유결합을 통해서 견고하고 거대한 수십 또는 수백만 분자들이 하나의 세포 안에 있습니다. 분자들에 있는 공유결합이나 이온결합들은 분자들의 구조를 유지하는 데 사용합니다. 생명 활동을 조절하는 반응에 참여하는 것은 약한 결합입니다. 이제 생체분자에서 발견되는 약한 결합에 대해 알아보도록 하겠습니다.

생체분자에서 발견되는 약한 결합들 중 가장 중요한 세 가지만 소개하겠습니다. 결합세기가 몰당 5킬로칼로리 정도인 수소결합(hydrogen bond), 분자와 분자 사이의 인력인 반데르발스 힘(Van der Waals force)은 몰당 1킬로칼로리 정도로 매우 작습니다. 나머지 하나는 소수성 결합(hydrophobic interaction)으로 결합 세기는 몰당 1~3킬로칼로리 정도입니다. 생체분자들에서 발견되며 생명활동에 적극적으로 참여하는 결합들의 세기는 약 1~5킬로칼로리의 크기를 가지고 있다고 볼 수 있습니다.

먼저 수소결합에 대해서 알아봅시다. 물($H_2O$)은 하나의 산소에 두 개의 수소가 공유결합을 하고 있습니다. 산소의 전자는 8개인데 2개는 원자핵에 가까운 방에 들어가 있습니다. 최외각전자가 6개라는 의미입니다. 두 개의 전자가 더 필요하겠지요? 그리하여 산소는 수소 2개가 가지고 있는 전자를 공유하여 물을 만들게 됩니다. 이때, 산소는 최외각에 6개의 전자를 가지고 있고 수소는 1개의 전자를 가지고 있습니다. 그런데, 똑같은 거리에서 전자를 공유하게 되면 6개를 가진 산소는 1개만을 가지고 수소에 비해 억울하다는 생각이 들 것입니다. 그리하여 산소는 수소가 가지고 있는 전자를 자신 쪽으로 더 끌어당기려는 성향을 보입니다. 이것을 우리는 전기음성도(electronegativity)라고 합니다.

### 전기음성도

두 원자가 전자를 내놓고 공유결합을 하여 분자를 만들 때 상대방 원자가 가지고 있는 전자를 끌어당기는 척도를 전기음성도라고 합니다. 물을 형성하는 수소의 전기음성도는 2.2이며, 산소의 전기음성도는 3.44입니다. 따라서 공유하고 있는 전자는 산소 쪽으로 치우쳐 있을 것입니다. 이 전기음성도는 칼슘이 1이며 주기율표에서 족(group)이 증가할수록(왼쪽에서 오른쪽으로 갈수록) 증가하며, 주기(period)가 증가할수록(위에서 아래로 갈수록) 감소하는 경향이 있습니다.

다른 예를 하나 들어 볼까요? 이산화탄소($CO_2$)는 물과 비슷하게 하나의 탄소에 2개의 산소가 결합되어 있는 형태입니다. 이산화탄소에 있는 탄소와 산소는 최외각 전자를 각각 4개와 6개 가지고 있습니다. 전기음성도는 산소(3.44)가 탄소(2.55)에 비해 높습니다. 그러나 탄소와 산소 사이에 서로 공유하고 있는 최외각전자 수만 고려하면 같습니다. 따라서 탄소를 중심으로 양쪽에 산소가 놓여 있는데 전자들의 균형이 유사하기 때문에 이들은 일직선상(O=C=O)에 놓이게 됩니다. 다시 말해 산소와 탄소 그리고 다른 산소와의 각도는 일직선인 180도입니다.

다시, 물 분자로 돌아갑시다. 물 분자(H－O－H)에는 산소 쪽으로 전자들이 당겨져 있기 때문에 일직선에 놓이는 것이 아니라 약 108.5도 휘어져 있습니다. 따라서 산소 쪽은 약간 전기적으로 음성(electronegative region)을 띠며 수소가 있는 쪽은 전기적으로 양성(electropositive region)을 띠게 됩니다. 만약에 2개의 물 분자가 있다면, 물 분자의 산소가 약하게 음성을 띠기 때문에 다른 물 분자의 수소가 접근하게 될 것입니다. 따라서 강하지는 않지만 수소와 산소 사이에 상호 영향을 주게 됩니다. 우리는 이들 결합을 수소결합(hydrogen bond)이라고 합니다. 생명체의 70~90%가 물이기 때문에 생체 분자와 물 분자 사이의 수소결합은 도처에 발견됩니다. 그뿐만 아니라 생체분자 내에서 수소와 산소 사이에 수소결합이 일어나기도 하며 한 생체분자와 다른 생체분자 사이에서도 일어납니다. DNA의 이중 나선 구조도 한 가닥에 있는 염기와 다른 가닥에 있는 염기가 서로 수소결합을 하고 있으며 수소결합의 대표적인 예 중 하나입니다.

분자와 분자 사이에서도 서로 작용하는 힘이 있다는 것을 처음 밝힌 사람은 반데르발스입니다. 두 분자가 멀리 떨어져 있는 경우 서로 아무런 영향을 미치지 않습니다. 어느 정도 가까이 가면, 다른 분자가 접근함에 따라 한 분자의 전자에 영향(전자 운동으로 인한 순간적인 쌍극자)을 미치겠지요. 그 옆에 있는 분자도 그에 반하는 영향(유발 쌍극자)이 생길 것입니다. 반데르발스의 힘은 이러한 상호간의 영향(순간적인 쌍극자와 유발 쌍극자의 인력)에 의해서 끌리는 힘입니다. 이 힘은 분자 간의 거리가 매우 중요한데 만약 두 분자가 끌리면서 너무 가까이 가면 반발력이 생겨 멀어질 수도 있겠지요. 생명체를 구성하고 있는 세포 공간 내에 수많은 분자들이 복잡한 그물망처럼 얽혀 있습니다. 생명 현상을 조절하는 분자간의 상호작용에 반데르발스의 힘은 매우 중요한 약한 결합 중 하나로 작용할 것입니다.

마지막으로 알아보고자 하는 약한 결합은 소수성 상호작용(hydrophobic interaction)의 힘입니다. 이 원리는 매우 간단합니다. 기름은 기름을 좋아하고 물은 물을 좋아한다는 지극히 단순한 원리입니다. 만약 물을 싫어하는 성질을 가진 분자(하나의 예로 기름)를 물에 넣으면 물을 싫어하는 분자는 물을 싫어하는 분자끼리, 물 분자는 물 분자끼리 상호작용합니다. 이처럼 물을 싫어하는 분자간의 인력을 소수성 상호작용이라고 합니다. 그렇다면 이 힘의 근원은 무엇일까요? 분자와 분자간의 상호작용이니 반데르발스의 힘이 되겠지요. 반데르발스의 힘이지만 그 중에서 특히, 소수성 분자 간에 작용하는 힘을 런던포스(London force) 또는 런던분산력(London dispersion force)이라고 합니다.

다시 한 번 더 강조한다면, 생명체는 분자들의 비교적 강한 결합인 공유결합과 이온결합을 통해서 분자 또는 거대분자를 만들고 분자나 거대분자의 구조를 유지함으로써 존재합니다. 거대분자 내에서 다른 부분 또는 거대분자들 간의 상호작용은 수소결합, 반데르발스의 힘, 또는 소수성 상호작용의 힘을 통해 이루어집니다. 생명체 반응은 이 약한 결합을 통해서 미묘하고도 빠르게 진행되며 결국 이 반응들이 복잡한 네트워크를 형성하면서 다양한 생명 현상을 조절합니다. 자, 그렇다면 이제 거대분자에 대해서 알아볼까요?

## 분자에서 거대분자로

생명체에는 4대 거대분자가 있습니다. 에너지 공급이 주된 역할인 탄수화물, 직접 생명 현상을 관장하는 단백질, 생명체의 모든 정보를 관장하는 핵산, 그리고 에너지를 장기간 저장하거나 세포막의 주된 성분인 지질입니다. 그렇다면 왜 생명체는 작은 분자보다는 거대분자가 생명체의 중심 역할을 주관하고 작은 분자들은 그 중심 역할을 보좌하고 있을까요? 다시 말해 생명체가 거대분자로 존재해야 하는 이유가 무엇일까요?

단백질을 예로 들어 이야기해 봅시다. 단백질은 20가지 아미노산이 펩티드결합에 의해 긴 사슬을 연결하는 구조로 되어 있습니다. 만약 하나의 아미노산이 100개 있는 것과 아미노산 100개가 펩티드 결합으로 하나의 단백질로 존재하는 경우를 비교해 본다면, 아미노산 하나가 할 수 있는 일은 매우 제한적일 것입니다. 서로 힘을 합쳐 어려운 일을 수행하고 다시 헤어져 각자가 자신의 일을 수행할 수 있습니다. 100개의 아미노산이 힘을 합쳐 일의 효율을 증진시킬 수 있습니다. 이런 것을 우리는 시너지 효과라고 이야기합니다. '백짓장도 맞들면 낫다.'는 우리 속담과 같은 의미입니다. 만약 하나의 단백질이라면 100개의 아미노산이 할 수 있는 일 이외에 어떤 다른 일을 할 수 있지 않을까요? 시너지 효과 이외에 예상하지 못한 일을 우리는 창발적 행위(emergent behavior)라고 하는데, 100개의 아미노산이 힘을 합쳐도 못하는 일을 100개의 아미노산이 하나의 단백질을 이루면 가능하게 만들 수도 있습니다. 이것이 거대분자의 존재 이유 중 하나입니다.

## 에너지원으로서 탄수화물(carbohydrate)

1개의 탄소, 2개의 수소, 1개의 산소로 구성된 물질이 있습니다($CH_2O$). 그러나 가장 작은 당이 되기 위해서는 최소한 탄소가 3개는 있어야 합니다. 다시 말해 당이 되기 위해서는 최소한 $C_3H_6O_3$ 또는 $(CH_2O)_3$가 되어야 한다는 의미입니다. 3개의 탄소로 되어 있는 최소한의 당은 2개가 있는데 하나는 글리세르알데히드(glyceraldehyde)이며, 다른 하나는 디히드록시아세톤(dihydroxyacetone) 입니다. 이 화학식을 기본으로 $CH_2O$가 추가되면서 다양한 당을 만들 수 있습니다. 이러한 당이 여러 개 연결되어 있는 것이 탄수화물입니다.

우리에게 가장 익숙한 당은 포도당(glucose)으로 탄소가 6개입니다($C_6H_{12}O_6$). 포도당이 물에 있을 때는 환구조로 존재합니다. 우리 몸은 70% 이상이 물이기 때문에 대부분의 포도당은 환구조를 가지고 있다고 해도 과언이 아닙니다. 화학에서는 이해를 쉽게 하기 위해서 탄소의 위치에 따라 번호를 부여합니다. 그림에서 1, 2, 3 등의 번호는 탄소의 위치를 의미합니다. 자, 여기서 2개의 포도당 분자가 있다고 합시다. 첫 번째 포도당 옆에 두 번째 포도당을 놓으면 첫 번째 포도당의 1번 탄소와 두 번째 포도당의 4번 탄소가 인접하여 나란히 있게 되겠지요. 각 포도당의 1번과 4번에 붙어 있는 OH에서 물 분자($H_2O$)하나를 살며시 가져오면 산소가 하나 남게 되니 자연스럽게 1번 탄소와 4번 탄소가 산소(−O−)로 연결됩니다. 우리는 이러한결합을 1-4 글루코시드결합(1-4 glycosidic bond)이라고 합니다. 포도당이 이와 같은 결합을 통해서 수십 개 또는 수백 개가 연결될 수도 있겠지요. 우리는 이것을 녹말이라고 하며 이 녹말은 탄수화물입니다.

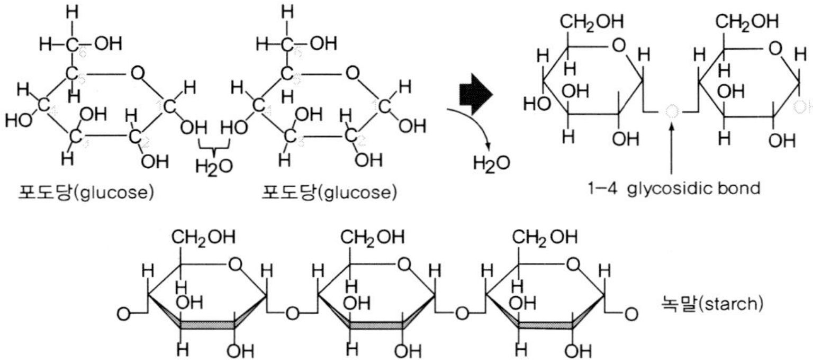


그냥 글루코시드결합이라고 하면 되는 것을 왜 1-4라는 번호를 붙여서 표현했을까요? 포도당에는 6개의 탄소가 있는데, 두 포도당 사이에 글루코시드결합을 만들 수 있는 경우의 수는 매우 많습니다. 따라서 구분을 하기 위해서는 몇 번과 몇 번의 탄소들이 서로 결합하는지 표시하는 것이 중요합니다. 다른 예를 하나 더 들어 볼까요? 포도당 두 분자를 나란히 놓고 두 번째 포도당을 밑으로 살짝 내립니다. 그리하면 첫 번째 포도당의 1번 탄소와 두 번째 포도당의 6번째 탄소가 나란해지고 같은 방식으로 물 분자가 나가게 되면 두 포도당은 결합하겠지요. 이때 1번과 6번 탄소가 결합되었기 때문에 우리는 1-6 글루코시드결합(1-6 glycosidic bond)이라고 합니다. 1-4 결합은 길게 이어지지만 1-6 결합은 가지를 치게 합니다. 다시 말해 탄수화물이 뭉쳐지게 될 것입니다. 이처럼 포도당이 1-4 및 1-6 결합으로 뭉쳐져 있는 탄수화물을 우리는 글리코겐(glycogen)이라고 합니다. 작은 공간에 많은 포도당을 집약시킬 수 있기 때문에 포도당이나 녹말에 비해 더 많은 에너지를 저장할 수 있는 것이지요. 우리 몸이 단기적으로 에너지를 저장하고자 할 때 이 글리코겐을 많이 만들게 됩니다.

## 생명활동을 영위하는 자, 단백질(protein)

아미노산(amino acid)의 기본 구조는 중심에 있는 탄소에 수소, 아미노기($-NH_2$), 카르복실기($-COOH$)가 결합합니다. 탄소에는 4개의 원소나 기능기(functional group)가 붙을 수 있으니 하나 더 붙겠지요? 모든 아미노산의 공통된 3개 그룹 이외에도 하나 더 붙는 것을 'R그룹'이라고 합니다. 우리 몸에는 이 탄소에 붙을 수 있는 R그룹이 자그마치 20종류나 됩니다. 예를 들어, 수소($-H$)가 결합하면 우리는 글리신(glycine)이라고 하며 메틸기($-CH_3$)가 결합하면 알라닌(alanine)이라고 합니다. 이는 곧 우리 몸에 20종류의 아미노산이 있다는 의미이기도 합니다.

아미노산이 서로 펩티드결합(peptide bond)을 하여 거대분자를 만들게 되는데 이를 단백질이라고 합니다. 그림에서 보는 바와 같이 두 개의 아미노산을 나란히 놓으면 첫 번째 아미노산의 카르복실기와 두 번째 아미노산의 아미노기가 인접하게 됩니다. 글루코시드결합과 마찬가지로 물 분자 하나를 제거해 봅시다. 카르복실기의 $-O$와 아미노기의 $-H_2$가 물이 됩니다. 카르복실기에는 $-C=O$가 남고, 아미노기에는 $-NH$가 남습니다. 그리고 남은 이 두 녀석의 탄소와 질소가 자연스럽게 결합하는 것을 펩티드결합($O=C-N-H$)이라고 합니다. 단백질은 작은 분자인 아미노산이 또 다른 아미노산과 펩티드결합을 통해서 사슬이 긴 거대분자를 만듭니다. 이를 폴리펩티드라고 하지요. 폴리펩티드의 첫 번째 아미노산에 있는 아미노기와 마지막에 있는 아미노산의 카르복실기는 펩티드결합에 참여하지 않고 자유로운 상태로 존재합니다. 첫 번째 아미노산의 아미노기를 N

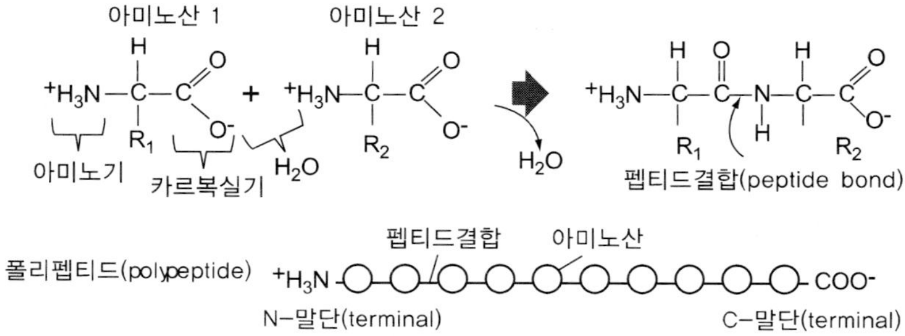


−말단(terminal)이라고 하고 마지막 아미노산의 카르복실기를 C−말단(terminal)이라고 하며, 항상 N−말단부터 시작하여 C−말단으로 끝나도록 표기합니다.

긴 폴리펩티드의 아미노산에 있는 R그룹은 서로 다른 여러 화학적 성질을 가지고 있습니다. 양전하, 음전하, 소수성 성질 또는 극성 성질을 가지고 있습니다. 이 R그룹들은 자신이 좋아하는 다른 R그룹을 찾아갑니다. 예를 들어, 양전하를 가진 R그룹은 음전하를 가진 R그룹을, 소수성 R그룹은 다른 소수성 R그룹을 찾게 됩니다. 이 과정에서 긴 폴리펩티드는 3차원 형태로 뭉쳐집니다. 뭉쳐질 때 어느 한 양전하가 음전하를 가진 다른 R그룹들 중에서 어느 것을 선택하는지는 중요한 문제입니다. 이때 선택의 가장 기본적인 원칙은 폴리펩티드 전체의 자유에너지가 가장 낮도록 하는 것입니다. 구조를 유지하는 데 비용이 가장 적으며 효율적으로 생체시스템을 운용하기 위해서입니다. 폴리펩티드가 이렇게 효율적으로 뭉쳐진 형태를 단백질이라고 합니다. 이 거대 분자인 단백질은 생명체 내에서 생명활동을 직접 조절 또는 관여합니다.

20개의 아미노산을 중복 사용해도 되고 단백질 길이도 무관하다고 가정할 때 몇 종류의 단백질을 만들 수 있을까요? 물론 무한대입니다. 왜냐하면 길이가 정해지지 않았으니까요. 그렇다면 우리 몸속에는 단백질 종류가 얼마나 될까요? 우리 몸속에 있는 단백질 종류를 다 조사하지 않고도 몇 개인지 알 수 있을까요? 어떤 단백질은 그 수가 많기 때문에 쉽게 확인할 수 있습니다. 그러나 대부분의 단백질은 양이 너무 적어 실제 존재 여부를 확인하기란 쉽지 않습니다. 고세균은 500여 종, 박테리아는 2,000여 종, 효모는 6,000여 종, 초파리는 12,000여 종, 그리고 사람은 25,000~100,000여 종의 단백질을 가지고 있습니다. 어떻게 알 수 있냐고요? DNA 속에 있는 유전자 수가 단백질 수이기 때문입니다. 사람은 왜 25,000에서 100,000여 종이라고 이야기할까요? 이 부분에 대해서는 Part Ⅱ에서 다루고 이제 또 다른 거대분자인 핵산에 대해서 살펴봅시다.

### 생명체의 CPU, 핵산 그중에서도 DNA

핵산에는 DNA와 RNA가 있습니다. 그 중에서 생명체의 설계도 또는 미래의 청사진 역할을 하는 것이 DNA이고 RNA는 이를 보좌합니다. 최근 들어 RNA의 역할에 대해 새로운 조명이 시작되고 있습니다. 이 부분에 대해서는 Part Ⅺ에서 이야기하도록 하겠습니다. 핵산(nucleic acid)이라는 말은 핵에 들어 있는 산성을 띠는 물질이라는 의미입니다. 그런데 DNA(RNA의 구조도 DNA와 매우 유사합니다)는 산성이 아닙니다. DNA나 RNA에는 두 염기를 연결하는 인산기가 있는데 인산기에 있는 산소는 음전하(−)를 띠고 있습니다. DNA나 RNA가 음전하를 띠고 있으니 당연히 수소이온($H^+$)이 생명체의

70% 이상을 차지하는 물에 녹아 있다고 단정 지은 것입니다. 산성 물질인 초산($CH_3COOH$)이 물에서 초산이온($CH_3COO^-$)과 수소이온($H^+$)으로 분리된 것과 같다고 생각했지요. 그리하여 핵산을 핵에 들어 있는 산성을 띠는 물질이라고 명명하게 되었습니다. 무지에서 시작되는 초기 과학의 전형적인 오류 중 하나입니다.

DNA는 4종류의 염기를 가지고 있습니다. 아데닌(adenine), 구아닌(guanine), 시토신(cytosine), 티민(thymine)이 그것입니다. 아데닌은 항상 티민과 쌍을 이루며(A=T), 구아닌은 항상 시토신과 쌍을 이룹니다(G≡C). 이 이 염기가 당인 디옥시리보오스(deoxyribose: 다섯 개의 탄소로 이루어져 5탄당이라고 합니다. DNA의 경우는 디옥시리보오스, RNA의 경우는 리보오스가 오게 됩니다)의 첫 번째 탄소에 결합하고 다섯 번째 탄소에 인산기($-PO_4$)가 붙은 것을 뉴클레오티드(nucleotide)라고 합니다.

그림과 같이 하나의 뉴클레오티드를 위에 놓고 다른 하나를 그 아래에 두면 위에 있는 뉴클레오티드의 세 번째 탄소와 아래에 있는 다섯 번째 탄소가 인접하게 됩니다. 그런 다음 디옥시리보오스에 있

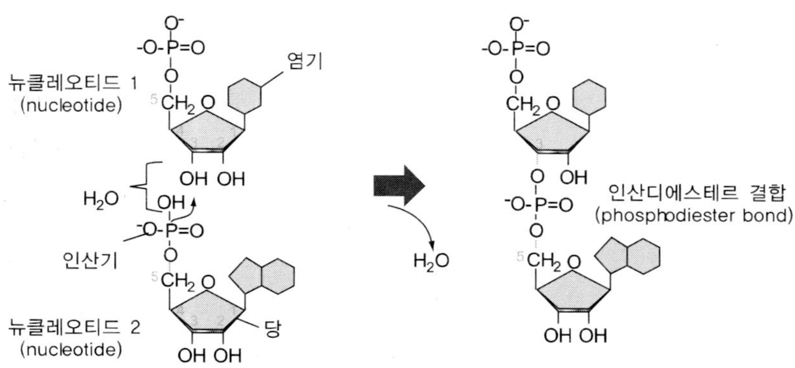

는 수산이온($OH^-$)과 인산기에 있는 수소이온($H^+$)을 합쳐 물 분자($H_2O$)를 하나 가져오면 자연스럽게 첫 번째 뉴클레오티드와 두 번째 뉴클레오티드가 인산기를 중심으로 결합하게 되지요. 이 결합을 우리는 인산디에스테르결합(phosphodiester bond)이라고 합니다. 이렇게 길게 이어진 DNA 염기 순서는 5'－AGTC－3'으로 표현합니다. 이때 5'은 첫 번째 뉴클레오티드 중 다섯 번째 탄소를 의미하며 3'은 마지막에 있는 뉴클레오티드의 세 번째 탄소를 의미합니다. 처음 5번 탄소나 마지막 3번 탄소에 뉴클레오티드가 더 이상 붙지 않았기 때문에 이것을 양쪽 말단이라고 합니다. 이처럼 길게 이어지면 우리는 DNA라고 명명하고 사람에게는 약 30억 개 이상의 뉴클레오티드가 결합하고 있으며 그 길이는 실제 1미터가 된다고 합니다. 따라서 DNA는 뉴클레오티드가 또 다른 뉴클레오티드와 인산디에스테르결합을 함으로써 거대 분자를 만들고 생명체에서 설계도 또는 주위 환경과 상호작용하는 청사진으로서 역할을 수행하고 실제 생명활동에 관여하는 단백질을 만들도록 정보를 제공하고 있습니다. 단백질의 종류, 단백질의 양, 단백질을 만드는 시기 등에 대한 모든 정보를 DNA가 가지는 것입니다. 따라서 20개 아미노산으로 만들 수 있는 단백질의 수는 무한대이지만 DNA의 정보를 바탕으로 만들어지기 때문에 그 종류는 생명체의 종에 제한적입니다.

컴퓨터의 CPU는 2진법에 의해 작동되고 생명체 CPU는 4진법에 의해 작동됩니다. A, G, T, C라는 네 가지 염기의 조합을 통해 생명체 정보를 제공하고 있습니다. 다음과 같이 51개 염기로 된 DNA 조각이 무엇을 의미하는지 해석해 보도록 하겠습니다.

ATGTACAACGCAATGGAAATAAGCTACGAAAACGAAGAAAAAATAATGTAA
m y n a m e i s y e n e e k i m .

4진법의 염기서열을 영어로 해석해 보았습니다. "My name is Yenee Kim."이라는 의미입니다. 이것이 어떻게 가능할까요? 이 염기코드는 단백질을 만드는 아미노산을 암호화하고 있습니다. DNA 염기를 3개씩 묶어 해석하면 "내 이름은 김예니입니다."라고 번역할 수 있습니다. 이처럼 DNA 염기서열에는 숨겨진 정보가 있습니다. 이 부분에 대한 자세한 이야기는 Part Ⅱ에서 하겠습니다.

### 에너지의 저장과 세포막을 만드는 지질

지방산(fatty acid)은 카르복실산(carboxylic acid)에 탄화수소(hydrocarbon)가 길게 붙어 있는 분자입니다. 카르복실산 부분은 음전하를 띠는 것에 반해 탄화수소 부분은 소수성(물을 싫어하는 성질)을 띱니다. 탄화수소 부분이 길수록 물에 녹지 않겠지요. 알코올의 일종인 글리세롤의 수산기와 지방산의 카르복실기에서 물 분자 하나가 빠져나와 에스테르(ester)결합하기 때문입니다. 글리세롤에는 3개의 수산기가 있어 3개의 지방산이 붙을 수 있으며 이를 트리아실글리세롤(triacylglycerol)이라 합니다. 약간의 전하를 띠고 있는 지방산이 글리세롤에 붙음으로써 전하를 전혀 띠지 못하는 아주 강한 소수성 물질이 됩니다. 우리가 흔히 듣는 중성지방이라는 것이 바로 이 녀석입니다. 이 트리아실글리세롤은 고에너지를 장기적으로 저장하는 역할을 합니다. 많은 양의 에너지를 적은 공간의 분자에 축적할 수 있는 장점이 있습니다.

날씬한 몸매를 선호하다 보니 이 녀석이 언젠가부터 공공의 적이

되었습니다. 탄수화물에 대해 이야기할 때 글리코겐이 단기적인 에너지 저장 형태라고 이야기한 적이 있습니다. 일반적으로 70킬로그램의 몸무게를 지닌 남자는 11킬로그램의 트리아실글리세롤을 가지고 있습니다. 만약 우리가 공공의 적인 트리글리세롤을 단기적인 에너지 저장 물질인 글리코겐으로 대체하고자 한다면 우리는 추가적으로 64킬로그램이 더 필요합니다. 70킬르그램인 사람이 트리아실글리세롤을 글리코겐으로 대치한다면 134킬로그램의 몸무게를 가진 사람이 될 것이라는 이야기입니다. 탄광에 매몰되어 20일 이상을 버티는 기적적인 일도 매우 많은 에너지를 저장하고 있는 트리아실글리세롤이 있기 때문에 가능합니다.

물이 새지 않도록 트리아실글리세롤로 바가지를 만들어 물을 담는다고 상상해 봅시다. 물 분자와 트리아실글리세롤 분자는 함께 만날 수 없습니다. 기름과 물이 섞일 수 없는 이유와 같습니다. 따라서 두 분자 사이에는 $1 \times 10^{-9}$미터만큼의 간격이 생깁니다. 만약 이 물질로 세포를 만들어 생체 분자를 몽땅 집어넣는다고 가정해 봅시다. 물이 70% 이상인 이 세포는 세포 외부와 고립되어 더 이상 살 수 없을 것입니다. 물과 접촉을 잘 하면서도 물이 새지 않는 바가지(또는 세포)를 만들 수는 없을까요?

다시 지방산으로 돌아가 봅시다. 지방산의 카르복실기(COO−)는 음전하 하나를 띠고 있습니다. 지방산에 인산기($-PO_4$)를 붙이고 다시 물을 좋아하는 분자를 인산기에 붙이면 부분적으로 물을 매우 좋아하는 분자가 됩니다. 우리는 이 녀석을 인지질(phospholipid)이라고 합니다. 그림에서 보는 것과 같이 인지질을 지질이중층(lipid bilayer)으

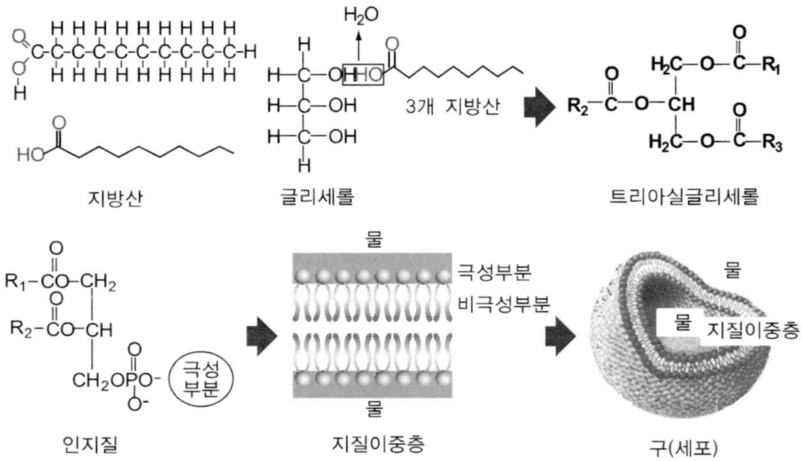


로 만들면 물을 좋아하는 부분은 물과 접촉할 수 있고 물을 싫어하는 탄화수소 부분은 또 다른 인지질의 탄화수소 부분과 결합할 수 있습니다. 이것으로 세포막을 만들면 물과도 접촉할 수 있고 동시에 물도 새지 않게 할 수 있겠지요. 필요에 따라서 터널이나 이동할 수 있는 통로를 만들면 외부와의 접촉도 가능할 겁니다. 이렇게 만들어진 것이 세포막입니다. 따라서 지방산이 좀 더 물과 친한 인지질로 바뀌면 세포막을 만드는 데 유용하게 사용할 수 있습니다. 결론적으로 지질(lipid)은 에너지를 작은 공간에 장기간 저장할 수 있으며 세포막을 구성하는 성분으로 사용됩니다.

우리는 지금까지 미시세계의 원자에서부터 생명체를 이루고 있는 주요 분자인 거대분자까지 알아보았습니다. 원자핵 주위를 돌고 있는 전자의 모습은 태양계를 연상케 합니다. 거시세계의 우주 공간에 수많은 태양계가 있듯이 미시세계에는 무수히 많은 원자들이 서로 영향을 주며 분자를 이루고 더 나아가서 거대분자를 이루고 있습니다. 거시세계의 여러 태양계가 서로 영향을 주면서 우주를 형성하듯이 말입니다. 더 재미있는 것은 원자는 분자를, 분자는 거대분자를, 거대분자는 세포를 각각 형성하고, 세포는 생명체를 만들며, 불규칙적인 반응을 지속하는 것이 마치 복잡계에서 나타나는 프랙탈(fractal) 구조를 닮았습니다. 마치 인형 속에 또 다른 인형이 들어있는 러시아 전통인형 '마트로시카' 같습니다. 그리하여 미시세계는 반복되는 패턴을 통해서 거시세계로 나아가며 우주의 전체 만물은 하나로 연결되어 생명 또는 존재를 이야기하는 듯합니다. 장자의 식견이 돋보이는 대목입니다. 이제 다시 20세기 생명과학으로 돌아와서 Part Ⅱ에서 생명체의 청사진인 DNA에 관한 이야기를 하도록 하겠습니다.

**정리합시다**

- 생체에서 발견되는 4대 거대분자를 나열하고 그 구조적 특성과 기능적 특성을 정리합시다.
- 다이너마이트와 핵폭탄의 차이를 원자 수준에서 비교하고 정리합시다.
- 생명체의 근간이 되는 거대분자를 구성하는 약한 결합을 나열하고 특성을 정리합시다.
- 소수성 결합의 근원이 되는 힘이 무엇인지 밝히고 정리합시다.

**□ 더 읽어야 할 문헌**

- 거의 모든 것의 역사, 빌 브라이슨, 이덕환 옮김, 까치, 2003년.

PART II

# 생명체의 청사진 DNA

## 베토벤 교향곡 7번
*Symphony No. 7 in A major Op. 92*

베토벤을 좋아하는 필자가 최근에 새롭게 발견한 베토벤 교향곡 7번입니다. 전문가들은 이 곡이 사람을 흥분시키고 힘을 느끼게 하는 불가사의한 곡이라고 평합니다. 리스트는 이 곡을 '리듬의 화신'이라고 했고 바그너는 '무도의 화신'이라 했습니다. 이 곡에 그의 혼을 담았다고 표현하는 사람이 많습니다. 나올 듯 말 듯 우리를 기다리게 하면서 어느 순간 생명을 틔우는 싹과 닮은, 베토벤 교향곡 7번입니다. 생명의 싹이 돋아나기 직전의 마지막 움츠림, 터뜨리고 싶지만 터뜨리지 못하는 베토벤의 고뇌(또는 혼)에서 이 교향곡이 시작된 것이 아닐까요? 그리고 그 생명의 싹을 마침내 틔웁니다. 별명이 없는 이 곡에 '생명'이라는 별명을 붙이면 어떨까요? 베토벤의 교향곡 7번은 '생명교향곡'입니다. 생명은 생명의 설계도라고 할 수 있는 DNA에서 출발합니다. 이 곡을 들으면서 DNA에 다가가 볼까요?

## DNA 이야기

학생들에게 DNA을 생각할 때 떠오르는 단어를 물었습니다. 초등학교 저학년은 몸, 유전, 혈액, 피 등의 단어들을 연상했고 초등학교 고학년은 유전자, 염색체, 핵산, 염기 등의 단어를 이야기했습니다. 저학년에 비해 고학년이 좀 더 구체적이지요. 중학생에게 다시 물었습니다. 유전자, 염색체, 복제, 생물 등이 생각난다고 답했습니다. 초등학교 고학년보다 나은 점은 없었지만 대부분의 중학생이 유전자 혹은 염색체를 선택한 것으로 보아 좀 더 정확하게 이야기했다고 할 수 있겠습니다.

이번에는 대학생에게 물었습니다. 유전물질, 음전하(−charge), RNA, 단백질 등의 단어를 언급했습니다. 유전자뿐만 아니라 유전 관련 분자 수준에서 이야기하고 있음을 확인할 수 있겠지요. 생명과학을 전공하는 대학생들은 이중나선, 유전물질, 단백질, 유전자, 염기 등이라 답했습니다. 이 단어들을 모아 문장을 만들면 DNA에 대해 매우 구체적인 정의를 내릴 수도 있을 것입니다. 학년과 나이를 초월하여 학생들이 공통적으로 연상한 단어는 '유전'입니다. 한국어 위키백과는 'DNA는 핵산의 일종으로 세포 내에서 생물의 유전정보를 보관하는 물질이다.'라고 정의하고 있습니다. 필자는 'DNA는 생명의 설계도'라고 한마디로 정의하고 여기에 '미래의 청사진'이라는 말도 추가하고 싶습니다.

여기에 라디오가 있다고 가정합시다. 라디오는 라디오 설계도에 따라 부품이 조립되어 만들어집니다. 라디오 제작 전문가들은 설계도만 보면, 어떤 부품이 어디에 있는지, 그 부품이 무엇을 하는지 알 수 있습니다. 우리 몸도 설계도가 있을까요?

## 4진법으로 생명을 연주하는 인간 게놈이라는 악보

만약 우리에게 생명체를 만드는 설계도가 있다면 그것은 DNA일 것입니다. 인간 게놈 프로젝트는 1990년 미국과 영국을 주축으로 18개국이 컨소시움(IHGC: International Human Genome Consortium)을 만들어 15년 동안 30억 달러를 투입하여 인간 게놈의 염기서열을 밝히고자 한 거대한 프로젝트입니다. 미국 국립보건연구원(NIH)의 왓슨(James Watson, DNA 이중 나선 구조를 밝혀 노벨상을 수상한 과학자)이 여기에서 주도적인 역할을 하였는데, 불행히도 한국은 이 프로젝트에 참여하지 못했습니다.

벤터(Craig Venter)는 1997년 셀레라 지노믹스(Celera Genomics)라는 회사를 설립하여 3년 이내에 인간 DNA 염기서열을 모두 밝히겠다고 호언하였지요. IHGC는 2001년 2월 15일자 네이처 지에, 셀레라 지노믹스는 2001년 2월 16일자 사이언스 지에 각각 인간 게놈 염기서열을 발표하였습니다.

여기서 잠시, 같은 인간 게놈 프로젝트를 두 개의 서로 다른 그룹에서 수행하게 된 뒷이야기를 하고 넘어가겠습니다. 벤터는 NIH의 인간 게놈 프로젝트팀에 있으면서 1990년대 초 NIH에서 단 시간 내에 수백 개의 유전자를 발견할 수 있는 EST란 기술을 개발하여 발견한 유전자에 특허를 출원하였습니다. 당시 NIH 소장인 힐리(Bernadine Healy)박사는 벤터의 특허 출원에 긍정적이었으나 프로젝트 책임자였던 왓슨은 발견에 특허를 출원하는 것은 과학자의 도리가 아니라고 반론을 제기하였고 대선배에게 대들었던 벤터에게 이 사건은 치명적인 오점으로 남아 이후 벤터의 모든 연구계획서는 거절당하게 됩니다. 결국 벤터는 NIH를 떠나게 되고 그 후임으로 온 콜린스(Francis Collins)가 게놈 프로젝트를 지휘하게 됩니다. 두 사람의 사이가 좋을 리가 없었겠지요.

NIH를 나온 벤터는 벤처회사인 셀레라 지노믹스를 설립하여 뒤늦게 인간 게놈 프로젝트를 수행하였습니다. 8년이나 늦은 출발이었지만 벤터는 염기서열을 분석하는 데 슈퍼컴퓨터를 사용하는 샷건(shotgun)이라는 획기적인 방법을 도입하여 2년 만에 NIH의 인간 게놈 프로젝트의 연구 결과를 추월하게 됩니다. 여기서 샷건 방식에 대해 간단히 설명하겠습니다. 한 가닥의 인간 DNA에 있는 염기 수는 약 30억 개 이상으로 이 염기 순서를 정하는 것이 이 프로젝트의 목적이라 할 수 있습니다. 염기 순서를 분석하기 위해서는 긴 DNA를 조각내어 짧은 DNA 염기 순서를 밝히고 서로 퍼즐을 맞추듯 순서를 맞추는 작업을 해야 합니다. 이때 미국의 NIH에서는 하나의 DNA 조각마다 이름을 명기하여 각 조각들의 겹치는 부분을 앞뒤로 맞추어 순서를 정하는 방법을 채택하고 있었습니다. 마치 1,000조각의 퍼즐을 하나 하나 맞추어 나가는 방식과 유사합니다. 반면 벤터가 개발한 샷건 방식은 DNA 조각들의 염기 순서를 밝힌 후 각 조각에 이름을 부여하지 않고 슈퍼컴퓨터가 판단하도록 맡기는 것입니다. 물론 이 분석 알고리즘은 컴퓨터 알고리즘 전문가인 마이어(Eugene Myers)가 수행하였습니다. 벤터는 "1년이 걸린 일을 우리는 1주일 만에 할 수 있다."고 장담하였고 실제로 시간을 5분의 1로 단축시켰습니다.

이러한 이유로 두 기관은 서로 먼저 밝히고자 경쟁했으며 전 세계에 공표하기 전에 미리 염기서열을 보여줌으로써 제약회사 등 관심을 보이는 회사로부터 일정한 액수의 금액을 받고자 하였습니다. 그러나 당시 미국의 대통령이었던 클린턴은 인간 DNA 염기서열로 장사를 해서는 안 된다고 판단하여 콜린스와 벤터를 화해시켰고 네이처 지와 사이언스 지에 각각 나란히 인간 게놈 프로젝트의 결과를 발표하여 자료는 무료로 공개되었습니다. 향후 이 염기서열을 이용해 특별한 제품을 개발하고 염기서열로부터 정보를 얻는 것에 대해서는 지적재산권을 부여하도록 하였습니다. 따라서 향후 DNA 염기서열에 대한 정보를 가공하고 적절히 응용한다면 지적재산권을 확보할 수 있고 경제적인 효과도 누릴 수 있을 것입니다.

인간 게놈 프로젝트 연구 결과가 발표되면서 생명과학 분야의 연구가 완성되었다고 속단하는 사람들도 많았습니다. 그러나 그렇지 않습니다. 영화 '인디아나 존스'는 목숨을 걸고 피라미드 깊은 곳에 숨겨진 보물(또는 책자)을 찾는 이야기입니다. 그 책자에 피라미드의 역사, 당시의 생활상, 왕조 등 이집트에 관한 전반적인 내용이 수록되어 있다고 가정합시다. 책자만 펼치면 모든 것을 알 수 있을 거라 생각하고 책을 펼치지만 그 책은 무슨 뜻인지 알 수 없는 상형문자로 가득 차 있습니다. 피라미드의 비밀과 전반적인 내용을 이해하기 위해서는 먼저 상형문자를 배워야겠지요.

염기서열 또한 마찬가지입니다. 인간의 DNA는 약 30억 개의 염기로 이루어져 있습니다. 염기의 종류는 AGTC 4가지입니다. 자! 지금부터 생각나는 염기를 10개 말해봅시다. AAGCTTACTA. 여러분도 한 번 해 보세요. 아무 염기나 10개를 나열해 보세요. 여러분이 나열한 염기는 DNA 염기서열 30억 개 중 반드시 있을 겁니다. 그러나 내가 방금 이야기한 AAGCTTACTA가 무엇을 의미하는지는 나조차도 모릅니다. 여러분이 이야기한 10개의 염기서열이 어떤 역할을 하고 여러분의 몸속에서 무슨 일을 하는지 여러분들도 알지 못할 것입니다.

이제부터 시작입니다. 인간이 창조한 숫자는 0에서 9까지 십진법 체계를 가집니다. 컴퓨터는 0과 1로 구성된 이진법을 사용합니다. 0000은 0입니다. 0001은 1입니다. 모르스 부호도 '.(돈)'과 '－(쯔)'로 이루어진 이진법입니다. 모르스 부호에서 SOS는 "... --- ..."이고 한국은 ".--- . ..-.(한) .-.. .... .-..(국)"입니다. 4종류 염기로 되어 있는 DNA는

4진법 체계입니다. 우리는 이진법이나 모르스 부호를 알면 그 의미를 알 수 있습니다. DNA 염기서열도 마찬가지입니다. ATT는 아미노산 루신을 의미하며, GGT는 아미노산 글리신을 의미합니다. 그러나 단백질을 만드는 부위는 30억 염기 중에서 단지 3%에 지나지 않습니다. 즉 우리가 알고 있는 염기가 약 3천만 개 정도라는 뜻입니다. 아직까지도 우리는 나머지 97%의 염기가 무엇을 의미하는지 모르고 있습니다.

2001년 인간 DNA의 염기서열이 발표되면서 인간 유전자가 단지 2만5천 개 정도에 불과하다고 밝혀져 많은 생명과학자들이 놀랐습니다. 대장균인 박테리아가 2천여 개의 유전자를, 효모가 6천여 개의 유전자를, 초파리가 1만2천여 개의 유전자를 가집니다. 그런데 만물의 영장인 인간의 유전자가 초파리의 두 배인 2만5천 개라니! 말이 되는 걸까요?

말이 되지 않는 이야기처럼 들립니다. 그러나 사실입니다. 이것은 무엇을 의미할까요? 유전자의 수가 생명체의 질과 가치에 비례하지 않는다는 사실입니다. 여기서 생각해 봅시다. 초파리에 비해 겨우 두 배의 유전자를 가진 인간이 이룬 업적은 어마어마합니다. 우리가 생각하는 것보다 인간 생명체 시스템은 매우 복잡합니다. 너무 복잡하게 얽혀 있다는 의미이지요. 너무 복잡하여 이해하기가 어렵다고 생각하지 말고 앞으로 생명과학 분야에서 해야 할 일이 많이 남은 것으로 여기기 바랍니다.

염기 30억 개로 구성된 DNA 분자의 실제 길이는 약 1미터에 달합니다. 한 번 계산해 볼까요? DNA 이중나선 구조에서 염기와 염기 사이의 거리는 3.4Å(옹스트롬, $1\times10^{-8}$센티미터)이며, 이중나선의 지름은

### DNA와 유전자의 차이

DNA는 우리 몸을 구성하는 30억 개 이상의 염기 전체를 의미합니다. 이 DNA는 생명 활동에 직접적인 영향을 미치는 단백질 생산에 관여하는 정보를 가지고 있어 매우 중요합니다. 단백질을 합성하는 경우를 생각해 봅시다. 어떤 단백질은 항상 우리 몸속에 존재하지만 필요할 때 합성되고 그 역할을 다하면 분해되어 사라지는 단백질도 있습니다. 단백질 합성에 있어서 DNA의 역할은 두 가지로 나눌 수 있습니다. 한 가지는 단백질을 만드는 방법 즉 단백질을 암호화하는 것에 관한 정보이며 다른 한 가지는 단백질을 언제 얼마만큼 만드는 것인지 결정하는 정보에 관한 것입니다. 물론 DNA는 단백질을 합성하는 것 이외에도 생명에 관한 다른 정보도 담고 있습니다. 이 전체 DNA 중에서 유전자는 단백질을 암호화하는 부위입니다. 그 크기는 전체 DNA의 3% 정도에 지나지 않습니다.

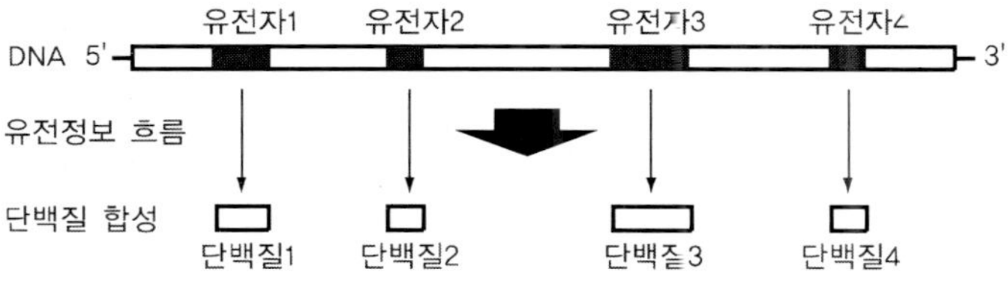


여러분의 몸은 60조 개의 세포로 이루어져 있습니다. 그렇다면 여러분 몸속 DNA의 총 길이가 60조 미터에 달하는 걸까요? 어떻게 이것이 가능할까요? 그 만큼 단단하게 뭉쳐져 있다는 뜻이겠지요. DNA는 단단히 뭉쳐져 있다가 복제나 전사가 일어나는 경우처럼 필요할 때만 펼쳐지는 형태로 존재해야 할 것입니다.

20Å입니다. 염기는 36도 기울어져 있는데, 한 바퀴 회전할 때 10개의 염기가 존재합니다. 이것이 이중나선 구조입니다. 염기와 염기 사이의 거리(3.4×$10^{-10}$미터)에 염기 수 30억 개를 곱하면 1.02미터가 됩니다. 이것은 한 가닥인데, DNA는 두 가닥으로 되어 있지요. 그러니까 총 DNA 길이는 약 2미터가 되겠지요. 그러나 두 가닥이 겹쳐 있기에 1미터라고 이야기하겠습니다.

## 염색체 이야기

이처럼 단단히 뭉쳐졌다가 펼쳐지는 과정을 반복하다 보면 DNA가 서로 엉켜 못쓰게 되는 일이 생기지는 않을까요? 긴 털실을 연상해 보세요. 털실로 목도리를 짤 때 그냥 털실을 방치하면 엉켜서 못쓰게 되겠지요. 이를 방지하기 위해 털실을 실패에 감아두는 것처럼 DNA 또한 사용하기 편리하고 엉키지 않도록 히스톤(histone)이라는 단백질에 감겨져 있습니다.

인간의 히스톤에는 다섯 종류가 있습니다. 그 중 H2A, H2B, H3, H4가 각각 두 개씩 뭉쳐 여덟 개의 히스톤을 형성하는데 이곳에 DNA가 감기게 되며 이것을 뉴클레오솜(nucleosome)이라고 합니다. 이 하나의 뉴클레오솜에는 147개의 염기가 감길 수 있습니다. 뉴클레오솜과 뉴클레오솜 사이에는 H1/H5라는 링커(linker) 히스톤이 DNA와 결합되어 있습니다. 따라서 링커를 포함한 뉴클레오솜은 약 200개 DNA 염기를 포함한다고 할 수 있습니다. 하나의 세포 속 DNA 전체를 감으려면 몇 개의 뉴클레오솜이 필요할까요? 1천5백만 뉴클레오솜과 같은 수의 H1 히스톤 분자가 필요합니다. 히스톤 단백질로 계산해 보면 1억3천5백만 개의 히스톤 단백질에 해당합니다. 30억 개의 염기로 이루어진 DNA가 하나로 연결되어 있다면 너무 복잡할 뿐만 아니라 히스톤에 감겨 있다 하더라도 복제나 전사과정에서 엉킬 수가 있겠지요? 다행히도 우리 인간은 23종류의 염색체(chromosome)로 나누어져 있는데 생식 세포를 제외한 우리 세포 대부분은 염색체를 1쌍씩, 총 46개를 가지게 됩니다. 지금까지 계산한 모든 것의 두 배가 되겠지요.

왓슨과 크릭이 DNA의 이중나선구조를 밝힌 1953년 이후, 지난 50여 년 동안 생명과학자들이 밝힌 생명과학의 비밀은 DNA의 전체 30억 개 염기 중 3%에 해당하는 유전자가 어떤 과정을 거쳐 단백질을 합성하는가에 대한 것입니다. 이제 세포 증식을 위해 DNA가 두 배로 복제되는 과정, 유전자가 전사과정을 거쳐 RNA를 만들고 RNA에 있는 정보에 의해 단백질이 합성되는 번역 과정을 살펴보도록 하겠습니다.

## 복제 이야기

20세기 생명과학은, DNA가 어떻게 복제되고 전체 DNA의 3%에 해당되는 유전자가 어떠한 과정을 거쳐 단백질을 합성하는지에 대한 연구라고 해도 과언이 아닙니다. 먼저 복제(replication)에 대해서 이야기하겠습니다.

일반적으로 인간은 약 6천억 개의 세포를 가지고 태어납니다. 그 이후 성장을 통해 성인이 되면 약 60조 개의 세포를 가지게 되는데 사람의 크기나 몸무게에 따라서 그 수는 달라집니다. 성장 과정에서 하나의 세포는 자신과 똑같은 세포를 만드는데 우리는 이 과정을 증식(proliferation) 또는 세포의 증식이라고 합니다. 세포가 증식할 때, 한 쌍의 DNA를 기반으로 정확하게 똑같은 DNA 한 쌍을 더 만든 후 세포가 두 개로 나누어지게 됩니다. 이처럼 한 쌍의 DNA를 주형(template)으로 또 다른 한 쌍의 DNA를 정확하게 만드는 과정을 복제(replication) 또는 DNA 복제라고 합니다. Part 0에서 생명체가 자손번식을 위해 자기복제시스템을 가지고 있다고 하였습니다. DNA 복제는 자기복제시스템을 가장 정확하게 실현하는 과정입니다. 이 과정을 통해서 자신의 DNA를 똑같이 복제하여 증식하거나 자신의 DNA를 정확하게 복제하여 자손에게 전달함으로써 생명체를 유지합니다.

DNA 복제는 DNA 두 가닥 중 한 가닥의 DNA를 주형으로 하여 그 쌍이 되는 염기를 붙이는 작업입니다. 예를 들어, 주형 DNA가 A−G−C−T이면 쌍을 이루는 T−C−G−A를 합성하여 서로 수소결합을 하도록 만드는 것입니다. 이때 염기 T가 붙어 있는 뉴클레오티드에 C가 붙어 있는 뉴클레오티드를 붙이는데, T가 붙어 있는 디옥시리보스의 세 번째 탄소에 C가 붙어 있는 디옥시리보스의 다섯 번째 탄소에 있는 인산기를 붙여 인산디에스테르 결합을 하도록 복제합니다. 이때 복제는 항상 5'에서 3' 방향으로 진행됩니다.

생명체는 DNA 복제 시, 두 가닥의 DNA 중 하나를 주형으로 DNA를 복제하여 두 가닥을 만드는 동시에 다른 하나를 주형으로 또 다른 DNA 가닥을 합성하여 두 가닥의 DNA를 만듭니다. 그 결과 세포 하나에 두 가닥의 DNA가 이중 나선 구조로 결합하게 되며 증식된 새로운 세포의 DNA 중 한 가닥은 이미 존재한 가닥이고 다른 한 가닥은 복제 시 새로 합성된 DNA 가닥이 되는 것이지요. 이때 복제의 시간적 효율성을 위해서 두 가닥의 DNA에서 동시에 복제가 일어나는 것이 바람직할 것입니다.

그렇다면 DNA 복제는 어디서부터 시작될까요? 이중 나선으로 되어 있는 DNA 가닥의 끝 부분이 풀리고 그곳에서 복제가 시작되는 방법과 DNA 중간의 어느 부위에서 이중 나선이 갈라지고 그곳에서 양 방향으로 복제가 진행되는 방법을 생각할 수 있습니다. 어디서 복제를 시작하는 것이 시간적으로 더 효율적일까요? 중간 부위에서 양방향으로 복제하는 것이 명백히 더 효율적입니다.

복제가 시작되는 DNA의 중간 부위를 복제 부위(replication fork)라고 합니다. 여기서 잠시, 생각해 봅시다. 복제 부위의 특징은 무엇일까요? G≡C쌍보다는 A=T쌍이 많이 나타나는 부위일 것입니다. G≡C쌍은 수소결합이 3개이고 A=T쌍은 수소결합이 2개이기 때문이지요. 쌍으로 결합되어 있는 DNA 이중 나선을 분리하는 데 G≡C쌍이 많은 곳보다는 A=T쌍이 많은 곳이 에너지 측면에서 훨씬 효율적입니다. 따라서 30억 개 염기 중에서 A=T쌍이 밀집되어 있는 부분을 발견했을 때, "아! 이곳이 복제가 시작되는 곳이구나!"라고 해도 틀린 말이 아닐 것입니다.

TTTTCCGAGCCGCCATTGGCCCATTCGGCCGACCAATCCCGTTCGAGCTAG
GCGACCGCGCCAAAAGGCTCGGCGGTAACCGGGTAAGCCGGCTGGTTAG
GGCAAGCTCGATCCGCTGGCGCGG

AAAAATTTATAATTTTTGGCCGTCAATCAAATTCGGAGGCCTCCCATTGGC
CCCTATCCCTTTTTAAATATTAAAAACCGGGAGTTAGTTTAAGCCTCCGGA
GGGTAACCGGGGATAGGGTAGAACTCCCAAGCTGATTGGCCCACAGCGG
GAACCAATCAGCGATTAGAGTTTTGTTTTGATTATCTTGAGGGTTCGACTA
ACCGGGTGTCGCCCTTGGTTAGTCGCTAATCTCAAAACAAAACTAA

TTTCCTATATATATATATATATAATCCTTTAATCCTAGCGCAGCTGAGTCATCG
CAGCCCCTAAAGGATATATATATATATATATTAGGAAATTAGGATCGCGTCGA
CTCAGTAGCGTCGGGGAATTCCAGTAGGTATACCCAGCTGGGTAATCCAG
TAGGTATACCCAGGTGGGTGAACCCAGCTGTAAGGTCAGCCATATGGGTC
GACCCATTAGGTCATCCATATGGGTCCACCCACTTGGGTCTAC

푸른색은 복제부위(AT rich region)를 의미

그런데 중간에 위치한 복제 부위에서 합성이 시작될 때 약간의 문제가 있습니다. DNA 합성은 항상 5'에서 3'으로 진행되기 때문에 그림에서처럼 DNA 중간에서 복제가 시작되면 5'→ 3'을 주형으로 하는 경우에는 복제 시작 부위에서 왼쪽으로 합성하는 데 문제가 없으나 오른쪽으로 합성하는 경우는 3'→ 5'으로 합성되기 때문에 문제가 생깁니다. 마찬가지로 3'→ 5'를 주형으로 하는 경우에는 복제 시작 부위에서 오른쪽으로 합성하는 경우는 문제가 없지만, 왼쪽으로 합성하는 경우는 문제가 있습니다. 우리는 이 문제에 대해서 두 가지 방법을 생각할 수 있습니다. 복제 부위가 확장될 때마다 5'→ 3'으로 조금씩 조그마한 조각을 합성하고 또 확장되면 조각을 합성하여 이어주는 방법과 DNA 가닥이 완전히 벌어질 때까지 기다렸다가 일괄적으로 합성하는 방법이 있을 것입니다. 시간적으로는 조그마한 조각을 만들고 이것을 이어주는 방법이 더 효율적입니다. 이

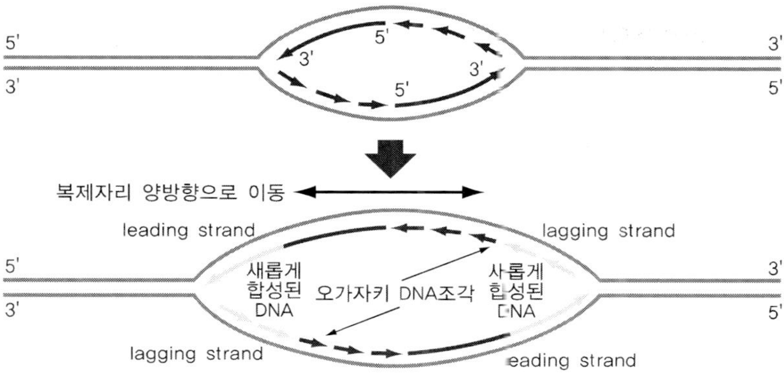


현상을 처음 발견한 사람은 일본 생명과학자 오가자키 박사인데 그의 이름을 따서 이 조그마한 조각을 오가자키 DNA 조각(Okazaki fragment)이라고 부릅니다.

정리하면, DNA 복제 시 항상 5'→ 3' 방향으로 합성되기 때문에 두 가닥 중 어느 가닥을 주형으로 하는지, 어느 방향으로 합성하는지에 따라 두 가지의 합성 방법이 있습니다. 하나는 5'→ 3'으로 지속적으로 합성하는 방법이며 다른 하나는 오가자키 DNA 조각을 만들어 이어주는 방법입니다. 이때 오가자키 DNA 조각을 이어주는 효소를 우리는 DNA 연결효소(DNA ligase)라고 합니다. 또한 5'→ 3'으로 지속적으로 합성하는 데 주형이 되는 DNA 가닥을 리딩주형(leading-strand)라고 하고 오가자키 DNA 조각을 합성하는 데 사용되는 주형을 래깅주형(lagging-strand)라고 합니다. 몇몇 중요한 효소가 촉매 작용으로 DNA 복제를 돕습니다. 가장 주된 역할을 수행하는 것은 DNA 중합효소(DNA polymerase)이며, DNA 두 가닥을 분리시키는 데 관여하는 효소를 DNA 헬리카아제(DNA helicase)라고 합니다. DNA는 여기서 언급하

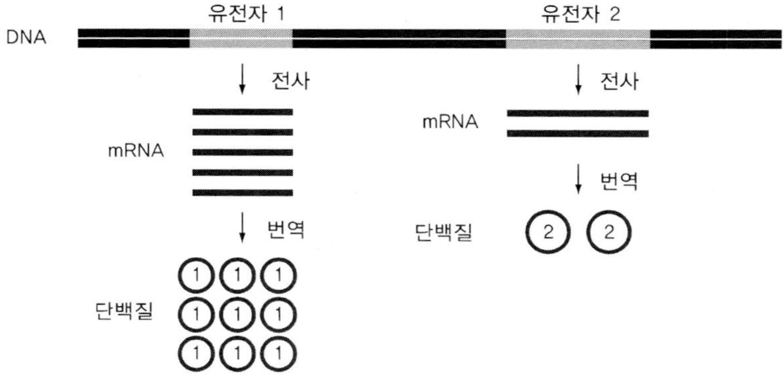


지 않은 더 많은 종류의 단백질과 더욱 복잡하고 체계적인 과정을 통해서 합성되지만 여기서는 기본적인 복제과정만 소개하였습니다.

## 전사 이야기

이제 DNA 전체에 대해서가 아닌 단백질 합성을 위해 암호화되어 있는 부위인 유전자에 대해서 이야기하겠습니다. 유전자는 DNA 전체 중 아주 적은 부위로서 단백질을 합성하는 데 정보를 제공하는 염기만을 말합니다. DNA와 유전자의 차이를 설명한 그림에서와 같이, 유전자 1은 단백질 1을 합성하는 데 정보를 제공하고 유전자 2는 단백질 2를 합성하는 데 정보를 제공합니다. 다시 말해 유전자 1은 먼저 전사(transcription) 과정을 거쳐 mRNA를 만들고 mRNA를 바탕으로 단백질이 합성되며 이 과정을 번역(translation)이라고 합니다. 유전자 1은 많이 발현되고 유전자 2는 적게 발현된다고 가정해 봅시다. 유전자 1은 mRNA도 많이 만들고 단백질 1도 많이 만드는 데 비해, 유전자 2는 mRNA도 적게 만들고 단백질 2도 적게 만듭니다. 우리 몸에는 상대적으로 양이 많은 단백질이 있고 양이 아주 적은 단백질도 있으며 한 번 만들어지면 더 이상 기능을 하지 못할 때까지 사용되는 수명이 매우 긴 단백질도 있습니다. 또 다른 단백질은 필요한 경우에 일시적으로 생성되었다가 그 역할을 다하고 사라지는 경우도 있습니다. 단백질에 관한 이러한 정보는 어디에 있을까요? 그 답은 유전자가 아닌 부위, 즉 DNA의 논-코딩 부위입니다. 여전히 그 부분에 대해서는 밝혀지지 않고 있으며 21세기 생명과학에서 연구해야 할 부분입니다.

**생각해 봅시다**

왜 생명체는 DNA에서 직접 단백질을 만들지 않고 DNA 정보를 RNA로 전환하는 전사 과정과 단백질을 만드는 번역 과정을 만들어 놓았을까요? 혹시 이것이 불필요한 과정은 아닐까요?

mRNA를 거치는 과정이 필요한 이유를 생명체의 본질적인 특성과 mRNA 자체에서 찾을 수 있습니다. Part 0에서 언급하였듯이 생명체에는 반응 속도와 자가 조절의 특성이 있습니다. DNA는 견고하고 안정적입니다.

DNA가 얼마나 안정한 분자인지 보여주는 아주 특별한 사례는 청동기 시대의 '아이스 맨 위치' 사건입니다. 1991년 해발 3,000미터가 넘는 알프스 산맥의 눈 속에서 미라가 발견되었고 연구결과 약 5,300년 전 화살을 맞고 사망한 후 알프스의 눈 속에 묻힌 것으로 밝혀졌습니다. 뼈 속에 남아 있는 미토콘드리아 DNA와 핵 DNA의 분석 결과 모아 놓은 공식 홈페이지도 운영되고 있습니다. 그 후손을 찾으려 했으나 후손은 남아 있지 않은 것으로 학자들에 의해 공식 확인되었습니다. 이뿐만 아니라 2012년 6월 28일에는 아이스 맨보다 1천7백년이나 앞선 중석기 시대 두 명의 현생 인류 유골에서 DNA를 채취해 분석에 성공했다는 기사가 사이언스 데일리에 실리기도 했습니다. 이처럼 인간의 DNA는 7천 년이 지나도 변하지 않고 분석이 가능할 정도로 안정적으로 보존이 가능합니다.

구조적으로 안정하다는 것은 반응 속도가 느리다는 의미입니다. 생명체가 외부 환경에 빠르게 반응하기 위해서는 반응 속도가 매우 중요하지요. 이러한 이유로 DNA보다는 반응이 빠른 RNA 분자로의 전환이 필요했을 가능성이 있습니다. mRNA는 DNA에 비해서 불안정하고 단백질을 만드는 데 필요한 정보를 제공하는 임무를 마치면 곧바로 분해됩니다. 만약 DNA에서 바로 단백질을 합성한다면 단백질 합성을 위한 모든 기작과 기계가 필요할 뿐만 아니라 DNA를 원래 상태로 되돌려 정보를 오랜 기간 동안 저장할 수 있는 기작과 기구 또한 새롭게 만들어야 할 것입니다. 이것은 또 다른 낭비가 되겠지요?

다른 각도에서 생각해 볼 수도 있습니다. 애초에 생명체는 RNA가 먼저 생성되었고 RNA가 현재 단백질이 수행하고 있는 가장 기본적인 기능인 촉매작용도 하였으며 단백질을 만드는 데 정보를 제공하였습니다. 생명체가 복잡해지면서 RNA가 수행하던 생명 현상을 조절하는 기능을 단백질에게 위임하였다는 가설입니다. 또한 정보를 제공하던 RNA 기능은 RNA 자체가 불안정하기 때문에 생명을 지속적이고 견고하게 유지하기 위해 장기간 정보를 저장할 수 있는 DNA를 다시 합성하게 되었을 것입니다. 촉매 기능을 수행하는 RNA가 발견되고 RNA로부터 DNA가 합성되는 역전사(reverse transcription) 과정이 밝혀지면서 설득력이 있어 보이기도 하지만 여전히 열려 있는 질문입니다. 열린 마음으로 생명체를 보다 보면 언젠가는 명확한 답을 찾을 수 있겠지요.

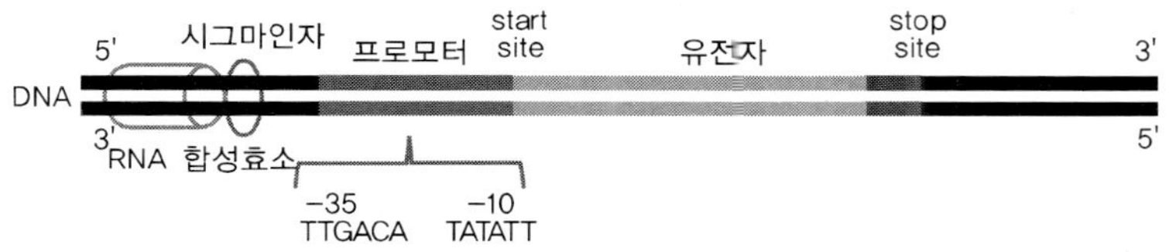


이제 전사 과정에 대해서 살펴봅시다. 전사 즉 mRNA를 합성하는 데 관여하는 효소를 RNA 합성효소(RNA polymerase)라고 합니다. 먼저 시그마 인자(sigma factor)라는 단백질이 DNA에 결합하여 RNA 합성효소를 인도하게 되는데 두 단백질은 유전자 시작 부위에 곧바로 찾아가는 것이 아니라 DNA의 적절한 부위에 느슨하게 결합합니다. DNA에 느슨하게 결합하여 5'→ 3' 방향으로 진행하던 중 유전자의 시작 부위를 만나면 단단하게 결합하여 합성을 시작합니다. 시그마 인자는 RNA 합성효소가 합성을 시작하면 DNA로부터 분리되어 나옵니다. 자신의 임무를 다했기 때문이지요. RNA 합성효소는 계속 합성을 하다가 중지 코드를 만나게 되면 DNA로부터 분리되고 mRNA의 합성이 완성됩니다.

자동차를 몰고 고속도로를 달리다 보면 표지판이 나옵니다. 목적지를 2킬로미터 앞 둔 지점, 1킬로미터 앞 둔 지점과 출구에서 표지판으로 출구 정보를 제공하여 안전한 운행을 돕고 있습니다. DNA도 마찬가지로 시그마 인자와 RNA 합성효소가 DNA에 느슨하게 결합하여 유전자 시작 부위를 찾고 있을 때 전사 시작점으로부터 −35 염기가 떨어진 부위에 TTGACA라는 신호가 나타납니다. 이때 두 단백질은 조만간 전사 시작 부위가 나온다는 것을 알고 긴장하겠지요. 그러다가 다시 −10 부위에 TATATT라는 염기서열이 나타나는데 우리는 이를 TATA 박스라고 합니다. 두 단백질은 이 TATA 박스를 지나면서 더욱 긴장하여 DNA에 좀 더 강하게 결합하고 전사 준비를 합니다. 이처럼 전사 시작 전에 있는 매우 보존된 이러한 염기서열의 모임을 우리는 프로모터(promoter)라고 합니다. 따라서 코딩 부위인 유전자 앞에는 항상 이러한 프로모터 부위가 있습니다. 전체 DNA 중에서 유전자 부위를 찾을 때는 유전자 부위만을 찾는 것이 아니라 그 앞부분(upstream 부위)의 프로모터 부위를 고려해서 찾는다면 좀 더 쉽게 유전자 부위를 찾을 수 있을 것입니다. 친절하게도 DNA 염기서열만으로 유전자를 찾아 주는 생물정보학 기반의 웹 사이트(http://www.ncbi.nlm.nih.gov/projects/gorf/)가 있습니다. 적절한 염기서열을 넣고 실제 유전자 부위를 찾는 게임을 해 보기 바랍니다. DNA 중에서 유전자 부위는 무작위로 분포되어 있기보다는 특정한 부위에 몰리는 경향이 있습니다. 이는 곧 의도된 행위이며 전사와 같은 생명 현상이 원활하게 이루어지게 하기 위함입니다.

mRNA 합성도 DNA 합성과 마찬가지로 5'→ 3'으로 합성되기 때문에 DNA의 위쪽 가닥(5'→ 3')에 있는 유전자로부터 mRNA를 합성할 경우는 오른쪽에서 왼쪽 방향으로 mRNA가 합성되며 DNA의 아래쪽 가닥(3'→ 5')에 있는 유전자로부터 mRNA를 합성할 경우에는 왼쪽에서 오른쪽 방향으로 합성됩니다. 따라서 어느 한 가닥에서는 유전자 부위인 것이 다른 가닥에서는 유전자 부위가 아닐 수도 있습니다. 어떤 경우는 두 가닥 모두 유전자 부위인데 서로 다른 단백질을 합성하는 정보를 가지고 있기도 합니다.

이러한 전사과정은 원핵세포와 진핵세포에서 완연히 차이가 납니다.

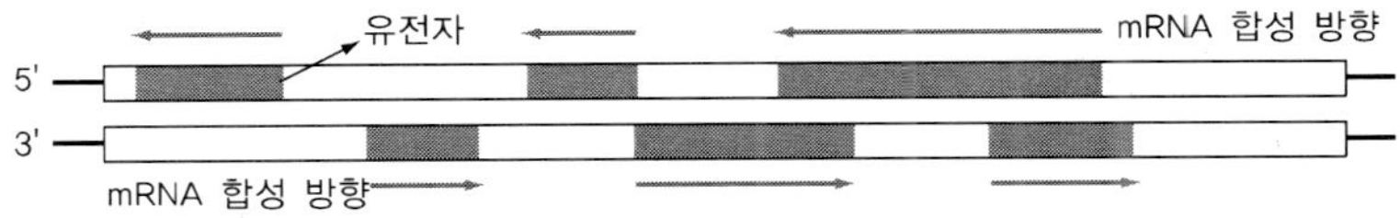


원핵세포와 진핵세포는 세포 내 소기관이 나누어져 있는지 그 여부로 구분됩니다. 예를 들어, 핵이 있으면 진핵세포이고 핵이 없으면 원핵세포입니다. 전사가 일어나는 곳은 핵이며 단백질이 합성되는 곳은 세포질입니다. 따라서 핵이 없는 원핵세포에서 전사와 단백질 합성이 같은 장소인 세포질에서 일어나는 데 반해, 진핵세포에서 전사는 핵에서 일어나고 단백질 합성은 세포질에서 일어나기 때문에 핵에서 만들어진 mRNA가 단백질 합성을 위해 세포질로 이동해야 합니다.

원핵세포는 DNA로부터 전사를 거쳐 mRNA를 만들고 mRNA를 기반으로 번역 과정을 통해서 단백질을 합성합니다. 그러나 진핵세포에는 RNA 스플라이싱(RNA splicing)이라는 과정이 하나 더 존재합니다. 이 과정을 설명하기 전에 진핵세포에 있는 DNA의 유전자 부위를

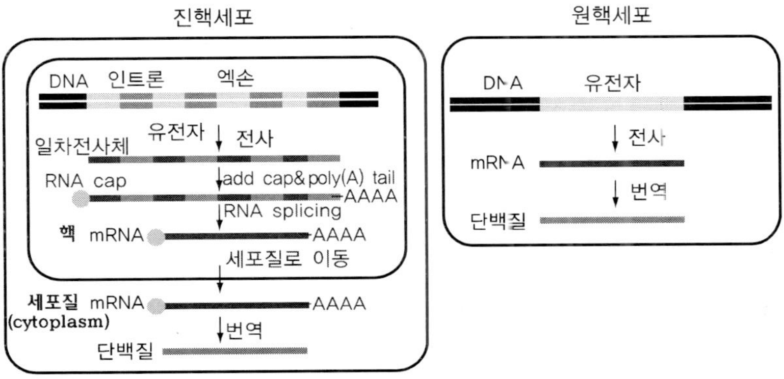

살펴봅시다. 원핵세포는 유전자가 그대로 mRNA이며 이것은 단백질 합성을 위한 정보 그 자체입니다. 그러나 진핵세포의 유전자는 단백질 합성 정보를 제공하는 엑손(exon), 단백질 합성과 무관한 인트론(intron)으로 나누어집니다. 이 두 부위가 서로 반복되어 놓여 있지요. 다시 말해 진핵세포에 있는 유전자 부위는 '엑손－인트론－엑손－인트론'과 같이 구성되어 있습니다. 일단 진핵세포의 유전자로부터 전사과정을 거쳐 RNA가 합성됩니다. 이 RNA를 우리는 mRNA라 하지 않고 일차 전사체(primary transcript)라고 합니다. 왜냐하면 이 RNA에는 단백질 합성과 무관한 인트론이 있기 때문입니다. 이 일차 전사체는 mRNA로 변환되기 위해서 시간이 필요하기 때문에 안정화가 필요합니다. 따라서 5' 머리 부위에 모자(RNA cap)를 씌워 RNA 분해효소가 접근하지 못하도록 하고 3' 꼬리 부위에 긴 아데닌 염기를(poly(A) tail) 붙여서 안정화시킵니다. 이 경우는 설령 RNA를 분해하는 효소가 자르더라도 긴 아데닌 염기만 자르고 단백질 합성을 위한 중요한 정보 부위는 잘리지 않기 때문에 손상을 입지 않고 정확하게 단백질을 만드는 정보를 제공할 수 있습니다.

여기에 3' 꼬리 부위에 긴 아데닌 염기 부위가 RNA의 안정화에 기여한다는 증거가 있습니다. 두 RNA 중에서 한 RNA는 오랫동안 많은 단백질을 합성해 왔고 다른 RNA는 비교적 적은 수의 단백질을 합성해 왔다면 두 RNA의 꼬리 부분에 붙어 있는 poly(A) tail의 길이는 어떻게 다를까요? 물론, 단백질을 많이 합성해 온 RNA의 poly(A) tail의 길이가 더 길 것입니다. 따라서 poly(A) tail 길이는 RNA의 생존 주기(life-time)와 비례합니다.

이 두 과정을 통해서 RNA의 안정화가 이루어지면, 이제 RNA 스플라이싱 과정을 통해 엑손 부위만을 선택적으로 모으게 되는데, 이때 모여진 모든 부위는 단백질 합성을 위한 정보를 갖추었기 때문에 mRNA라고 합니다. 이제 합성되고 안정화된 mRNA는 핵에서 세포질로 나오게 되고 그곳에서 단백질 합성을 위한 정보를 제공하게 됩니다. 즉 번역이라는 과정을 거쳐 단백질이 합성되는 것이지요. 진핵세포는 왜 복잡하게 RNA 스플라이싱 과정을 더 두었을까요? 진핵세포가 원핵세포에 비해 더 진화되었으니 분명히 어떠한 장점이 있을 텐데 그 장점은 무엇일까요?

RNA 스플라이싱의 장점 또는 의미에 대해서 알아보도록 하겠습니다. 그림에서와 같이 일차 전사체는 엑손 6개와 인트론 5개로 이루어져 있습니다. 같은 단백질이지만 기관에 따라 기관 특이성이 있기 때문에 6개의 엑손 모두가 필요하지 않을 수 있습니다. 어떤 기관에는 엑손3이 필수적이지만 다른 기관에서는 엑손3이 필요하지 않은 경우, 스플라이싱 과정을 통해서 엑손3이 있는 단백질과 엑손3이 없는 단백질을 하나의 유전자로부터 만들 수가 있습니다. 두 유전자를 미리 DNA에 저장하기보다는 스플라이싱 과정을 두고 필요에 따라서 다양한 엑손의 조합을 통해 여러 단백질을 합성하는 것입니다. 효율적이지 않나요?

스플라이싱의 또 다른 장점은 선택적 스플라이싱 과정(alternative splicing)입니다. 예를 들면, 6개의 엑손으로 구성되어 있는 일차 전사체에서 엑손 5개로 구성되는 단백질을 만든다면 우리는 하나의 일차 전사체로부터 선택적 스프라이싱 과정을 통해 6개의 서로 다른 단백질을

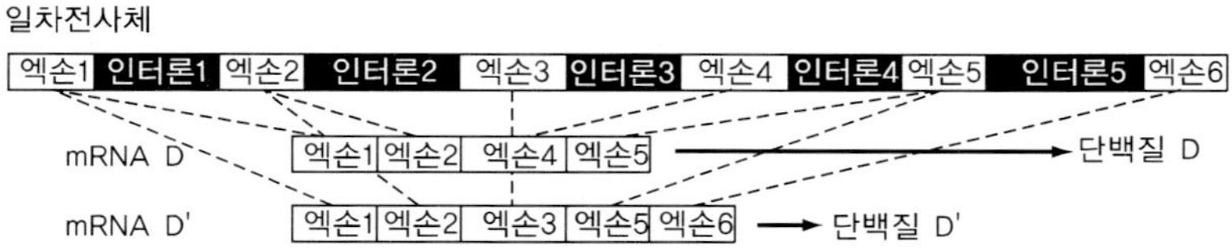


합성할 수 있습니다(순서를 고려해야 하기 때문에 6개가 나옵니다). 만약 이 과정이 없다면 DNA에 6개의 유전자 정보를 어딘가에 심어 놓아야 하는데 이 경우 DNA의 길이는 늘어나겠지요. 이 선택적 스플라이싱 과정이 있기 때문에 인간의 유전자는 25,000개이지만 인간의 단백질 종류는 약 100,000개에 달하는 이유가 여기에 있습니다. 이것이 RNA 스플라이싱 과정이 진핵세포에서 진화된 형태로 나타나는 이유입니다.

## 번역 이야기

마침내 mRNA가 세포질에 도착하면서 단백질 합성을 위한 모든 준비를 마치게 됩니다. 염기는 4종류이고 단백질을 구성하고 있는 아미노산은 20종류입니다. 네 종류의 염기로 20개 아미노산을 표현하기 위해서는 몇 개의 염기 조합이 필요할까요? 하나의 염기로는 4개밖에 표현할 수 없고 2개의 염기 조합으로는 16개까지 표현할 수 있습니다. 조금 낭비이긴 하지만 20개의 아미노산을 표현하기 위해서는 3개의 염기 조합이 필요합니다($4 \times 4 \times 4 = 64$).

따라서 3개 염기가 모여 하나의 아미노산을 표현합니다. 예를 들어, 아미노산 알라닌을 표현하는 코드는 4종류가 있는데, GCA, GCC,

GCG, GCU입니다. 루신을 표현하는 코드는 UUA, UUG, CUA, CUC, CUG, CUU 등 6종류가 있습니다. 어떤 아미노산은 하나의 코드만을 가지고 있습니다. 메티오닌은 AUG 하나이며, 트립토판도 UGG 하나만 가지고 있습니다.

20개만 있으면 되는데, 44개가 남으니 지나치게 많다는 생각이 들지요? 물론 정지(stop) 코드 하나가 필요하다면 43개는 필요 없다는 뜻이기도 합니다. 물론 그 동안 생명과학자들은 비록 돌연변이가 일어나더라도 같은 아미노산을 가지고 오기 위한 방어벽 역할을 한다고 여겨 왔습니다. 예를 들어 알라닌의 경우, 변이로 인해 세 번째 염기가 A, C, G, U 중 어떤 것이 되더라도 여전히 알라닌을 합성하는 데 전혀 문제가 없습니다. 한편으로는 그렇게 보이기도 합니다. 만약 첫 번째나 두 번째 염기가 바뀌면 어떻게 될까요? 세 번째 염기가 변이될 확률과 첫 번째와 두 번째 염기가 변이될 확률 중 어느 것이 더 높을까요? 물론, 첫 번째와 두 번째의 합에서 변이될 확률이 언제나 더 높습니다. 이 경우 생명과학자들이 주장하는 방어벽 역할은 설득력이 조금 부족합니다.

레인(Nick Lane)의 ≪생명의 도약≫ 중 생명의 기원에 관한 몇 가지 내용을 소개하겠습니다. 원래 초기의 생명체에는 아미노산 수가 15개뿐이었습니다. 이 15개 아미노산을 표현하기 위해서는 몇 개의 염기 조합이 필요할까요? 두 개면 됩니다(4×4=16). 15개 아미노산을 표현하고 나머지 하나는 정지 신호로 사용하면 되지요. 그래서 염기가 5종류(5×5=25) 혹은 6종류(6×6=36)가 아니고 염기도 오직 4종류만 만들어졌습니다. 생명체가 복잡하게 진화하면서 단백질의 생명

활동 범위가 더 넓어졌고 그로 인해 아미노산이 좀 더 필요해졌습니다. 페닐알라닌, 티로신, 트립토판, 히스티딘, 메티오닌, 이 다섯 가지는 후기에 만들어진 구조가 복잡한 아미노산입니다. 이들 아미노산을 암호화하는 코드는 8개로 평균 1.6개의 코드를 가집니다. 이들을 제외한 초기 아미노산은 구조가 비교적 단순하며 아미노산 하나를 암호화하는 코드수는 평균 3.53입니다[64－3(정지 코드)－8(후기 아미노산)=53, 53÷15=3.53]. 아미노산이 초기의 15개에서 20개로 늘어나면서 원시 코드는 2개의 염기 조합이었으나 3개의 염기 조합으로 늘어난 것이지요. 이때 세 번째 염기 획득을 위해 아미노산은 서로 경쟁하게 됩니다. 매사가 그러한 것처럼 먼저 생긴 아미노산에게 우선권이 주어지겠지요. 따라서 초기 아미노산을 표현하는 코드가 상대적으로 많으며 후기에 생긴 복잡한 아미노산을 표현하는 코드는 그 수가 적습니다. 이것이 초기 생명체의 아미노산에 대한 이론입니다. 효율적인 시스템인 생명체에서 이런 일이 일어난다는 것이 조금은 비효율적이라고요? 창조는 원점에서 출발하지만 진화는 비록 조금은 비합리적일지라도 그 자리에서 시작됩니다.

자! 여기서 흥미로운 현상 하나를 이야기하고 넘어가겠습니다. 염기 코드와 아미노산 합성 사이에 재미있는 연관성이 있습니다. 피루브산이라는 전구물질로부터 만들어지는 아미노산인 경우에는 코드의 첫 염기는 'T', 알파－케토글루타르산에서 유래된 아미노산을 암호화하는 코드의 첫 염기는 'C', 옥살로아세트산으로부터 유래된 아미노산을 암호화하는 코드의 첫 염기는 'A'입니다. 마지막으로 전구물질이 여러 단계를 거쳐 형성되면 그 아미노산의 첫 염기는 'G'입니다. 코드의 두 번째 염기에도 비밀이 있을까요? 세 번째 염기에는 없지만 두 번째 염기에는 있습니다. 소수성이 강한 아미노산 6개 중에서 5개 아미노산 코드의 두 번째 염기가 'T'입니다. 친수성이 강한 아미노산 코드의 두 번째 염기는 'A'이며 친수성이 중간 정도 되는 아미노산을 코딩하는 두 번째 염기는 'G' 혹은 'C'입니다. 물론 몇 가지 예외가 있긴 합니다. 무작위적이거나 우연처럼 보이더라도 생명체에는 어떤 질서가 있습니다. 생명과학의 많은 부분은 아직 베일에 가려져 있습니다. 이 책을 읽는 독자 여러분들도 베일을 벗겨 그 질서들을 밝히는 데 힘을 보태면 좋겠습니다.

우리는 지금까지 아미노산과 아미노산을 표현하는 염기 코드에 대해 이야기 나누었습니다. 이제 다시 단백질 합성 과정으로 돌아가 봅시다. Part Ⅰ에서 살펴본 염기 수 51개인 DNA 서열을 다시 가져왔습니다. 이 염기서열은 앞뒤로 계속 이어져 있기 때문에 앞뒤 각각에 아무런 염기가 와도 좋다는 의미의 'N'과 앞뒤에 많은 염기가 있다는 의미로 '－'를 첨가하겠습니다. 자! 이렇게 하여 다음과 같은 염기서열을 완성했습니다. 어떤 아미노산이 오는지 알기 위해서 3개씩 끊어서 읽으면 다음과 같은 세 가지 경우의 수를 확인할 수 있습니다. 이 경우 어떤 문장을 표현하는지 알아봅시다.

-NAT/GTA/CAA/CGC/AAT/GGA/AAT/AAG/CTA/CGA/AAA/CGA/AGA/
? G Q R N G N K L R K R R

AAA/AAT/AAT/GTA/AN-
K N N V ?

이 경우는 아무런 문장을 만들지 못합니다.

-NA/TGT/ACA/ACG/CAA/TGG/AAA/TAA/GCT/ACG/AAA/ACG/AAG/
? C T T Q W K . A T K T K

AAA/AAA/TAA/TGT/AAN-
K K . C ?

이 경우도 문장을 만들지 못하고 중간에 마침표가 나타나서 문장이 끊어졌습니다.

-N/ATG/TAC/AAC/GCA/ATG/GAA/ATA/AGC/TAC/GAA/AAC/GAA/GAA/
M Y N A M E I S Y E N E E

AAA/ATA/ATG/TAA/N-
K I M .

"My name is Yenee Kim(내 이름은 김예니입니다)."라는 문장이 완성되었습니다. 같은 DNA 염기서열임에도 불구하고 시작 위치에 따라 다른 알파벳이 나타납니다. 이제 이 세 번째 경우를 가지고 아미노산으로 바꿔보겠습니다. DNA는 T이지만 RNA는 U이기 때문에 먼저 DNA 염기서열을 mRNA 염기서열로 바꿔보겠습니다.

-N/AUG/UAC/AAC/GCA/AUG/GAA/AUA/AGC/UAC/GAA/AAC/GAA/GAA/AAA/AUA/AUG/UAA/N-

이 mRNA 서열에 순서대로 아미노산 이름을 넣어보면 다음과 같은 아미노산 서열이 나옵니다.

Met-Tyr-Asn-Ala-Met-Glu-Ile-Ser-Tyr-Glu-Asn-Glu-Glu-Lys-Ile-Met-Stop
(M-Y-N-A-M-E-I-S-Y-E-N-E-E-K-I-M-Stop)

이 염기서열만이 문장을 만들었던 것처럼 이 서열만이 단백질을 만들 수 있습니다. 왜냐하면 세 번째 서열에서만 시작 코드인 AUG와 멈춤 코드인 UAA가 있었기 때문입니다. 그렇기 때문에 세 가지 경우의 수가 있더라도 그 중에 단 하나만이 단백질을 만들 수 있는 뼈대(frame)가 됩니다. 하나의 유전자에서 세 종류의 단백질을 만들 수는 없기 때문이지요. 정확하게 단백질을 만들 수 있는 뼈대를 우리는 ORF(Open Reading Frame)라고 합니다.

이 부분은 중요하니 다시 한 번 정리하겠습니다. 위 염기서열이 51개가 전부라면 위의 경우 세 번째가 ORF입니다. 단백질을 합성하기 위해서는 시작 코드가 필요합니다. 시작 코드는 따로 있는 것이 아니라 메티오닌(Met)을 가져오면 단백질 합성이 시작됩니다. 따라서 AUG는 시작 코드이자 동시에 메티오닌을 가져오는 암호입니다. 암호 코드에 의해 단백질을 합성하다가 그 다음은 멈추어야겠지요. 따라서 세 조합으로 분류하다가 정지 코드인 UAA, UAG, UGA 중 하나가 반드시 나와야 합니다. 이 두 가지 조건을 갖춘 것이 세 번째이며 이 녀석을 ORF라 합니다.

단백질 합성을 주도하는 것은 리보솜(ribosome)입니다. 물론 생명 활동을 직접 관여하기 때문에 리보솜은 단백질이겠지요. 그러나 단백질 합성 과정은 체계적이면서 매우 복잡하기 때문에 이 리보솜은 단순한 단백질이 아니라 거대한 단백질 복합체, 즉 단백질을 합성하는 기계라고 해도 과언이 아닙니다. 이 기계는 두 가지 단백질 복합체로 구성되어 있는데, 큰 단백질 복합체는 49개 단백질과 3종류 rRNA로 구성되며 총 분자량은 2,800,000입니다. 작은 단백질 복합체는 33개 단백질과 1종류 rRNA로 구성되며 총 분자량은 1,400,000입니다. 따라서 단백질 합성 기계인 리보솜은 총 82개 단백질과 4종류 rRNA로 구성되고 분자량이 4,200,000인 거대한 복합체입니다. 이 리보솜이 mRNA을 읽으면 tRNA(transfer RNA로 아미노산을 리보솜에 가져다 주는 역할)가 코드에 맞는 아미노산을 가져오고 그것을 리보솜에 전달하면 펩티드 결합을 만들어 첫 번째 아미노산에 두 번째 아미노산을 붙여줍니다. 이 과정을 반복하면 긴 폴리펩티드(polypeptide)가 만들어지고 적절하게 겹쳐지면서(folding) 삼차원의 단백질이 완성됩니다.

## 개인 게놈 시대

앞에서 언급한 바와 같이, 2001년 인간 게놈 프로젝트가 완성되어 발표되었는데 그 내용은 세 사람의 DNA를 평균낸 것입니다. 이를 위해서 콜린스가 주관한 IHGC에서는 13년 동안 30억 달러라는 큰 비용을 들였습니다. 세 사람의 DNA간에 너무 많은 차이가 나는 것이 아닌지 걱정할 필요는 없습니다. 왜냐하면 개인차는 단지 300만개(전체의 약 0.1%) 정도에 불과하기 때문입니다. 콜린스와 함께 2001년 인간 게놈 지도를 완성한 벤터는 자신의 게놈 지도를 2007년 9월 4일 논문지 ≪PLoS Biology≫에 발표하였고 같은 날 잡지 ≪사이언스롤(Science Roll)≫은 'The genome of Craig Venter(크레이그 벤터의 개인 게놈)'라는 기사와 함께 '개인 게놈 시대'가 도래할 것이라고 보도했습니다.

2007년 5월 31일 뉴욕타임즈 지는 'Genome of DNA Pioneer is

Deciphered(DNA 개척자의 게놈이 판독되다).'라는 제목으로 DNA 이중 나선 구조를 밝힌 왓슨의 개인 게놈 지도 완성에 대해서 보도했는데, 이 연구는 미국 텍사스 주 소재 베일러 의과대학에서 주관한 것으로 그 이듬해인 2008년 4월 17일 네이처 지에 그 결과가 발표되었습니다. 그 이후 2008년 5월 27일 네덜란드 여성 크리엑(Marjlein Kriek)의 개인 게놈 지도, 2008년 11월 6일 베이징 게놈 연구소의 양후안밍 박사의 개인 게놈 지도, 같은 해 12월 5일 우리나라 가천의대 암・당뇨연구원장 김성진 박사의 개인 게놈 지도가 잇달아 발표되면서 개인 게놈 지도 시대가 열리고 있습니다.

여기서 잠시, 개인 게놈 지도 완성을 위한 비용과 시간을 알아보겠습니다. 앞에서 언급하였듯이 IHGC에서는 13년 동안 30억 달러를 투자했습니다. 벤트는 3년 동안 3억 달러를, 베일러 의과대학은 왓슨의 개인 게놈 지도 완성을 위해 수개월 동안 100만 달러를 소비했습니다. 여기서 개인 게놈 기술의 획기적인 차이가 있습니다. 셀레라 지노믹스에서는 고전적인 생거시퀀싱 기술을 이용한 것에 반해, 베일러 의과대학에서는 로체454를 사용하였습니다. 이후 게놈시퀀싱 기술에는 획기적인 도약이 시작되어 솔렉스 사가 기계를 개발하고 컴플리트 지노믹스에서 더 획기적인 기계를 개발함으로써 시간과 비용을 단축할 수 있게 되었습니다. 베이징 게놈 연구소에서는 솔렉사 기술을 이용하여 수개월 동안 50만 달러를, 가천의대에서도 솔렉사 기계를 이용해 수개월에 20만 달러를 투자하였습니다. 사이언스 롤은 2012년에는 단 2일에 약 1000달러로 완성할 수 있을 것으로 예견하고 있습니다. 2014년에는 나노 분석 기술을 적용하여 불과 4시간만에 100달러로 개인 게놈을 분석할 수 있을 것으로 예측하고 있습니다.

개인 게놈 지도 시대에 자신의 게놈 지도로부터 우리는 무엇을 얻을 수 있을까요? 모든 인간은 약 30억 개의 DNA 염기를 가지고 있습니다. 모든 사람은 다른 사람과 대부분의 염기서열이 일치하는데 그 중에서 어떤 위치에 오직 자신만이 독특하게 가지는 염기가 있습니다. 우리는 이 염기를 SNP(Single Nucleotide Polymorphism: 단염기다형성)라고 합니다. 개인 게놈의 염기서열에서 유전 서열 사이의 차이를 나타내는 말인데 집단 내에서 일정한 비율로 다양성을 나타내고 있습니다. 예를 들어, 김 원장의 SNP는 325만 개이며 이 중에서 같은 동양인인 양후안밍 박사의 SNP와는 114만5천175개가 겹칩니다. 김 원장의 SNP는 왓슨과는 72만1천928개가, 벤터 박사와는 91만7천539개가 겹칩니다. 따라서 우리는 인종간의 개인 게놈 지도를 비교할 수도 있습니다.

우리는 병원에 가면 종종 의사나 간호사로부터 페니실린 부작용이 있는지 질문을 받습니다. 그림에서 보는 바와 같이 SNP G를 가진 사람은 일반적으로 약물 A에 부작용이 있기 때문에 처방하지 말아야 할 것입니다. 우리가 개인 게놈 정보를 알고 각 SNP가 어떤 특성을 지니는지에 대한 정보를 안다면 개인별 약 처방이 가능합니다. 우리는 과학의 발전으로 생활이 윤택해짐에 따라 너무나 다양한 알레르기원에 노출되어 있습니다. 개인 게놈 정보와 SNP 정보를 통해 우리는 알레르기나 약물 부작용을 사전에 예방할 수 있을 것이며 그에 따른 약 처방도 받을 수 있습니다.

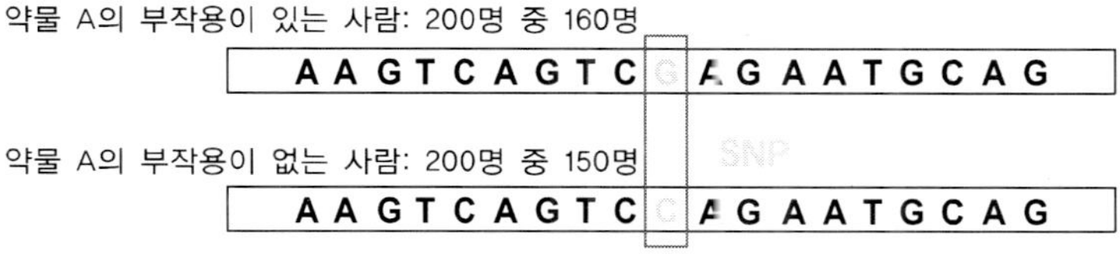


미국의 23andMe는 린다 애비(Linda Avey)와 보이치키(Anne Wojcicki)가 공동으로 설립한 회사입니다. 이 회사는 회사 이름 그대로 개인의 23개 염색체 분석을 제공합니다. 공동 설립자 보이치키는 구글의 공동 설립자인 브린(Sergey Brin)의 아내이기도 하지요. 이 회사는 2012년 현재 약 8만 명의 개인 유전자 정보 데이터 베이스를 가지고 있으며 분석 결과를 통해서 개인이 특정 질병에 걸릴 수 있는 확률에 대한 정보를 제공하고 있습니다. 공동설립자 애비는 자신의 유전자를 분석하던 중, 변형되거나 잘못되면 치매에 걸릴 확률이 매우 높은 ApoE4 유전자의 변형을 발견했습니다. 애비의 아버지 역시 3년 전에 치매를 앓다가 돌아가셨습니다. 공동 설립자인 애비는 자신이 이 변형 유전자를 가지고 있다는 사실을 알고 23andMe를 떠나 치매를 연구하는 'Brainstorm Research Foundation'을 설립하였습니다. 그녀는 자신의 질병을 미리 예측하고 치매 연구 기관을 설립하여 왕성하고도 적극적인 삶을 살고 있습니다. 개인 게놈 정보가 있었기에 가능한 일이며 미래에는 우리에게도 그런 일이 일어나게 될 겁니다.

개인 게놈 정보에 있어서 우리가 여전히 풀지 못한 비밀은 무수히 많습니다. SNP 정보 이외에도 논-코딩 영역의 DNA를 분석하고 정보를 얻는 일은 지금도 계속되고 있습니다. 앞에서 언급한 염기서열 분석 기술이 발달하면서 우리는 이 기술을 통칭하여 GWAS(genome-wide association study)라 하며 이 연구에 박차를 가하고 있습니다.

우리가 DNA로부터 얻을 수 있는 숨겨진 또 다른 정보가 있다면 그것은 진화 정보일 것입니다. 진화에 대해 알고 싶다면 DNA를 분석하여 서로 염기서열을 비교함으로써 새로운 정보를 얻을 수 있습니다. 생명체의 청사진인 DNA를 변화시키면서 생명체가 그린 최대의 걸작인 진화에 대한 이야기는 Part Ⅲ에서 다루도록 하겠습니다.

### 정리합시다

- DNA polymerase 및 RNA polymerase에 대해 정리합시다.
- DNA와 유전자의 차이점을 정리합시다.
- DNA 복제 시 나타나는 리딩주형과 래깅주형을 정리합시다.
- 원핵세포와 진핵세포의 DNA로부터 단백질 합성 과정을 정리합시다.
- mRNA로부터 단백질 합성되는 번역 과정 중 등장한 ORF(open reading frame)에 대해 정리합시다.
- DNA로부터 단백질이 합성되기까지의 일련의 정보 흐름을 정리합시다.
- SNP(single nucleotide polymorphism)에 대해 정리합시다.

### □ 더 읽어야 할 문헌

1. 생명의 도약, 닉 레인, 김정은 옮김, 글항아리, 2011년.

PART Ⅲ

# 지금도 생명체는 진화하고 있다

## 리처드 슈트라우스 알프스 교향곡
*Eine Alpensinfonie Op. 64*

대부분의 교향곡은 4악장으로 되어 있는데 이 교향곡은 이른 새벽에 등산을 시작하면서 느끼는 감성, 일출의 광활함, 정상에 오르기까지의 과정, 정상에서의 감회, 하산 중에 마주하는 일몰과 야경을 끝으로 하루의 등산 여정을 묘사한 단일 악장으로 구성된 것이 특징입니다. 생명체가 처음 지구상에 등장한 후 수십억 년 동안 1억여 종의 생명체가 등장하였다가 사라지거나 끊임없이 변신하면서 지금까지 이어오고 있습니다. 진화입니다. 리처드 슈트라우스는 이 교향곡을 통해 수십억 년 동안 생명체가 진화한 과정을 노래한 듯합니다. 오늘 우리 모두 이 교향곡을 감상하면서 진화라는 산을 등정해 보면 어떨까요?

## 진화의 문턱에서

먼저 진화론과 창조론 사이의 논쟁에 대해 간단히 언급하겠습니다. 1859년 다윈의 《종의 기원》이 출간되면서, 영국의 지식인들은 창조와 진화에 대한 논쟁을 시작하였고 전반적으로 영국 교회는 진화론과 타협하는 방향으로 마무리지었습니다. 미국에서는 반진화론적 경향이 우세하였고 시작부터 사회적인 논쟁으로 번져나가기 시작했습니다. 미국의 영향을 받아 우리나라도 두 가지 가설을 무분별하게 수용하고 있는 것이 현실입니다. 미국에서는 반진화론 운동 때문에 1981년 공립학교에서 생명의 기원에 관한 강의에 진화론과 동등하게 창조 과학도 의무적으로 가르칠 것을 요구하는 법안이 알칸소 주와 루이지아나 주 교육위원회에서 통과되기도 했습니다. 이 법안은 알칸소 주는 1983년 연방지방법원에 의해서, 루이지아나 주는 1987년 정치와 종교의 분리에 위배된다는 연방대법원의 판결로 사라지게 됩니다. 진화론과 창조론은 구태여 대등하게 비교하지 않아도 될 것을 공연한 논쟁거리로 만든 측면이 있습니다. 영국 교회처럼 타협 또는 화해하는 방향으로 나아갔다면 상처를 덜 입지 않았을 것이라는 생각 또한 해 봅니다. 종교와 과학은 별개의 것입니다. 과학자는 예수의 부활을 증명하려 하지 않습니다. 종교인이 예수의 부활을 믿지 않는 과학자에게 화를 내지 않는 것처럼 말이지요. 진화는 진화이고 창조는 창조일 뿐입니다.

여기 원시 생명체가 있습니다. 사실 우리 주위에도 있습니다. 30억 년 전 발생한 시아노박테리아도 현재 우리와 함께 살고 있습니다. 최초의 진핵세포인 효모도 지금 우리와 함께 살고 있지요. 이 효모는 우리보다 10억 살이나 더 드신 어른입니다. 그런데 우리와 함께 살아갑니다. 이것을 무엇으로 설명할까요? 아, 그 녀석은 방금 태어났다고요? 방금 태어난 이 녀석의 조상, 조상의 조상, 그리고 10억 년을 더 거슬러 올라가서 효모의 조상은 왜 진화하지 않고 지금도 그대로 자신과 같은 효모를 자손으로 두고 있을까요? 같은 시기, 같은 환경에 있었던 두 효모 중 진화의 필요성을 느낀 효모는 다세포 생명체로 진화하였고 필요성을 느끼지 못한 다른 효모는 진화하지 않았습니다. 그 후손은 지금도 효모로 살아가고 있습니다.

창조론자는 종종 사람과 원숭이의 중간 형태를 보여 달라고 이야기합니다. 왜, 사람과 원숭이의 중간 형태가 필요한가요? 진화를 한 세대에서 다음 세대로 이어지는 수직적인 진화로 생각하기 때문에 이러한 질문을 하게 됩니다. 종 내의 진화는 수직적이지요. 인간과 원숭이는 동시대를 살아가는 수평적 진화 관계이며 머리핀 구조를 이루는 진화의 결과입니다. 인간은 원숭이보다 더 진화된 크로마뇽인과 동시대에 살고 있지 않습니다. 인간과 크로마뇽인은 수직적 진화 관계입니다. 모든 조건이 같은 여건에 똑같은 생명체 둘이 있었습니다. 그곳에서 한 생명체는 왼쪽으로 진화하였고 같은 조건에서 다른 한 생명체는 오른쪽으로 진화했습니다. 그 뿐입니다. 같은 생명체로 출발하였지만 긴 세월을 지나 지금은 다른 모습을 가지고 있는 것이지요.

DNA 분석 결과 고세균(Archaea)을 중심으로 왼쪽은 원핵생물(Prokaryota)인 박테리아로, 오른쪽은 진핵생물(Eukaryota)로 진화하였습니다. 만약 원숭이와 사람의 중간 형태를 보길 원한다면, 고세균에서 원핵생물을 거쳐 진핵세포로 진화하는 DNA 분석 결과가 필요할 것입니다. 종을 잇는 진화 고리는 머리핀 경로입니다. 다시 말해 머리핀처럼 하나의 생명체는 다른 생명체와 반대방향으로 진화하였습니다. 따라서 우리는 사람과 원숭이의 중간 모습을 기대할 수 없으며 기대할 필요도 없습니다. 네 발 달린 몇몇 동물이 살고 있었고, 한 동물은 나무 높은 곳에 있는 열매를 먹기 위해 나무를 타는 방법을 익혔고 다른 한 동물은 앞발을 들어 열매를 따 먹었습니다. 나무를 탄 동물의 후손이 원숭이, 앞발을 든 동물의 후손이 사람인 것이지요. 그 뿐입니다. 이 사소한 선택이 원숭이 혹은 인간으로 진화하는 원동력이 되었습니다.

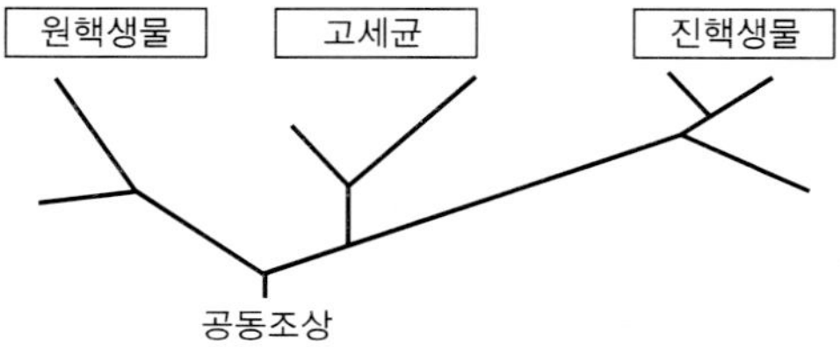


## 핀치의 부리를 통해서 본 진화

다윈이 쓴 ≪종의 기원≫에 갈라파고스 제도와 그곳에서 사는 핀치 새가 등장한 것은 결코 우연이 아닙니다. 생명의 진화를 연구하기 위해서는, 달아나지 않고, 다른 집단과 쉽게 섞이지 않고, 이종교배를 하지 않으며, 한 장소에서 일어난 변화가 다른 곳에서 일어난 변화와 서로 뒤섞이지 않는 격리된 장소와 집단이 필요합니다. 갈라파고스 제도는 이러한 목적에 이상적인 공간이며 각 섬에 살아가고 있는 핀치 새는 진화를 연구하는 데 있어서 이상적인 생명체인 것이지요.

사이언스 지의 기자이자 편집자인 와이너(Jonathan Weiner)의 저서 ≪핀치의 부리(The Beak of the Finch)≫(한국어 번역판은 2002년에 발간)가 출간된 것은 오래 전의 일이지만 이보다 더 진화 입문을 잘 묘사한 책은 없을 것입니다. 이 책은 프린스턴 대학교의 그랜트 교수 부부가 대학원생들과 함께 갈라파고스 제도의 조그마한 섬 대프니 메이저(Daphne Major)에서 핀치 새를 20년 동안 관찰하면서 도출한 진화 과정을 다루고 있습니다. ≪핀치의 부리≫와 함께 진화의 문턱을 넘어볼까요?

갈라파고스 제도에 사는 핀치들은 떼를 지어 지내면서 함께 먹이를 먹을 때조차도 목숨을 건 경쟁을 하고 있습니다. 먹이가 부족한 시기가 오면, 핀치 새들의 삶은 얼마나 효율적으로 먹이를 찾고, 얼마나 적은 에너지를 소비하며, 얼마나 많은 에너지를 보상 받느냐에 달려 있습니다. 예를 들면, 큰 땅핀치인 마그니로스트리스는 1분 이내에 두 개의 분열과에서 네 알 이상의 씨앗을 먹을 수 있는데 중간 땅핀치인 포르티스는 겨우 두 개의 분열과에서 세 알의 씨앗을 얻는 데 1분 30초 이상이 걸립니다. 따라서 마그니로스트리스는 분당 약 2.5배의 에너지를 더 얻으며 덜 뛰어 다니기 때문에 에너지도 절약됩니다.

기근이 들어 먹이가 부족할 때면 핀치 새들의 평소 식습관에도 변화가 생깁니다. 긴 부리를 지닌 핀치는 선인장 열매를 망치질해서 깨뜨려 선인장 꽃을 먹을 수 있고 더 길고 두꺼운 부리를 지닌 핀치

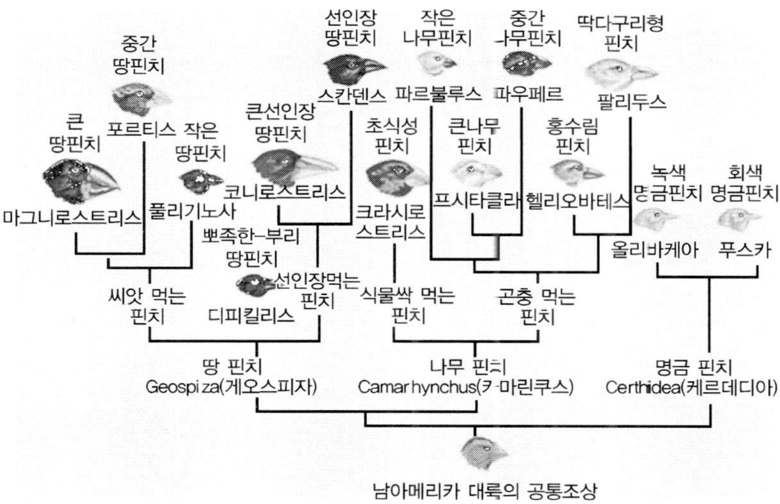

새들은 크고 단단한 선인장 씨를 깨뜨릴 수 있습니다. 꽤 두꺼운 부리를 지닌 핀치 새들은 나무껍질을 벗겨 그 안에 있는 벌레까지 먹을 수 있습니다. 갈라파고스 제도의 열악한 환경 속에서 핀치 새들에게 일어나는 작은 변이가 누가 살고 누가 죽는지를 결정할 수 있습니다.

그랜트 교수 팀의 조사에 따르면 가뭄 전에 포르티스의 부리는 평균적으로 길이 10.68밀리미터, 높이 9.42밀리미터였다고 합니다. 그러나 가뭄에 살아남은 포르티스의 평균 부리는 길이 11.07밀리미터, 높이 9.96밀리미터였습니다. 눈에 보이지 않는 이 작은 변이가 삶과 죽음을 가르는 데 결정적인 역할을 한 것입니다. 0.5밀리미터의 차이가 가뭄에서는 삶과 죽음을 결정하는 것이지요. 이 작은 변이는 한 세대에서 다음 세대로 전달되기 때문에 작은 부리와 중간부리 사이에서 다음 세대는 몇 밀리미터 수준에서 부모와 차이 나는 중간 부리를 가질 수 있습니다.

그렇다면 왜 이 작은 몇 밀리미터의 부리 크기가 핀치 새의 생사여탈권을 가지게 되는 걸까요? 부리길이가 11밀리미터인 포르티스는 남가새 열매를 깨뜨릴 수 있습니다. 하지만 부리 길이가 10.5밀리미터인 포르티스는 시도조차 하지 않으려 합니다. 남가새 열매를 깨뜨릴 수 있을 만큼 큰 부리와 그것을 할 수 없는 부리의 차이는 겨우 0.5밀리미터에 불과합니다. 단 0.5밀리미터에 의한 생사여탈권을 가지고 있는 갈라파고스 제도의 건기가 핀치 새들에게 진화를 요구하고 있습니다.

홀데인(John Burdon Sanderson Haldane)은 '1다윈'을 '100만 년당 1%의 변화'라고 정의하였습니다. 그는 우리 주변 세계의 진화 속도가 관찰할 수 없을 정도로 무한히 느려야 하며 오직 오랜 세월에 걸쳐 화석 기록들이 서서히 추가됨으로써만 관찰될 수 있는 것이 다윈이라고 결론지었습니다. 현생인류(*Homo sapience sapience*)가 지구에 출현한 것은 2만5천 년 전의 일입니다. 구석기 시대의 인간 생활을 기반으로 현재 인간의 특성을 설명하는 것에 대하여, 일부 사람들은 너무 오래된 생활 습관을 현재에 적용시키는 것이라 생각할지도 모릅니다. 그러나 홀데인의 정의에 의하면, 2만5천 년이라는 시간은 0.025%의 변화를 발생시키는 아주 짧은 시간입니다.

1983년 갈라파고스에서 대홍수가 있었습니다. 이 홍수가 있기 전에는 핀치 새의 잡종 혈통은 순수한 혈통의 핀치 새들에 비해 뒤떨어져 보였으나 1983년 대홍수 이후 갈라파고스에 사는 핀치 새들에게는 엄청난 변화가 있었습니다. 이는 곧 엄청난 진화가 있었다는 것을 의미합니다. 대홍수 이후 작은 땅핀치인 폴리기노사는 중간 땅핀치인 포르티스와 짝을 지었고 이렇게 교배된 후손은 순종보다 그 수가 1.3배 더 많았습니다. 잡종들은 대홍수 해인 1983년 이전과 놀라운 대조를 보이게 되는데 대홍수 이후 잡종 혈통이 순종 혈통에 비해 더 우수한 쪽으로 변화가 일어난 것입니다. 대홍수로 무슨 일이 일어난 걸까요?

1983년 대홍수 이후 대프니 메이저 섬에서 일어났던 변화 중 하나는 식물의 변화입니다. 다음의 왼쪽 그림에서 보이는 바와 같이 대홍수 이전에는 크고 단단한 남가새과인 트리블루스(*Tribulus cistoides*) 씨앗

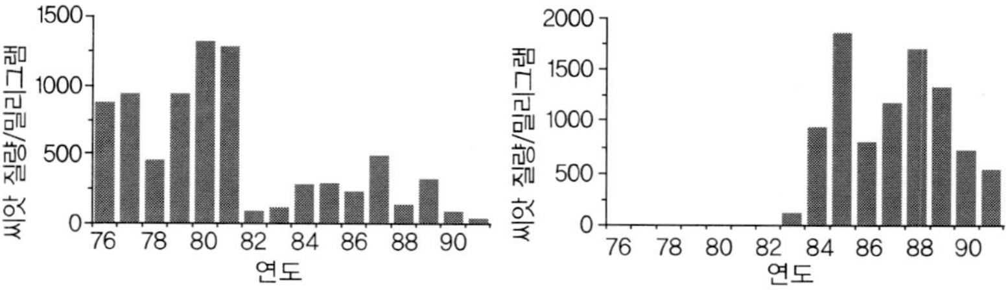


씨앗이 크고 단단한 남가새(Tribulus)과 식물 씨앗이 작고 부드러운 가지(Cacabus)과 식물

이 많았던 것에 비해, 홍수 이후에는 오른쪽 그림과 같이 작고 부드러운 가지과인 카카부스(*Cacabus miersii*) 씨앗이 더 많아졌습니다. 이와 같은 식물의 변화는 이 섬에 사는 핀치 새의 생사에 절대적인 영향을 미칠 것입니다.

대홍수 이전에는 포르티스가 풀리기노사－포르티스 잡종에 비해 생존력이 강했으나(그림 왼쪽) 대홍수 이후 핀치 새의 생존율에도 변화가 생겼습니다. 홍수 이전 5년을 조사한 결과 포르티스를 기준으로 잡종의 생존율은 매우 낮았고, 홍수 이후에는 이 잡종의 생존율이 포르티스에 비해 높았습니다(그림 오른쪽). 즉 대홍수 이후 부드럽고 작은 씨앗이 증가한 것이 풀리기노사－포르티스 잡종의 생존에 지대한 영향을 미쳤고, 잡종이 대홍수 이후의 변화된 갈라파고스 환

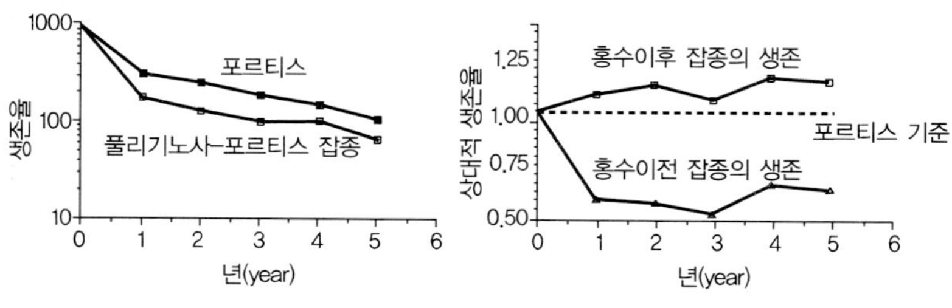

경에 매우 잘 적응하여 진화한 결과라고 말할 수 있습니다. 이 내용은 그랜트 교수 부부가 1993년 영국왕립 학술지에 발표한 내용에서 확인할 수 있습니다(Proc. R. Soc. Lond. B Vol. 251, 111).

우리는 그랜트 교수 부부의 발견을 통하여서 단 시간 내에 놀라울 정도로 급격히 진행된 진화를 목격했습니다. 그랜트 부부의 계산에 의하면 1983년을 기준으로 가뭄과 홍수 사이의 단 시간에 발생한 핀치의 변화는 약 2만5천 다윈이며, 홍수 뒤에도 끊임없이 진화한 핀치의 변화는 약 6천 다윈입니다. 대홍수라는 기후 변화는 갈라파고스의 작은 섬 대프니 메이저에서 핀치의 진화가 2백5십억 년이 아닌 단 몇 년 만에 가능하게 했습니다. 마치 진화 영화를 빨리감기로 재생시킨 듯한 일이지요. 이제 대프니 메이저 섬을 떠나 갈라파고스 제도 전체로 여행을 떠나 봅시다.

## 갈라파고스 제도 이야기

섬은 제한적 공간을 가지고 있기 때문에 격리라는 근본적인 특성을 지니고 있습니다. 종의 분화는 한 종이 여러 종으로 갈라지는 과정을 말하는데, 지리적으로 격리된 곳에서 종의 분화가 촉진되는 것이 일반적입니다. 따라서 대부분의 종은 육지와 단절되고 격리된 섬에서 오로지 각각의 섬을 위하여 창조된 것과 같이 그 섬에 가장 적합한 진화적인 특성을 지니고 있습니다. 이것은 진화의 패턴을 뚜렷하게 보이기 때문에 종의 분화와 진화에 대한 연구에 있어서 매우 중요한 보고가 됩니다. '지리적 격리는 진화의 두 수레바퀴와 같다.'는 이야기가 있을 정도로 섬과 진화는 밀접하게 관련되어 있습니다.

진화 연구하면 생각나는 두 곳이 있습니다. 하나는 갈라파고스 제도이고 다른 하나는 마다카스카르 섬입니다. 갈라파고스 제도는 19개의 화산섬으로 이루어져 있기 때문에 제도라고 표현합니다. 갈라파고스 제도는 거북이라는 뜻이며 에콰도르 해안으로부터 서쪽으로 약 965킬로미터 떨어져 있는 곳에 있습니다. 갈라파고스 제도는 13개의 큰 섬과 6개의 작은 섬으로 이루어져 있습니다. 화산섬인 이곳에는 수백만 년 전에는 동식물이 없었습니다. 이 섬들은 마그마의 열점에서 화산 폭발로 탄생했습니다. 아직도 깊은 바다 속 작은 구멍에서는 끊임없이 압력이 분출되고 있습니다. 이 작은 구멍은 압력을 조절하는 구멍이기도 합니다. 시간이 흐르면서 한류와 난류를 비롯해 4개의 해류가 모여 영양이 풍부해지면서 여러 동식물들이 19개 섬에 정착하게 되었습니다.

세월이 지나면서 갈라파고스에는 북적도해류, 크롬웰해류, 훔볼트해류, 파나마해류가 흐르고 독특한 기후와 먹이 조건 때문에 독특한 방식으로 동식물이 생존하게 되었습니다. 바다 속은 여러 해류가 겹쳐 변화무쌍하기 때문에 섬과 섬 사이의 이동이 쉽지 않습니다. 난류와 한류가 만나는 곳에서는 여러 바람들이 예상치 못한 방향으로 불기도 합니다. 화산에 의해 탄생해 시간이 지남에 따라 각 섬들과 섬의 동식물들은 자신만의 방식으로 변화해 왔습니다.

갈라파고스 제도의 섬들은 마그마 열점에서 남동쪽으로 3~5센티미터씩 매년 이동하고 있습니다. 따라서 지금으로부터 가장 가까운 시기에 생성된 페르난디나 섬(Fernandina island)은 서쪽에, 가장 오래된 에스파뇰라 섬(Espanola island)은 남동쪽에 위치합니다.

페르난디나 섬은 마그마 열점에서 가장 가까이에 있고 화산 활동이 가장 활발한 섬입니다. 이 섬은 가장 마지막에 생긴 섬으로 약 3만 년 전 물 위에 나타났습니다. 이 섬에는 용암이 뒤덮인 바위가 대부분이며 여기에는 바다 이구아나가 살고 있습니다. 이 섬 위에는 먹을 것이 매우 귀하기 때문에 바다 이구아나는 바다 속 10미터까지 다이빙하여 바다 깊은 곳의 조류를 먹고 삽니다. 이 이구아나는 최대 10분까지 물속에서 버틸 수 있습니다. 육지동물이 바다동물로 적응한 좋은 예가 되겠지요. 이 섬에 사는 갈라파고스 바다 게는 이구아나의 피부에 붙어있는 기생충이나 해충을 제거하며, 라바 도마뱀은 이구아나의 피부에 앉은 파리를 잡아먹습니다. 먹이가 귀한 이곳에서 서로 공생하며 아름답게 살아가고 있는 것이지요.

이사벨라 섬(Isabela island)은 해안선이 자그마치 160킬로미터에 이

르는 갈라파고스 제도에서 가장 큰 섬입니다. 100만 년 전에 생겼으니 생명체가 자리 잡기에 충분한 시간이 지난 셈이지요. 다양한 동식물이 서식하고 있고 이 섬 중심에는 알세도 화산(Alcedo volcano)이 있습니다. 물이 부족한 환경이기 때문에 이곳에 서식하는 5천여 마리의 갈라파고스 땅거북은 물 없이 몇 개월 동안 생존할 수 있습니다. 평균 수명이 150년인 이 거북의 몸무게는 250킬로그램에 달합니다. 껍질은 거칠고 단단하지만 피부는 기생충에 매우 취약하여 핀치새가 기생충을 처리합니다. 또 하나의 공생이지요.

산타 크루즈 섬(Santa Cruz island)은 숲이 우거져 생동감이 넘치는 곳입니다. 이 섬에는 염분이 없는 담수호가 있으며 모든 것이 풍요롭습니다. 군함새와 카리브 지역에서 온 유럽 홍학 500여 마리가 서식하고 있습니다. 이 섬에 사는 갈라파고스 매의 좋은 먹잇감은 바다이구아나입니다. 바다 이구아나는 산란기에 육지로 이동하는데 산란을 위해 육지로 온 이구아나를 먹이 삼아 매 또한 알을 낳아 자신의 새끼를 키웁니다. 갈라파고스 제도에서는 공생과 천적이 함께 하는 것을 흔히 볼 수 있습니다.

남동쪽 끝에 위치한 섬이 가장 나이가 많은 에스파뇰라 섬입니다. 건조하고 죽어가는 섬이지만 섬 북쪽의 바다에는 먹이가 풍부하고 바람이 약하게 일어 많은 생명체가 살아갑니다. 이에 반해 남쪽은 파도가 험해서 살기가 쉽지 않아 바다 이구아나와 바다새 등 소수의 생명체가 살고 있습니다. 이곳은 갈라파고스 물결무늬 알바트로스가 알을 낳고 새끼를 키우는 곳이기도 합니다. 이 새의 날개 길이는 2미터로 매우 크며 2개월 동안 쉬지 않고 이 섬으로 날아옵니다. 이곳에서 짝짓기를 하고 알을 낳고 키워 어린 새와 함께 이곳을 떠나는데, 어린 새는 5~6년 후 짝짓기를 하기 위해 다시 돌아옵니다. 이 새의 수명은 약 50년이며 평생 동안 알을 낳습니다. 에스파뇰라 섬은 약 350만 년 전에 생성되어 마그마 열점에서 가장 멀리 위치해 있습니다. 서서히 가라앉고 있는 섬으로 언젠가는 물속으로 사라질 것입니다. 그러나 마그마 열점에서 마그마의 폭발로 새로운 섬이 다시 만들어지고 순환하는 과정은 지구가 존재하는 한 계속될 것입니다. 이것이 여러 섬들이 모여 있는 갈라파고스 제도의 독특한 특징입니다.

각 섬 사이의 이동이 어려운 이곳에서 각 생명체는 자신이 처해 있는 섬에 적응하면서 독특한 형태로 진화하여 살아갑니다. 13종류의 핀치새가 각기 다른 섬에서 환경에 맞게 진화하여 살아갑니다. 또한 갈라파고스 제도에서만 볼 수 있는 다양한 종류의 코끼리거북이 자신들이 사는 섬에서 그 환경에 가장 적절한 형태로 진화하여 살아가고 있습니다. 다윈이 이 섬에 도착했을 때 에콰도르 주교는 거북이 등의 문양으로 어느 섬에서 사는 종인지 알 수 있다고 말하기도 했습니다. 갈라파고스에 사는 가마우지는 날개가 작고 길쭉하며 육지에는 먹이가 없어 바다 속에서 먹이를 구합니다. 그러기 위해서는 수영을 잘 해야 할 뿐만 아니라 날개를 접고 몸을 길쭉하게 내밀어야 하지요. 바다 속에서 먹이를 구하다 보니 가마우지 새는 더 이상 날지 않습니다. 이렇듯 그 자체가 자연사 박물관인 갈라파고스는 각 섬의 환경에 가장 적절하게 적응한 생물들이 다양성을 보여주며 진화하고 있습니다.

### 마다가스카르 섬 이야기

이번에는 아프리카 동쪽에 위치한 마다가스카르 섬에 대해 이야기해 봅시다. 하나의 섬이 곧 하나의 공화국인 마다가스카르는 아프리카 대륙으로부터 모잠비크 해협을 두고 400킬로미터 떨어져 있습니다. 이곳은 그 자체로 생물 다양성의 보고입니다. 8,000만 년 전 아프리카 대륙에서 완전히 분리된 이 섬에 살고 있는 대부분의 종들은 마다가스카르에서 진화했습니다. 20만여 종의 생명체 중 식물은 80% 이상, 파충류는 90% 이상이 이곳만의 고유종입니다.

그렇다면 마다가스카르에 살고 있는 생명체들은 어디에서 온 것일까요? 한 가지 가설은 아프리카 대륙으로부터 떨어져 나오면서 생물들이 고립되었고 그 후 환경에 적응하여 그들만의 고유한 종으로 진화하였다는 것입니다. 다른 하나는 아프리카 대륙이나 다른 지역에서 바다를 건너 마다가스카르로 이주한 후 이곳의 특성에 맞게 진화했다는 설입니다. 어떤 이론이 사실에 가까운지는 알 수 없지만 마다가스카르가 고유종을 갖게 된 배경과 또한 다양한 생명체로 진화하는 과정을 이해하기 위해서는 지리적 특성을 먼저 알아야 하지 않을까요?

마다가스카르는 대륙에서 분리되어 나오면서 솟아 오른 1,500미터의 산맥이 섬의 동서를 가로질러 뻗어 있습니다. 이 산맥을 기준으로 습기가 가득한 동쪽 정글에 야생 동물이 많이 사는 이유는 인도양에서 불어오는 열대성 저기압이 산맥에 차단되고 습한 공기가 장벽에 부딪히면서 응결된 빗물이 경사지에 떨어지기 때문입니다. 따라서 생물이 번성하는 데 아주 적합한 환경을 제공하게 되지요. 서쪽에는 두툼한 줄기를 가진 독특한 나무의 숲이 이어지는데 모론다바에 서식하는 바오밥나무가 대표적인 예가 되겠습니다. 남쪽으로 내려가면 건조한 모래 황무지와 가시나무덩굴 숲이 펼쳐집니다. 마다가스카르는 대륙으로부터의 고립, 섬 내부의 다양한 환경으로 인해 아주 독특하게 진화된 생명체들의 다양성을 가지게 되었습니다.

최근 마다가스카르에 사는 주민들의 이주에 대한 연구 결과가 발표 되었습니다. 콕스(Murray Cox)는 자신의 연구 결과를 2012년 3월 21일자 <영국왕립학회보 B: 생명과학>을 통해 마다가스카르 원주민 300명과 인도네시아인 3,000명의 미토콘드리아 DNA를 분석하여 인도네시아인 30여 명의 여성이 마다가스카르 원주민의 모계 조상이라고 발표했습니다. 마다가스카르로부터 5,600킬로미터나 떨어진 인도

네시아에서 배를 타고 왔거나 난파된 뗏목을 타고 왔다는 설이 설득력 있는 것이지요. 그렇다면 인간뿐만 아니라 다른 생명체들도 아프리카 대륙의 고유종이라기보다는 여러 곳으로부터 뗏목을 타고 왔거나, 수영을 하고 왔거나, 그것도 아니면 조류처럼 날아왔을 수도 있겠습니다. 정확한 기원은 밝혀지지 않았지만 마다가스카르에는 몸길이가 16밀리미터에 지나지 않는 세계에서 가장 작은 카멜레온부터 크기가 7센티미터에 달하는 세계에서 가장 큰 하루살이까지 다양한 고유종들이 살고 있습니다. 마다가스카르 섬은 생물 다양성의 보고이자 진화의 보고인 것입니다.

마다가스카르 동쪽의 안다시베－만타디아 국립공원에는 여러 여우원숭이들이 살고 있는데, 대표적으로는 인드리여우원숭이, 동부양털여우원숭이, 붉은여우원숭이가 있습니다. 크게 리마(lemur)과와 인드리(indri)과로 분류할 수 있으며 시파카(sifaka)는 인드리과 내에 속합니다. 마다가스카르에는 인간을 제외한 다른 영장류는 살지 않기 때문에 이곳의 여우원숭이는 다른 영장류와 경쟁할 필요가 없습니다. 진화 초기에 마다가스카르에 도착한 이후 아프리카 본토와 고립되어 22종으로 분화되어 살고 있습니다. 현재 대부분의 여우원숭이가 멸종 위기에 처해 있습니다.

같은 동쪽이지만 조금 남쪽에 위치한 라노마파나 국립공원에는 밀네－에드워즈 시파카와 붉은이마여우원숭이가 살고 있습니다. 붉은이마여우원숭이는 현재 마다가스카르에 서식하는 7종의 갈색여우원숭이 중 하나로, 키 50센티미터, 몸무게 2킬로그램에 불과한 작은 체구를 가지고 있습니다. 좀 더 아래쪽의 안자 자연생태보호구역과

이살로 국립공원에는 호랑이꼬리여우원숭이가 서식합니다.

마다가스카르를 상징하는 대표적인 동물 중 하나는 베록스시파카(또는 베록스여우원숭이)입니다. 이 여우원숭이는 남쪽의 베렌티 국립공원에서 서식하며 키 40센티미터에 몸무게는 3킬로그램 정도입니다. 땅 위에서는 앞발을 들고 옆으로 껑충껑충 뛰면서 이동하는 모습이 인상적이며 흡사 사람이 달리는 모습을 연상케 합니다. 이제는 이 원숭이와 바오밥나무가 마다가스카르의 상징이 되었습니다.

카멜레온도 마다가스카르에서 빼 놓을 수 없는 동물입니다. 전 세계 카멜레온의 절반 이상이 마다가스카르의 고유종입니다. 색깔을 자유자재로 바꿀 수 있기 때문에 색깔로 자신의 감정을 표현하거나 자신을 보호합니다. 짝짓기 상대에게 매력적으로 보이기 위해 색깔을 바꾸는 이 녀석들은 다른 종과도 짝짓기가 가능하여 카멜레온의 다양성에 기여하기도 합니다. 일반적으로 짝짓기 후 3~4주 후에 알을 낳으며 종에 따라 한 번에 1~2개, 많은 경우는 80~100개의 알을

낳습니다. 흙에 묻어둔 알은 4개월에서 1년 정도가 지나면 스스로 깨어납니다. 주위 환경의 색과 흡사하여 구분이 되지 않을 정도로 변신하는 카멜레온처럼 마다가스카르에는 변신의 귀재하면 빼놓을 수 없는 '나뭇잎도마뱀붙이'가 있습니다. 다음 사진에서 변신의 귀재인 나뭇잎도마뱀붙이를 찾아보기 바랍니다. 사진의 나뭇잎도마뱀붙이는 마다가스카르 여러 지역에서 서식하는 고유종입니다.

마다가스카르를 상징하는 대표적인 식물 중 하나는 생텍쥐페리의 《어린왕자》에 등장하는 바오밥나무입니다. 이 바오밥나무는 서쪽에 위치한 모론다바에서 서식하는데, 전 세계에 서식하는 8종의 바오밥나무 중 7종은 이 섬에서만 서식하는 종이라고 합니다. 대륙에 있는 바오밥나무는 둘레가 가늘고 잎이 무성한 데 반해 마다가스카르의 바오밥나무는 나무 둘레가 굵고 나무 끝 부분에만 잎이 자라는 독특한 형태입니다. 다시 말해 가지가 뿌리처럼 자라고 그곳에만 잎

이 무성하게 자라기 때문에 '거꾸로 나무'라는 의미를 지니고 있습니다. 이 나무의 열매와 과즙은 마다가스카르의 주민과 동물들의 중요한 식량원이기도 합니다.

20만여 종의 생명체가 살아가는 마다가스카르, 그 생명체의 80%는 이곳에만 서식하는 고유종입니다. 마다가스카르는 이 섬의 환경적 특성을 충실히 받아들여 지구상에 갈라파고스 제도 다음으로 남아 있는 생명체 진화의 산물이자 보고입니다.

## 보스토크 호수 이야기

또 다른 세계는 수천만 년의 비밀을 품고 있는 남극 신비의 호수, 보스토크 호수(Lake Vostok)입니다. 얼음의 두께가 무려 3,768미터에 이르는 담수호이며 이곳은 수천 년 동안 얼음에 의해 지구 환경과 단절된 공간입니다. 러시아의 남북극연구소 연구원들이 30년 이상 노력한 끝에, 2012년 2월 6일 드디어 남극 보스토크 기지 아래의 얼음을 시추하였습니다.

그 면적이 약 1만4천 제곱킬로미터에 달하는 보스토크 호수는 급격한 남극의 기후 변화로 인해 두꺼운 얼음 층 아래에 갇히게 된 특이한 구조를 가지고 있습니다. 수천 년 동안 지구와 단절되어 있었기 때문에 만약 이곳에 생명체가 사는 것이 확인된다면 이곳에 사는 박테리아에서부터 물고기까지 생명체의 진화에 대한 새로운 실마리를 제공할 것이며 나아가서 극한 환경에서의 생명체의 특성에 관한 정보를 바탕으로 화성이나 목성 등지의 생태계 분석에도 도움을 줄 것입니다. 또한 수천 만 년 동안의 지구의 기후 변화에 대해서도 분

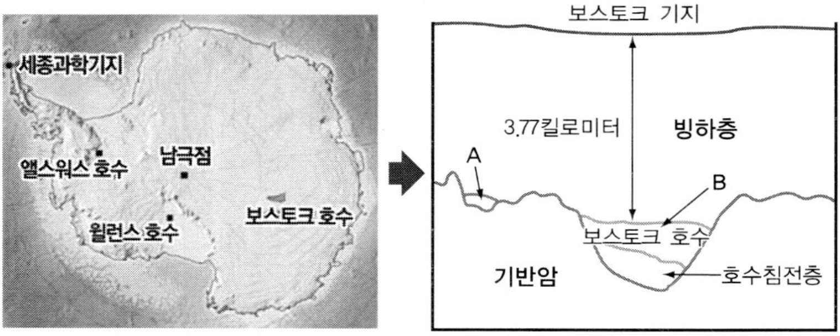


석이 가능할 것입니다. 일부 사람들은 이곳의 생명체가 갈라파고스 제도를 능가하는 수확을 가져다 줄 것이라고 말할 정도입니다.

그 첫 번째 결과가 2013년 7월 세계적인 권위지인 ≪PLOS ONE≫에 발표되었습니다. 그림 A 지역과 B 지역에 서식하고 있는 생명체를 조사한 결과입니다. A 지역에서 발견된 1,543종은 박테리아(96%), 진핵생물(4%) 그리고 2종류의 고세균입니다. 박테리아 종류에는 피르미큐트, 시아노박테리아, 액티노박테리아, 감마프로테오박테리아, 알파프로테오박테리아 등이 있으며 진핵생물 대부분은 곰팡이 계통으로, 녹조류와 동물계에는 물벼룩, 연체동물, 절지동물 계통이 발견되었습니다. 2종류의 고세균은 깊은 침전층에 사는 메탄영양성 생물입니다. B 지역에서 발견된 80종 중에는 감마프로테오박테리아, 베타프로테오박테리아, 피르미큐트, 액티노박테리아 등이 약 77%를 차지하고 있습니다. 23%의 진핵생물 중 대부분은 곰팡이 계통이고, 조류, 소수의 동물계통이 포함되며 극소수의 어류와 지렁이 계통의 환형동물이 있는 것으로 보고됩니다. 또한 두 지역에서는 지금까지 염기서열이 밝혀지지 않은 3,500여 유전자 서열이 발견되었습니다. 이 유전자

서열이 분석된다면 생명체 진화에 관한 새로운 정보를 기대할 수 있습니다.

## 사회생물학 관점에서 바라본 진화

사회생물학은 인간을 포함한 동물의 사회적인 행동에 관해 연구하는 학문으로 사회성 생물 종들의 비교 연구를 기반으로 하고 있습니다. 사회생물학의 창시자는 하버드 대학고에 재직 중인 곤충학자이자 진화이론가인 윌슨(Edward Wilson)입니다. 그는 1975년 자신의 저서 ≪사회생물학(Sociobiology: The New Synthesis)≫에서 생물학, 진화론, 생태학 분야의 이론들의 연구 성과를 집대성하여 발표하였습니다. 다시 말해 곤충의 사회적인 행동을 통해서 개념을 정리하고 인간을 포함한 다른 동물의 사회적인 행동을 설명하려 했습니다. 즉 사회생물학은 곧 진화생물학과 밀접한 관계가 있으며 사회생물학은 진화생물학의 한 분야라 해도 과언이 아닐 것입니다. 이제 사회생물학적 관점에서 진화를 생각해 보도록 합시다.

현재 지구상에서 살아가는 생명체는 과거에 사라진 종을 포함하여 1억여 종입니다. 그런데 그 중에서도, 2만 5천 년 전에 지구상에 나타난 현생인류가 가장 짧은 시간 내에 진화나무에서 가장 높은 곳에 도달했습니다. 어떻게 인간이 진화나무의 최고점에 도달하는 것이 가능했을까요? 흔히들 직립보행, 자유로운 손, 도구의 사용, 불의 사용 등 다양한 방법으로 설명합니다. 그러나 이들 대부분은 결과물일 뿐, 원인으로 보기에는 한계가 있습니다. 예를 들어, 불의 사용을 살펴볼까요? 인간이 출현하기 이전에도 천둥과 번개는 있었을 것이고, 번개가 내리친 나무에 불이 붙어 불이 번져나가기도 했을 것입니다. 이 불을 마주친 모든 동물들은 무서워 도망을 갔겠지요. 그러나 인간만이 이 불을 무서워하지 않고 불을 이용하기 시작했습니다. 인간은 어떻게 불을 무서워하거나 불에게서 도망치지 않고 이용할 수 있었을까요?

인간이 사자나 호랑이, 코끼리와 같이 덩치가 큰 동물에 비해 연약합니다. 이들과의 경쟁에서 살아남는 방법은 역할 분담을 통해 더 크고 빠른 동물들을 상대하는 것입니다. 많은 사람들이 힘을 합쳐 동물을 유인하고 구덩이를 파거나 올무, 창, 불 등의 도구를 사용하여 자신들보다 육체적으로 우세한 동물을 제압했을 것입니다. 분업이지요. 그리고 함께 모여 살았고 이 과정에서 사회성이 발생했을 것입니다. 여기서는 '사회선택'이라고 이야기하겠습니다. 진화학자들은 '혈연선택'이라는 용어를 사용했으며, 최근 윌슨은 '집단선택'이라는 표현을 도입했습니다. 필자는 전문적인 용어의 차이를 구태여 구분하지 않고 논쟁의 여지가 없도록 두 용어를 포함하는 사회선택이라는 표현을 택하였습니다. 비록 스스로 희생하더라도 사회 집단에 이익이 되는 선택을 하는 인간이기에 자신들보다 훨씬 육체적으로 강인한 집단도 제압할 수 있었을 것입니다.

사회선택만으로 인간의 진화를 설명할 수는 없습니다. 왜냐하면 사회성이 뛰어난 개미나 꿀벌과 같은 곤충들이 인간보다 먼저 지구상에 출현했기 때문입니다. 개미는 중생대 후기인 6천 5백만 년 전에 출현했음에도 불구하고 진화나무 최고점의 의자를 인간에게 양보해야 했습니다. 이는 사회선택만으로는 설명할 수 없다는 것을 의미합니다. 개미가 인간처럼 진화나무의 가장 높은 자리에 오르지 못한 것은 '개인선택'이 없었기 때문입니다. 다른 관점에서 보면, 인간보다 더 강인한 육체를 가진 공룡, 맹수, 코끼리들은 '개인선택'은 있지만 '사회선택'이 없었기 때문에 최고점의 의자를 차지할 수 없었을 것입니다.

호모 사피언스보다 먼저 출현했고 뇌의 크기도 더 큰 호모 네안데르탈렌시스(*Homo Neanderthalensis*)는 왜 멸종이라는 길로 들어설 수밖에 없었을까요? 가장 큰 원인 중 하나는 아마도 집단의 크기였을 것입니다. 집단에 이익이 되는 사회선택의 최대 효과를 위해서는 집단의 크기가 매우 중요합니다. 인간이 진화나무의 최고점에 다다른 것은 사회선택과 개인선택의 조화 덕분이지만 그러기 위해서는 적절한 크기의 집단을 만들어야 합니다. 이 크기를 문턱 집단크기(threshold size)라고 하면, 결국 호모 네안데르탈렌시스는 이 문턱크기를 넘지 못하지 않았을까 추측됩니다. 진화는 단순히 유전자의 변화만을 의미하는 것이 아닙니다. 하나의 개체가 아닌, 집단 속에서의 개체 및 개체와 개체 간의 상호 관계를 분석하여 진화를 보아야 할 때입니다. 이것이 진화생물학의 한 분야인 사회생물학에 대해 연구해야 하는 이유이지요.

## 연구실에서 쏟아져 나온 박테리아의 진화 정보

이제 박테리아의 진화를 알아볼 수 있는 또 다른 '섬'을 소개할까 합니다. 사실 이곳은 섬이 아니라 미국의 미시간 주립 대학교의 렌스키(Richard Lenski) 교수의 연구실입니다. 렌스키 교수는 대장균(*E. coli*)의 진화 연구를 위해 지난 20년 이상 박테리아의 진화를 연구해 온 진화 연구자입니다.

Ara$^{+}$와 Ara$^{-}$의 박테리아를 각각 6개의 글루코스 배양액에서 20년 동안 배양시켰습니다. 이제 이들을 부족이라고 부르겠습니다. Ara$^{+}$ 부족은 흰색을 띠면 Ara$^{-}$ 부족은 붉은색을 띠기 때문에 그 형태의 변화를 눈으로 쉽게 구분할 수 있는 장점이 있습니다. 20년 동안 매일 플라스크를 교체하여 연속적으로 배양하고 각 세대의 특성을 조사하기 위해 박테리아 일부를 냉동시켰습니다. 각 부족에 대해서 20년 동안 약 7,300 플라스크 세대를 얻었습니다. 하루에 여섯 번 박테리아 세대가 바뀐다고 가정하고 환산하면 자그마치 4만5천 박테리아 세대에 해당됩니다.

두 부족 모두 20년 동안 59개의 유전자 발현 수준이 변화한 것으로 밝혀졌고 59가지 모두 같은 방향으로 변화하였습니다. 박테리아가 자연 선택에 의해 진화되었다고 말할 수 있는 것이지요. 각각 6곳에서 배양된 12부족 모두 세대가 증가하면서 크기가 증가하는 것으로 나타났습니다.

이렇듯 모든 박테리아가 크기가 증가하는 방향으로 진화되었다면 동일한 유전 경로나 방식으로 크기가 증가했을까요? 그것은 아니었습니다. 모든 부족이 크기가 증가했지만 선택한 경로는 달랐습니다. 세대에 따라 상대적인 적합도를 분석한 결과, 단계적인 돌연변이가 축적된 것을 확인할 수 있었고 이것은 곧 진화적인 변화를 의미합니다.

주목할 점은 Ara$^{-}$ 부족 중 하나가 33,000세대를 지나면서 개체군이 급격히 증가하는 모습을 보였다는 것입니다. 왜 갑자기 개체군이 증가하였을까요? 배양액에는 포도당과 시트르산이 있습니다. 박테리아는 보통 포도당을 에너지원으로 사용하는데 이 부족이 시트르산을 에너지원으로 사용하는 방법을 배운 것이지요. 박테리아의 진화를 통해 자연선택과 효율적인 진화에 대해 알게 되었습니다. 박테리아는 처해진 환경에서 독특한 자신만의 방법으로 진화합니다.

박테리아는 필요하다면 새로운 먹이를 에너지원으로 대체하여 에너지 효율을 높이는 방향으로 진화하고 있습니다. 혐기성 박테리아가 에너지 효율을 높이기 위해서 호기성 미생물로 진화하는 것과

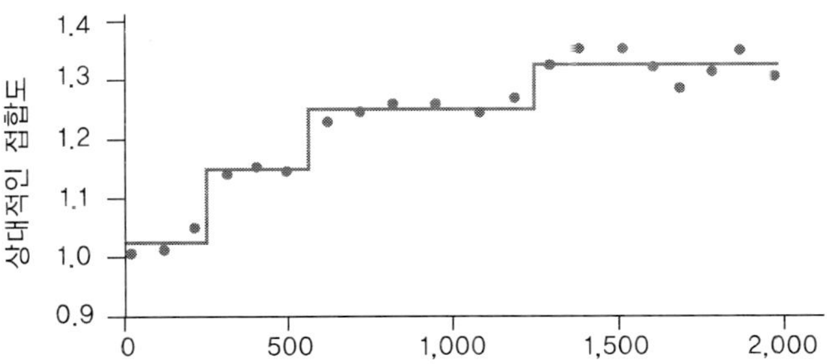

렌스키 실험: 적합성의 증가(세대)

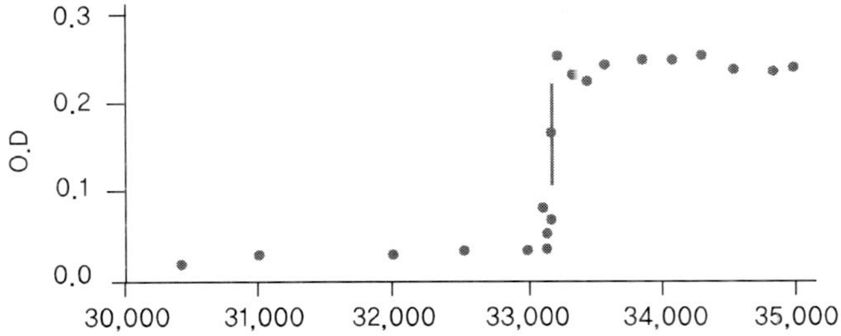

렌스키 실험: 개체군 밀도(세대)

유사해 보이지 않나요? 이것이 진화이기도 합니다.

## 분자 수준에서의 진화

이제 분자 하나를 놓고 분자 수준에서의 진화를 생각해 봅시다. 가장 좋은 예는 미토콘드리아의 시토크롬 C(cytochrome C)입니다. 이 단백질은 에너지 대사에 관여하기 때문에 호기성 호흡을 하는 모든 생명체에 있으며 각 종간에 어떤 진화적 관계가 있는지를 분석하기 위해서 아주 좋은 모델입니다. 다음 그림에서 사람, 붉은털원숭이, 말, 토끼, 펭귄, 가다랑어, 효모, 애기장대, 해바라기 등 9종의 생명체에서 시토크롬 C의 아미노산 서열을 추출하여 아미노산 서열의 유사성과 진화 관계를 분석하였습니다.

대부분의 종들은 약 48% 정도의 아미노산 서열이 보존되어 있었으며 머리핀 구조를 만드는 방향으로 진화하였습니다. 우리는 개체 내의 분자 수준에서의 진화도 개체와 같은 방향으로 진행하고 있음을 확인할 수 있습니다. 살펴본 모든 종은 머리핀 구조의 진화 패턴을 보입니다. 만약 다윈이 이 그림을 본다면, 당시에는 마치 안개 속에 있는 것처럼 어렴풋하게 보였던 진화의 얼굴을 명확히 확인하고, 스스로의 통찰력에 감탄하게 될 것입니다.

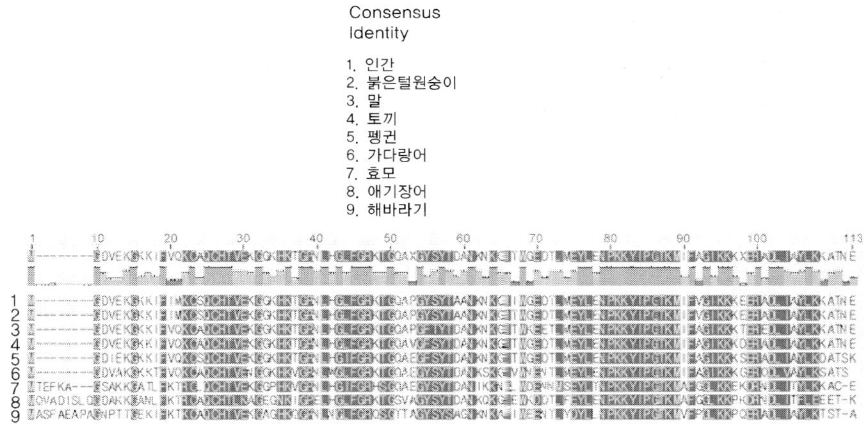


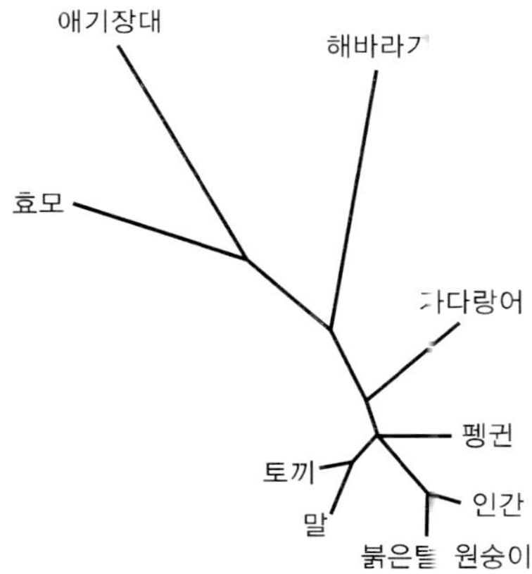


## 적응에 대한 이야기

두 개의 아주 큰 어항에 각각 피라미를 넣으면서 한 어항에는 피라미만 넣고 다른 어항에는 포식자인 뱀장어를 함께 넣었습니다. 6개월이 지나자 포식자가 없는 어항의 피라미에는 아무런 변화가 없었던 반면, 포식자가 있는 어항의 피라미는 피부색을 어항 바닥의 모래와 자갈과 같은 색으로 바꾸었습니다. 생명체의 적응을 생동감 있게 보여주는 아주 좋은 사례입니다. 만약 이 피부색이 다음 세대까지 이어진다면 진화라고 할 수도 있겠지요. 피라미는 어떻게 6개월 만에 피부색을 바꿀 정도로 적응했을까요? DNA 염기서열을 바꾼 것일까요, 아니면 다른 어떤 기작이 있었던 걸까요?

### 생각해 봅시다

지금까지 종에 대해 이야기했으니 잠시 쉬어가면서 종 분류에 대해 한 번 생각해 볼까요?

종이란 무엇인가요? 아직 생명과학자가 풀어야 할 수수께끼일 겁니다. 별자리 분류 체계와 생물 분류 체계는 모호한 면이 있다는 관점에서 비슷해 보입니다. 별자리 분류 체계는 삼차원 공간에 있는 별의 위치를 지구에서 바라본 모습으로 이차원의 단면에 얹은 것을 토대로 합니다. 우리 눈으로 보기에는 같은 위치에 있지만 여전히 두 별 사이의 거리가 같은 것으로 볼 수는 없습니다. 종의 분류 체계에 진화라는 개념이 포함될까요? 300년 전 린네의 분류 기준은 "창조주인 신이 그렇게 만들었다."였습니다. 그렇다면 진화생물학에서는 종을 어떻게 정의할까요? 생식 등 20여 개 이상의 격리 기준에 대한 생물학자의 의견은 다양합니다. 종 분류의 근원적인 문제는 본래 연속적인 것을 어떻게 분할할 것인가의 문제이기도 하지요. 여러분들도 독자적인 아이디어를 제시해 보세요. 이제 이 문제는 창의적이고 참신한 여러분들의 몫입니다.

## DNA의 새로운 화두, DNA는 생명체의 주인인가?

우리는 Part Ⅱ와 Ⅲ에서 DNA와 진화에 대해 알아보았습니다. 여러분들은 DNA가 생명의 설계도라는 점에서는 대부분 동의할 것입니다. 동의한 여러분들에게 다시 한 번 질문하겠습니다. 과연, DNA는 생명체의(혹은 우리의) 주인일까요? 다시 말해 생명체(또는 인간)는 DNA에 의해 조절되고 생명을 유지하나요? 그렇지 않다면 DNA 이외에 생명체를 조절하는 또 다른 무언가가 있을까요? 시간을 두고 천천히 생각해 보기 바랍니다. 생명체의 진화와 적응에 대해서는 DNA가 아닌 다른 시각으로 Part Ⅺ에서 다루겠습니다.

**정리합시다**

- 진화에서 종을 잇는 머리핀 고리에 대해 정리합시다.
- 새로운 종의 분류 체계가 필요한 이유를 정리합시다.
- 진화가 고립된 섬에서 일어나는 이유를 정리합시다.
- 사회생물학적 관점에서 진화를 정리합시다.
- 진화를 급격히 변화시킬 수 있는 인자 두 가지를 정리합시다.

**□ 더 읽어야 할 문헌**

- 지상 최대의 쇼, 리처드 도킨스, 김명남 옮김, 김영사, 2009년.
- 빈치의 부리, 조너던 와이너, 이한음 옮김, 이끌리오, 2002년.
- 지구의 정복자, 에드워드 윌슨, 이한음 옮김, 사이언스 북스, 2013년.

PART Ⅳ

# 바이러스 이야기

## 하이든 놀람 교향곡
*Symphony No. 94 in G major, Surprise*

교향곡이 연주되는 중 예상치 못한 곳에서 큰 북의 연타로 청중을 깜짝 놀라게 하는 하이든의 장난기가 묻어나는 곡으로 실제로 졸고 있는 청중을 놀라게 했다는 일화도 있습니다. 일상생활에서 무생물체인 바이러스가 우리를 깜짝 놀라게 하는 일이 종종 있습니다. 바이러스는 독감과 같은 전염병을 일으킬 뿐만 아니라 유전자를 이동시켜 암을 유발하기도 합니다.

## 생물과 무생물 사이

바이러스(virus)는 생명체일까요? 아니면 무생명체일까요? 바이러스가 숙주에 들어가서 자신과 같은 바이러스를 만들기 때문에 생명체라고 여길 수 있을 겁니다. 대사를 하고 자신의 DNA를 복제하는 것도 바이러스를 생명체라고 생각하는 이유가 될 수 있겠지요. 그러나 바이러스 스스로 할 수 있는 것이 아무것도 없기 때문에 무생명체라고 생각하는 사람도 있을 겁니다. 직접 일상적인 생명활동을 하는 것이 아니라 숙주에 의해서라면, 그것을 생명체라 부를 수 있을까요? 우리는 Part 0에서 생명체에 대한 새로운 정의를 다루면서 바이러스가 생명체가 아닌 이유를 생각해 본 것을 참고하기 바랍니다.

38억 년 전의 지구를 상상해 봅시다. 아무 것도 없었고 오직 물만 있었습니다. 물속에는 무기물이 있었고 유기물도 있었습니다. 유기물 중에는 물을 좋아하는 녀석들도 있었고 물을 싫어하는 녀석들도 있었는데 물을 싫어하는 녀석들이 문제입니다. 물속에 있는 것이 너무 불편하기 때문에 물을 싫어하는 유기물들은 이웃하는 물을 좋아하는 유기물들 중에서 물과 친한 부분을 조금 빌려옵니다. 그 덕분에 물을 싫어하는 유기물에도 물을 좋아하는 부분이 조금이나마 생긴 것이지요. 이제 유기물에 변화가 일기 시작했습니다. 물을 좋아하는 부분은 물이 있는 쪽으로 다가가고 물을 싫어하는 부분들은 물로부터 멀리 떨어진 곳으로 피하기 시작했습니다. 이 과정에서 지질 이중층이 생겨나지만 여전히 불편합니다. 물을 향하고 있는 앞과 뒤는 편안하더라도 윗부분과 아랫부분은 물의 공격을 받고 있기 때문입니다. 세월이 많이 흐르고 그들은 이 불편함을 없애기 위해서 구 형태를 만들었습니다. 구를 만드는 동안 공교롭게도 이웃하는 무기물과 유기물들이 물과 함께 구 안에 갇히게 되었습니다. 그러나 이들은 아무 것도 할 수 없습니다. 이 유기물과 무기물을 함유하고 있는 구를 생명체라고 이야기할 수 있을까요? 아마도 생명체가 아니라는 것에 대부분 동의할 것입니다. 아직은 아니지요. 생명체가 되기 위해서는 많은 일들이 일어나야 하며 더 많이 복잡해져야 할 것입니다. 바이러스는 이렇게 원시에 만들어진 구보다 겨우 조금 더 복잡한 존재는 아닐까요?

프리온(prion)에 대해서 생각해 봅시다. 프리온은 단백질입니다. 단백질은 생명체가 아님에도 이 프리온은 다양한 모습으로 변신하여 사람이나 동물의 뇌를 헤집고 다니며 구멍을 내고 엉망으로 만들기도 합니다. 프리온은 내부의 단백질이 변한 것이지요. 외부에서 침입하여 엉망으로 만드는 것은 없을까요? 환경호르몬이라고 알려진 내분비 교란 물질은 몸속에 들어와서 내부의 신체 활동을 교란시키고, 우리 몸이 그 교란 물질에 반응하도록 만들고 있습니다. 우리 내부에서 만들어 진 것이 아니라 환경으로부터 와서 호르몬처럼 행동하여 환경호르몬이라고 부릅니다. 우리는 프리온과 환경호르몬을 생명체로 여기지 않습니다.

바이러스가 우리 몸속에 들어와서 우리로 하여금 바이러스에 반응하게 하고 우리를 조정한다면 프리온, 환경호르몬과 같은 이유로 생명체가 아니겠지요. 그러나 바이러스는 참 똑똑한 녀석입니다. 단순히 우리 몸속에 들어와 우리를 헤집어 놓는 것이 아니라 우리 몸속에 들어와서 우리로 하여금 자신과 똑같은 것을 만들게 하고 정작 자신은 우리로부터 벗어나는 능력이 있습니다. 이 능력은 분명 프리온이나 환경호르몬과는 다릅니다. 그럼에도 불구하고 바이러스는 숙주를 이용해서 복제를 하고 생식을 하기 떠문에 생명체라고 하기에는 여전히 부족합니다. 좀 더 지켜보면 변화무쌍한 또 다른 생명 활동을 통해서 조만간 우리가 전혀 예기치 못하게 진화된 바이러스가 나타날 가능성이 있습니다. 그때까지 열린 마음으로 지켜보도록 하지요.

천연두는 수만 년 동안 5억 명 이상의 소중한 생명을 앗아간 치명적인 질병이었습니다. 소의 젖을 짜는 여자들이 소로부터 천연두와 비슷한 우두에 감염되면 종기 정도만 생기 고 천연두로는 발전하지 않는다는 것을 발견하였습니다. 종기와 같은 물집이 생기고 고열을 동반하는 천연두에 반해 우두를 앓은 사람은 약간의 물집이 잡히는 정도라는 사실을 알게 된 것이지요. 당시 많은 의사들이 이러한 현상을 인식했으나 모두가 그냥 지나쳤습니다. 1776년 제너(Edward Jenner)는 우두에 걸리면 천연두에 걸리지 않을 것이라고 생각하여 우유 짜는 일을 하던 사라 넴이라는 여자의 우두 종기를 짜서 제임스 핍스라는 소년에게 접종했습니다. 소년은 미열이 나긴 했으나 곧 완쾌되었고 천연두를 접종하여도 아무런 반응이 나타나지 않았습니다. 세계 최초의 백신이 개발되는 순간이었습니다. 백신(vaccine)은 백시니아 바이러스(vaccinia virus)로부터 유래된 말입니다. 인간이 처음으로 인지한 바이러스라고 해도 과언이 아닙니다. 그러나 백신이라는 예방법을 개발했음에도 불구하고 의학계가 이를 받아드리는 데는 또 다른 100년이 필요했습니다.

## DNA의 수평적 이동

도대체 바이러스는 어디에서 온 것일까요? 지구에는 언제 나타났을까요? 핵산과 단백질 분자로만 되어 있는 너무나 간단한 구조를 갖추었음에도 불구하고 숙주를 제집 드나들 듯이 하는 이 바이러스의 기원은 무엇일까요? 한 세포에서 다른 세포로 옮겨 다닐 수 있는 DNA의 조각, 플라스미드(plasmid), 박테리아(bacteria) 등 다양한 각도에서 바이러스의 기원이 연구되고 있습니다. 세포 안의 DNA나 RNA 조각들이 단백질의 보호 아래 감염 능력을 갖춰 세포 밖으로 탈출할 수도 있었을 것입니다. 처음에는 숙주에 기생하는 작은 세포였는데 기생에 필요한 부분만 남기고 다른 기능 즉, 숙주세포를 이용하는 방향으로 진화한 결과라는 시각도 있습니다. 이와 비슷한 예로, 알파-프로테오박테리아(alpha-proteobacteria)가 숙주세포에서 공생하다가 미토콘드리아로 진화된 경우입니다.

그렇다면 세포와 바이러스의 잃어버린 연결고리인 중간단계의 연결고리 바이러스는 없을까요? 2003년 프랑스 유전구조정보연구소가 아메바에서 아주 거대한 DNA 바이러스인 미미바이러스(mimivirus)를 발견한 바가 있습니다. 비교적 적은 게놈을 가진 박테리아보다도 더 큰 미미바이러스의 게놈에는 1천여 개의 유전자가 있었는데 그중 바이러스에서는 발견되지 않으나 보통 세포에서는 일상적으로 발견되는 유전자가 30여 개 있었습니다. 이 때문에 미미바이러스가 바이러스와 박테리아의 중간단계 혹은 잃어버린 연결고리로 추측되기도 합니다. 이 녀석은 바이러스이지만 일반 바이러스보다 3배나 크고, 세균을 흉내 낸다고 하여 미미바이러스라고 명명되었습니다. 2008년 네이처 지는 이 미미바이러스가 박테리오파지와 비슷한 바이러스파지일 것이라고 제시하고 있습니다. 바이러스 기원에 관한 이야기는 좀 더 열린 마음으로 지켜보아야 할 것입니다.

그 유래나 기원에 대해서는 명확하지 않지만, 현 시점에서 바이러스가 DNA의 다양성을 추구하는 DNA의 수평이동의 중요한 수단이라는 것은 확실합니다. DNA의 97%를 차지하는 코딩되지 않는 부분, 즉 논－코딩 부분의 30%는 바이러스로부터 왔다는 것이 정설로 받아들여지고 있습니다. 그렇다면 DNA는 어머니로부터 자식으로 이어지는 수직적인 이동이 아닌 수평적인 이동이 어떻게 가능할까요? 뛰는 DNA(jumping DNA) 이야기를 처음 제시한 사람은 1983년 노벨생리의학상을 수상한 맥클린톡(Barbara McClintock)이었습니다. 미국 MIT 교수 켈러(Evelyn Fox Keller)는 자신의 저서 ≪생명의 느낌≫에서 매클린톡의 뛰는 DNA 이야기에 대해 기술하고 있습니다. 그녀는 "농장에 빽빽하게 들어선 옥수수에 하나하나 이름을 붙여주고 틈틈이 말을 걸었더니 자신의 세포 안에서 일어나는 신비한 생명 현상을 친절하게 알려주었다."라고 자신의 연구 과정을 이야기하였습니다. 오로지 광학 현미경과 옥수수 염색체만을 가지고 옥수수와 대화하면서 밝혀낸 'DNA의 자리바꿈 현상'에 관한 발견과 그녀의 이론은 생존 경험을 통해서 한 생명체의 DNA가 어떤 내용을 습득할 수 있다는 뜻이기도 합니다. 진화에 포함되어야 할 내용이지요. 이러한 그녀의 발견은 30년이 지나고 1970년대, 바이러스, 미생물, 초파리, 고등동물에서 이러한 자리바꿈 DNA가 발견되면서 재조명되기 시작하였습니다. 이처럼 한 세포의 게놈이 여러 장소를 돌아다니면서 DNA 조작을 일으키며 이 과정에서 돌연변이가 생기기도 하고 게놈의 양이 줄거나 증가되기도 합니다. 이렇게 돌아다니는 DNA 조각을 트랜스포존(transposon) 또는 뛰는 DNA라고 합니다.

### 잠깐 Sleeping Beauty Transposon System

트랜스포존은 게놈의 이곳저곳을 옮겨 다니는 능력이 있습니다. 원하는 유전자를 염색체에 삽입하는 일은 쉽지가 않습니다. 만약 우리가 도입하고자 하는 유전자 앞뒤에 트랜스포존을 붙였다고 가정합시다. 트랜스포존의 뛰는 성질에 의해 유전자와 함께 염색체에 삽입될 것입니다. 그림과 같이 도입하고자 하는 유전자 앞과 뒤에 트랜스포존 유전자를 붙입니다. 이때 적절한 크기의 다른 DNA(예를 들어 프로모터)도 있겠지요. 세포에 트랜스포타제(transpotase) 유전자를 함께 넣어주면 들어간 sleeping beauty transposon system 중에서 도입하고자 하는 유전자 앞과 뒤에서 트랜스포존과 다른 DNA 사이가 잘리게 됩니다. 도입하고자 하는 유전자 앞과 뒤에 있는 트랜스포존이 염색체 DNA에 삽입을 도울 것입니다. 새로운 유전자를 염색체에 도입할 때 유용하게 사용할 수 있는 시스템입니다.

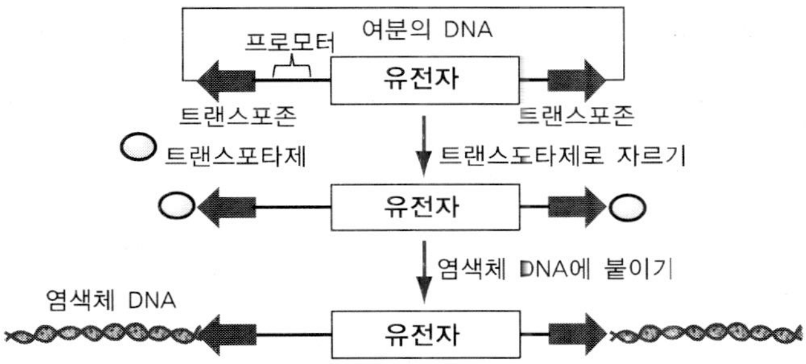


이제 튀는 DNA 이야기는 너무나 자연스런 이야기입니다. 이 튀는 DNA에 의해 진화가 일어나기도 하고 질병이 생기기도 합니다. 만성 골수성 백혈병(CML: chronic myelogenous leukemia)이 튀는 DNA에 의해 발병하는 전형적인 예라고 할 수 있습니다. ABL 유전자는 사람의 9번 염색체에 있으며 BCR 유전자는 22번 염색체에 있습니다. 9번 염색체의 ABL이 있는 말단 DNA와 22번 염색체 BCR이 있는 DNA 부위가 서로 합쳐져서 새로운 필라델피아 염색체를 만듭니다. 이와 같은 이상 염색체는 펜실베이니아 의대의 노웰(Peter C. Nowell)이 처음 발견하였고 펜실베이니아 대학교와 자신이 소속된 또 다른 기관인 폭스 체이스 암센터(Fox Chase Cancer Center)가 위치한 도시 이름을 따 필라델피아 염색체라고 명명하였습니다. 만성 골수성 백혈병은 바로 이 염색체에서 발현되는 BCR—ABL 유전자에 의해서 유발되는 암입니다.

## 바이러스의 특징

바이러스는 변신의 귀재입니다. 예를 들어, A형 인플루엔자 바이러스는 표면에 H 및 N 두 종류 단백질을 가지고 있습니다. 이 두 단백질에서 사소한 돌연변이가 일어납니다. 이 사소한 돌연변이가 바이러스의 새로운 변신을 초래하고 새로운 변신에 적응하지 못한 면역성이 약한 사람에게 독감을 유행시키게 되겠지요. 인플루엔자가 전혀 다른 특성을 지니는 바이러스로 변신하는 경우가 있습니다. 1918년 스페인 독감으로 알려진 H1N1 바이러스가 대표적인 예입니다. 1918년 3월에 미국의 시카고 부근에서 발생하였으나 고병원성으로 발전한 것은 같은 해 8월 시에라리온의 수도 프리타운으로 추정됩니다. 1918년과 1919년 사이에 2,500만에서 5,000만 명이 희생되었고 이 수는 제1차 세계대전의 사망자 수보다 세 배나 많은 숫자입니다. 이러한 바이러스의 돌연변이를 대변이라고 합니다. 최근에 발생한 대변이에 관한 대표적인 예는 조류 인플루엔자(AI: Avian Influenza)로, 이 조류 인플루엔자 중에서 고병원성만이(즉 대변이가 일어난 경우) 인간에 감염되어 1997년에는 홍콩에서 6명이, 2004년에는 베트남에서 16명이 사망하였으나 다행히도 우리나라에서는 1996년부터 지금까지 발생은 있었지만 인체 전염의 사례는 없었습니다.

여기서 잠시, 지금까지 살펴본 이야기를 통해서 바이러스에 대한 학문적 정의와 특성에 대해서 정리하도록 하겠습니다. 바이러스는 핵산과 단백질의 결합체입니다. 핵산에는 DNA 또는 RNA가 있습니다. RNA 게놈을 가지고 있는 것은 바이러스가 유일합니다. 핵산을 싸고 있는 단백질이 있는데 이 녀석은 숙주에 침투할 때 아주 중요한 역할을 합니다. 따라서 바이러스는 감염성이 있고 숙주 안에서만 증식을 하겠지요. 증식은 숙주가 복제해 놓은 자신의 DNA 또는 RNA의 조립과정을 통해 이루어지며 자신의 유전물질을 다른 세포로 전달하기도 하는데 이것이 앞에서 언급한 DNA의 수평이동입니다.

## 바이러스의 분류

바이러스는 형태에 따라서 분류하기도 하지만 최근에는 게놈의 특성 즉, 핵산의 종류와 복제 기작에 따라 분류하는 것이 일반적입니다. 이 분류법을 볼티모어 분류법(Baltimore classification)이라고 합니다. 볼티모어 분류법은 1975년 역전사 효소(reverse transcriptase)의 발견으로 1975년 노벨상을 수상한 볼티모어(David Baltimore)에 의해 분류되었습니다. 게놈의 특성에 의해 분류했다면 바이러스의 증식과정과 가장 밀접한 연관이 있을 것입니다. 바이러스는 자신의 게놈으로부터 단백질을 합성하겠지요. 물론 숙주세포가 이 일을 맡아 착실하게 진행할 겁니다. 게놈에는 DNA와 RNA가 있습니다. 결국 DNA 또는 RNA가 단백질을 만들기 위해서는 mRNA를 만드는 전사과정을 거치게 됩니다. 다시 mRNA를 바탕으로 단벅질을 합성하는 번역과정을 거치면 단백질이 완성되고 조립하는 과정을 거쳐 숙주로부터 탈출하면 바이러스의 증식이 성공적으로 완성됩니다.

전사과정과 번역과정에 대한 기작은 Part Ⅱ에서 이미 살펴보았으니 생략하겠습니다. 기억나지 않는다면 돌아가서 한 번 더 읽기 바랍니다. RNA에서 mRNA를 만드는 경우는 크게 두 가지 방법이 있습니다. 하나는 RNA에서 곧바로 mRNA를 만드는 방법이며 다른 하나는 RNA에서 DNA를 거쳐 다시 mRNA를 만드는 방법입니다. 후자의 경우는 전사과정의 반대이기에 역전사(reverse transcription)라고 하며 이 일을 수행하는 단백질이 바로 볼티모어가 발견한 역전사 효소입니다. 이 원리를 이용하여 DNA 중에서 유전자 부위만을 알려고 할 때, mRNA로부터 역전사 효소와 DNA 합성에 관련된 모든 효소나 단백질을 사용하여 역전사 과정을 거쳐 DNA를 합성합니다. 우리는 이를 cDNA(complementary DNA)라고 하는데 cDNA는 곧 유전자를 의미하지요.

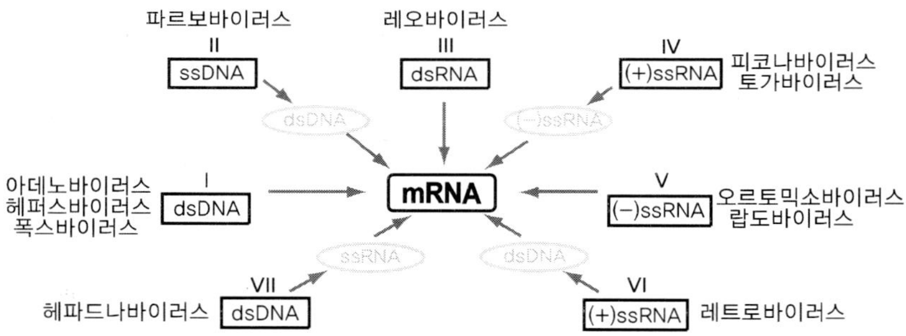


자! 그렇다면 자신이 가지고 있는 핵산으로 mRNA를 합성하는 방법으로 바이러스를 분류해 봅시다. 우리가 잘 아는 대부분의 생명체처럼 dsDNA(double stranded DNA)를 가지는 바이러스입니다. 게놈 DNA를 주형으로 전사과정을 통하여 곧바로 mRNA를 합성하면 되겠지요. 이것을 그룹 I이라고 하며 아데노바이러스(Adenovirus), 헤퍼스바이러스(Herpesvirus), 폭스바이러스(Poxvirus)가 여기에 속합니다. 그룹 Ⅱ는 ssDNA(single stranded DNA)를 가지고 있는 바이러스입니다. 먼저 ssDNA로부터 dsDNA를 합성한 다음 그룹 I과 같이 mRNA를 합성하게 됩니다. 파르보바이러스(Parvovirus)가 여기에 속합니다. 그룹 Ⅲ는 dsRNA(double stranded RNA)를 가지고 있는 바이러스인데, 두 가닥의 게놈 RNA 중 (−)가닥을 주형으로 mRNA를 합성하며 레오바이러스(Reovirus)가 대표적인 예입니다. 그룹 Ⅳ는 (+)ssRNA를 가지고 있는 바이러스입니다. mRNA는 5'→3' 방향으로 합성이 일어납니다. (+)는 곧 5'→3'을 의미하기 때문에 이것을 주형으로 사용하는 경우 3'에서 합성을 시작하여 5' 방향으로 할 수가 있습니다. 또는 (+)ssRNA를 주형으로 하여 먼저 (−)ssRNA를 합성하고 나서 이 (−)ssRNA를 주형으로 mRNA를 합성할 수도 있습니다. 이 그룹의 바이러스는 (+)ssRNA로부터 (−)ssRNA를 먼저 합성하고 다시 전사과정을 거쳐 mRNA를 합성하는데, 피코나바이러스(Picornavirus)와 토가바이러스(Togavirus)가 여기에 속합니다. 그룹 Ⅴ는 (−)ssRNA를 가지고 있는 바이러스로서 이 게놈을 주형으로 직접 mRNA를 합성하며 여기에는 오르토믹소바이러스(Orthomyxovirus)와 랍도바이러스(Rhabdovirus)가 있습니다. 그룹 Ⅵ는 (+)ssRNA를 가지고 있는 바이러스입니다. 그룹 Ⅳ와 같다고요? 맞습니다. 그런데 이 녀석은 ssRNA로부터 dsDNA를 만드는 역전사과정을 먼저 거치고 다시 전사합니다. 여기에 속하는 대표적인 바이러스가 우리에게 너무나 익숙한 레트로바이러스(Retrovirus)입니다. 마지막 그룹 Ⅶ은 dsDNA를 가지고 있는 바이러스로 그룹 I과 같은 종류의 핵산을 가지고 있습니다. 그러나 그룹 I과는 달리 ssRNA를 먼저 합성한 후에 다시 mRNA를 합성합니다. 헤파드나바이러스(Hepadnavirus)가 여기에 속하며 우리가 잘 아는 간염 바이러스인 Hepatitis B 바이러스가 같은 가족입니다. 지금까지 우리는 볼티모어 분류법을 통해서 변신의 귀재인 다양한 바이러스가 어떤 과정을 통해서 숙주에서 자신의 핵산을 복제하고 자신의 단백질을 합성하는지에 대해 개략적으로 살펴보았습니다. 이제 우리에게 잘 알려진 대표적인 바이러스를 자세히 살펴보면서 바이러스의 세계를 이해해 보도록 하겠습니다.

## HIV와 후천성 면역결핍증

HIV(Human Immunodeficiency Virus)는 렌티바이러스(Lentivirus)입니다. 렌티바이러스는 레트로바이러스에 속하는 RNA 바이러스입니다. 렌티는 'slow'라는 의미의 라틴어 'lentis'에서 유래했습니다. 다시 말해 초기 감염 후 바이러스 증식 및 질병의 발생 사이에 상당 기간의 잠복기가 있는 특성을 반영하여 명명한 것이지요. 레트로바이러스가 핵막을 통과할 수 없는 데 반해, 렌티바이러스는 핵공을 통해서 핵으로 자유롭게 이동할 수 있습니다. 레트로바이러스는 핵막을 통과할 수 없기 때문에 숙주세포가 세포분열을 할 때 염색체 분리를 위해서 일시적으로 핵막이 소실될 때에야 숙주 게놈 DNA에 삽입될 수 있습니다. 이에 반해 렌티바이러스는 핵을 자유롭게 드나들 수 있기 때문에 숙주세포가 세포분열을 할 때나 하지 않을 때에 모두 증식이 가능합니다.

HIV는 HIV-1과 HIV-2 두 종류가 있습니다. 위 그림은 HIV 게놈 지도입니다. 각각 서로 다른 영장류를 감염하는 렌티바이러스

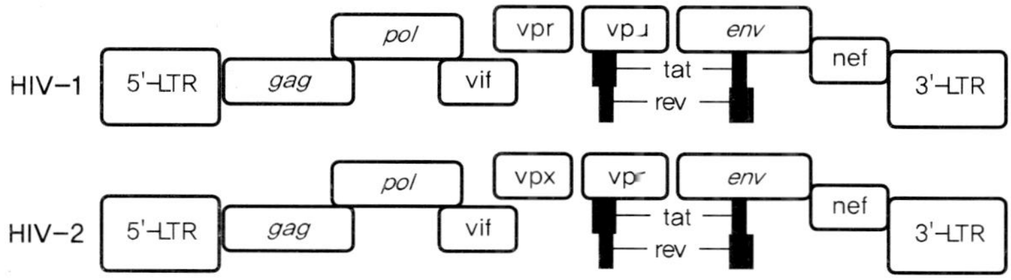


로부터 사람에게 전파된 후 여러 형태로 진화한 것으로 추정하고 있습니다. 두 바이러스는 유사한 게놈 구조를 가지고 있으며 약 40%의 차이를 보이고 있습니다. 또한 여러 개의 공통 유전자를 가지고 있으나 vpu 유전자는 HIV－1에만 있으며, vpx 유전자는 HIV－2에만 있습니다. HIV는 레트로바이러스의 게놈 특징인 Gag, Pol, Env의 세 가지 단백질을 가지고 있으며 6개 너외의 보조단백질을 가지고 있습니다. 비록 복잡하지만 간단한 레트로바이러스의 감염 주기와 유사합니다. Gag, Pol, Env가 유전자 복제, 입자 조립 등 감염 주기의 대부분 과정을 소화하고 나머지 보조단백질은 주로 조절 작용에 관여하는 것으로 알려져 있습니다. 게놈 지도에서 이탤릭체는 구조유전자(gag, pol, env)를, 선으로 연결한 두 유전자(tat, rev)는 조절유전자를, 보통체로 표시한 다섯 유전자(vif, vpr, vpx, vpu, nef)는 보조유전자를 각각 의미합니다.

HIV는 면역 반응에 관여하는 면역세포인 $CD4^+$ T 림프구를 직접 감염시키고 세포 자살을 유도하고 면역결핍증을 유발합니다. HIV가 감염된 초기에 $CD4^+$ T 림프구는 매우 놀라울 정도로 빠르게 고갈이 일어나는데 그 원인은 두 가지로 여겨집니다. 첫째는 HIV가 $CD4^+$ T 림프구를 감염하여 직접 죽이는 것이고 둘째는 HIV 감염이 사람의 면역계를 활성화시킴으로써 간접적으로 세포 자살을 유도하는 방법입니다. 감염에 의해 활성화된 $CD8^{+}$ T 림프구가 감염되지 않은 $CD4^{+}$ T 림프구에 관여하여 뜻하지 않게 세포 자살을 유도하기도 합니다. 세포는 자신이 속한 개체 전체의 득을 위해서 아름다운 죽음을 선택합니다. 이에 대해서는 Part V에서 자세히 알아보도록 하겠습니다.

HIV 감염의 진행과정은 크게 세 단계로 구분할 수 있습니다. 첫 단계는 초기의 급성감염 단계, 두 번째 단계는 무증상 감염 단계이며, 마지막 단계는 말기의 AIDS(Acquired Immune Deficiency Syndrome) 단계입니다. 초기의 급성 감염 단계는 열, 두통, 근육통, 관절통, 인두통 등 일반 바이러스성 감염질환에서 나타나는 임상증상을 호소합니다. 이 증상은 5주에서 가장 극심해지고 10주 이내에 사라지게 됩니다. 그러나 $CD4^{+}$ T 세포는 고갈되는 반면, $CD8^{+}$ T 세포는 다소 증가하는 경향을 나타냅니다. 이 시기에 HIV RNA 수치는 최대치($10^{6}$ ~$10^{7}$RNA/ml)를 기록하며 약 8주가 경과하면서 점차적으로 감소하면서 밀리리터당 $10^{3}$~$10^{5}$ RNA 농도를 유지합니다. 무증상 감염 단계에서는 대부분의 임상증상은 거의 나타나지 않으며 바이러스 복제는 계속되고 $CD4^{+}$ T 세포의 수는 지속적으로 감소하지만 $CD8^{+}$ T 세포 수는 감소하지 않습니다. 짧게는 8년에서 10년 이상이 될 수도 있으며 이 단계 이후 말기의 AIDS 단계에 진입하게 됩니다. 이 단계에서는 HIV RNA가 증가하며 $CD4^{+}$ T 및 $CD8^{+}$ T 세포는 감소하고 구강칸디다증, 폐렴, 결핵, 대상포진 등의 이차 감염질환이 나타납니다. 이외에도 악성종양으로 인해 생명의 위협을 받을 수도 있습니다.

## 인플루엔자바이러스

여러분은 감기와 독감을 구분할 수 있나요? 병리학적으로는 감기는 다소 증상이 미약한데 반해, 독감은 인후염, 고열, 두통, 몸살 등을 동반하는 다소 심각한 호흡기 감염질환입니다. 왜 감기와 독감의 증상에 차이가 날까요? 감기는 라이노바이러스 또는 아데노바이러스 감염에 의해 발생하며 독감은 인플루엔자바이러스 감염에 의해 나타나기 때문에 감염된 바이러스의 종류가 전혀 다릅니다. 앞에서 살펴본 바와 같이 아데노바이러스는 그룹 I에 속하는 dsDNA로부터 mRNA가 전사되는 데 반해, 인플루엔자바이러스는 그룹 V에 속하며 (−)ssRNA로부터 직접 mRNA가 만들어집니다. 인플루엔자바이러스에는 세 종류가 있는데, A형은 사람, 말, 돼지, 조류 등 다수의 동물을 감염시키는 데 반해, B형과 C형은 사람만을 감염시킵니다. A형에는 외피에 있는 당단백질인 헤마글루티닌(HA: hemagglutinin)과 뉴라미니다아제(NA: neuraminidase)가 있습니다. 특정 항체에 반응하는지에 따라 헤마글루티닌은 H1~H16으로 분류하며 뉴라미니다아제는 N1~N9로 분류합니다. 따라서 인플루엔자바이러스의 아종을 분류할 때는 H1N1과 같은 형태로 표기합니다. 인플루엔자바이러스는 HA와 NA의 조합으로 구분되기 때문에 이론적으로는 144종의 인플루엔자바이러스가 존재할 수 있지만, 현재 이 수만큼 존재하지는 않습니다. 사람에게 독감을 일으키는 바이러스의 아종은 H1, H2, H3과 N1, N2와의 조합으로 이루진 것이 많습니다.

인플루엔자바이러스가 숙주세포에서 복제와 조립을 완성하면 숙주세포를 뚫고 외부로 방출되게 됩니다. 숙주세포의 세포 표면에는 시알산(sialic acid)이 있는데, 이 산은 바이러스의 헤마글루티닌과 결합하여 바이러스의 방출을 차단하여 감염된 세포 주변의 비감염세포로 확산되는 것을 막을 수 있습니다. 그러나 바이러스는 자신의 뉴라미니다아제가 활성하여 숙주세포에 있는 시알산을 절단함으로써 숙주세포로부터 탈출하게 됩니다. 만약 우리가 뉴라미니다아제의 활성을 억제하여 시알산의 절단을 막으면 숙주세포의 시알산이 바이러스의 헤마글루티닌과 결합하여 바이러스의 확산을 막을 수 있게 됩니다. 우리가 잘 아는 타미플루(Tamiflu)가 감염 억제 효과를 가질 수 있는 것은 시알산과 구조가 유사하여 뉴라미니다아제에 잘 결합하고 그 활성을 억제하기 때문입니다. 최근에 개발된 독감치료제들이 시알산과 구조가 유사한 이유도 여기에 있습니다.

인플루엔자바이러스의 가장 두드러진 특성은 빈번한 변종바이러스(variants)의 생성입니다. 외피 당단백질인 헤마글루타닌과 뉴라미니다아제의 변이를 말하는데, 앞에서 언급한 바와 같이 소변이와 대변이가 있습니다. 표면의 수용체에 결합하는 부위에 있는 몇 개의 아미노산이 변하여 돌연변이가 축적됨으로 인해 점진적으로 변이가 일어나는 것을 소변이라고 합니다. 이에 반해 대변이는 인플루엔자바이러스와 같이 분절게놈(segmented genome)을 갖는 바이러스가 게놈의 재편성(genome reassortment)의 결과로 변이되는 급진적인 변이를 말합니다. 예를 들어, 돼지가 조류의 H1N1 인플루엔자바이러스와 사람의 H3N2 인플루엔자바이러스에 동시에 감염되면 돼지 내에서 조류 인플루엔자바이러스와 사람 인플루엔자바이러스 사이의 게놈 재편성이 아주 쉽게 일어날 수 있습니다. 예를 들어, 돼지에게 H3N1 또는 H1N2와 같은 게놈이 재편성된 변형 바이러스가 출현할 수 있을 것입니다. 지난 100년 동안 사람 인플루엔자바이러스가 대변이를 일으킨 대표적인 예는 다음과 같습니다. 전 세계에서 4천만 명을 희생시킨 1918년 스페인 독감은 H1N1 바이러스에 의한 것이었습니다. 우리나라에서도 무오년 독감이라는 이름으로 740만 명이 감염되고 14만 명이 희생되었습니다. 1957년 전 세계에서 100만 명이 희생된 것으로 알려진 아시아 독감은 H2N2 바이러스 때문이었습니다. 그리고 다시 1968년에 유행한 홍콩독감은 H3N2 바이러스에 인한 것으로 전 세계적으로 70만 명의 희생자를 낳았습니다. 2009년의 신종플루는 H1N1 바이러스 때문이며 그 위력은 1957년 아시아 독감에 버금가는 수준이었습니다.

## 구제역 바이러스

그룹 Ⅳ에 속하는 피코나바이러스 중에서 가축 바이러스로 잘 알려진 것은 구제역 바이러스(FMDV: foot and mouse disease virus)입니다. 구제역 바이러스는 발굽이 두 개로 갈라진 소, 돼지, 양, 사슴과 같은 동물에 구제역을 일으킵니다. 구제역은 발과 입에 수포를 일으키고 공기로 전염되며 전염성과 폐사율이 매우 높은 제1종 법정가축전염병입니다.

1897년 독일의 세균학자 뢰플러(Loeffler)와 프로쉬(Frosch)가 구제역의 원인을 바이러스라고 밝히면서 구제역은 처음으로 동물 바이러스에 의한 질병이 되었습니다. 2000년대에 들어서면서 많이 발생하였는데 2001년과 2007년 영국에서, 2005년 중국에서, 2010년 일본과 우리나라에서, 2011년 불가리아에서 각각 발병하였습니다. 아주 드문 경우이기는 하지만 1966년 영국에서는 사람에게도 감염된 경우가 있었습니다. 다행히 우리나라에서는 사람에게 감염된 사례는 없습니다.

구제역 바이러스는 아주 작은 RNA 바이러스(약 8천5백 개의 염기로 구성)로 지름이 25~30나노미터 정도이며 가장 흔한 O형과 그 외 A, C, SAT－1, SAT－2, SAT－3, Asia⁻ 등 일곱 가지 종류입니다. DNA 바이러스보다 RNA 바이러스가 불안정하여 복제과정에서 변이가 쉽게 일어나기 때문에 아형까지 고려하면 약 80여 종에 달합니다. 각 바이러스마다 전체 유전자가 30%까지 차이를 보이므로 종류별로 백신이 다릅니다. 예를 들어, A형 백신을 맞은 돼지는 같은 종류의 구제역 바이러스에는 저항성이 있지만 O형 구제역 바이러스에는 저항성이 전혀 없습니다. 다양한 백신이 필요하며 전염성이 강하기 때문에 구제역에 걸렸거나 백신을 접종한 가축일지라도 살처분 또는 도살을 하게 되는데, 2010년 11월에 경북 안동에서 시작된 구제역 전염병의 경우 전국으로 확산되면서 살처분한 가축 수가 120만 마리를 넘어섰습니다.

이 바이러스는 약 8.5킬로베이스(kb)의 양성 단일가닥 RNA 게놈을 가지고 있습니다. 이 말은 숙주세포에 진입한 후 자신의 게놈 RNA 자체가 음성 단일가닥을 거쳐 mRNA를 곧바로 합성한다는 의미입니다. 이 게놈 RNA는 하나의 큰 폴리단백질을 코드하고 바이러스 단백질 분해효소(viral protease)에 의해 절단 과정을 거쳐 여러 단백질을 만듭니다. 크게 P1, P2, P3 부위로 나눌 수 있습니다. P1 부위는 구조단백질로서 바이러스의 외피인 정십이면체 캡시드를 만드는 데

작용하며 P2와 P3는 비구조단백질로서 숙주세포의 변화 유도와 RNA 게놈 복제 작용을 각각 담당하게 됩니다.

## 인유두종바이러스

파필로마바이러스는 사마귀를 유발하는 바이러스이기 때문에 누구나 한 번 쯤은 감염된 적이 있는 아주 친숙한 바이러스입니다. 파필로마(papilloma)는 '유두'라는 뜻의 라틴어 'papilla'와 '종양'이라는 의미의 그리스어 '－oma'의 합성어로 척추동물에 양성종양인 사마귀를 유발하는 바이러스로 잘 알려져 있습니다. 사람에게는 인유두종바이러스(HPV: human papilloma virus)가 자궁경부암을 유발하는 것으로 1983년에 밝혀졌습니다. 자궁경부암은 전 세계적으로 매년 50만 건 이상이 발생하며 이 중에서 과반수가 사망하는 것으로 알려져 있습니다. 우리나라에서 자궁경부암 유병률은 10만 명당 31명 정도이며 사망률은 10만 명당 6.8명 수준이라고 합니다.

HPV에 감염되었다고 해서 모두 암이 생기는 것은 아닙니다. 감염자 중 90%는 치료를 하지 않아도 저절로 낫습니다. 자궁경부암의 전단계인 이형증으로도 진행되지 않는다는 이야기입니다. 정확한 이유는 아직 밝혀지지 않았지만 세포의 면역체계가 잘 작동하는 덕분으로 추정하고 있습니다. 우리 몸의 면역체계는 몸에 들어온 바이러스에 대항하여 항체를 만들었다가 다음에 같은 바이러스가 들어오면 인식할 수 있기 때문에 한 번 걸린 병은 다시 걸리지 않게 되지요. 하지만 HPV에 대항하는 항체가 다음 감염을 막을 만큼 충분히 생기지 않을 경우 다시 감염될 수도 있기 때문에 충분한 면역체계를 갖추기 위해서는 백신을 맞는 것이 좋습니다. 자궁경부 표면은 10~14개의 상피세포 층으로 이루어져 있습니다. HPV가 이 상피세포에 침투하면 세포 하나하나가 암세포로 변하기 시작합니다. 이를 상피세포 이형증이라고 합니다. 매우 느리게 진행되기 때문에 HPV가 감염된 후 이형증까지는 약 5년, 이형증에서 암까지는 약 10년 정도 걸립니다. 따라서 자궁경부암은 정기적인 검진으로 조기에 발견하여 치료한다면 100% 완치가 가능한 비교적 순한 암입니다.

약 100종의 HPV가 알려져 있으며 이 중 대부분은 사마귀와 같은 양성종양을 유발하지만 HPV 16과 HPV 18과 같은 고위험군 유전자형만이 자궁경부암을 유발합니다. HPV 게놈에는 보통 8~10개의 유전자가 있습니다. 초기에 합성되는 단백질은 E1~E8이고 상대적으로 후기에 합성되는 단백질은 L1과 L2 두 개입니다. 이 후기단백질들은 자신의 DNA를 복제한 후 숙주로부터 나가기 위해서 외피를 형성하는 캡시드(capsid) 단백질이 되겠습니다. 이 바이러스가 자신의 DNA를 복제한 후 숙주의 염색체에 삽입되지 않고 독립적인 에피솜 DNA로 존재하거나 숙주염색체에 삽입되기도 합니다. 재미있게도 바이러스는 자궁경부의 양성종양세포에 에피솜 DNA 형태로 존재하며 악성종양세포에서는 염색체에 삽입된 형태의 HPV DNA가 관찰됩니다.

그렇다면 HPV가 어떤 과정을 거쳐 자궁경부암을 일으키는지 알아보도록 하겠습니다. 암을 억제하는 유전자를 암 억제 유전자(tumor suppressor gene)라고 합니다. 대표적인 암 억제 유전자는 p53인데, 이 유전자에 의해서 p53이라는 단백질이 만들어집니다. 암의 50%가 이

유전자의 돌연변이로 인해 암 억제 기능을 하지 못하면서 생기는 것으로 알려져 있습니다. p53 단백질은 암을 억제하기 위하여 두 가지 역할을 수행합니다. 세포 증식 시 DNA가 복제되는데, 이때 DNA가 잘못 합성되면 세포증식을 중단하게 하고 DNA를 수리하라는 명령을 내립니다. 또한 DNA 손상이 너무 심한 세포에는 앞에서 언급한 것처럼 세포 자살(apoptosis) 명령을 내립니다. 이 단백질이 암 세포를 자살하게 함으로써 암을 억제합니다. 따라서 이 단백질이 제 기능을 수행하지 못할 때 암이 발생할 수 있습니다.

잘못된 단백질이나 제 기능을 다 수행한 단백질은 유비퀴틴화(ubiquitination) 과정을 거쳐 분해되고 아미노산으로 다시 사용하게 됩니다. 이 과정에서 매우 중요한 역할을 하는 것이 유비퀴틴 E3 리가제(ubiquitin E3 ligase)로 분해하고자 하는 단백질에 유비퀴틴을 붙입니다. 단백질에 유비퀴틴이 붙어 있으면 프로테아좀(proteasome)이 와서 분해합니다. 자궁경부세포에도 유비퀴틴 E3 리가제가 있는데 이를 E6AP라고 합니다. HPV 바이러스에서 만들어진 단백질인 E6가 E6AP와 결합하여 p53 단백질에 유비퀴틴을 붙여주면 프로테아좀이 나타나 분해합니다. 자궁경부세포에는 p53이 없어 암 세포를 억제하지 못하여 자궁경부암세포로 전환되는 것으로 알려져 있습니다.

## 프리온

프리온은 광우병으로 알려진 퇴행성 신경질환의 원인 물질입니다. 앞에서 살펴본 바와 같이 프리온은 바이러스가 아닙니다. 프리온은 스크래피(scrapie: 양의 털이 벗겨지는 증상)라고 불리는 양의 퇴행성 신경

질환인 해면뇌병증에서 처음 분리된 감염물질로 단백질로만 구성되었다는 의미에서 프리온(prion: proteinaceous infectious agents)이라고 명명되었습니다. 초기 발견에서는 바이러스라고 인식했지만, 1990년대 이후 프루지너(Stanley Prusiner) 박사가 처음 분리하여 실제 원인물질은 바이러스가 아닌 단백질인 것으로 밝혔습니다. 그는 질환 부위인 뇌로부터 추출한 아밀로이드 미소섬유(amyloid fibril)에서 이 질환과 관련이 있을 것으로 추정되는 분자량이 27~30킬로달톤(kDa)인 프리온(PrP: prion protein)을 발견하였으며 프리온 가설을 제안하였고 이 가설을 지지하는 연구 결과가 발표되면서 이 공로로 1997년에 노벨생리의학상을 수상하였습니다.

프리온 질환의 병리적인 특징으로는 네 가지가 있습니다. 첫째는 뇌조직의 신경세포가 소멸되는 해면뇌병증이 나타납니다. 아밀로이드 플라그(amyloid plaque)가 형성되며 이 플라그의 형성이 신경 세포의 자살을 유도하는 것으로 추정하고 있습니다. 둘째는 다른 감염성 질환과는 달리 면역 반응이 없다는 것입니다. 셋째는 초기 감염에서부터 질병 발생까지 수개월에서 수십 년이 걸리는 지연성 감염질환(slow infectious disease)이고 마지막은 일단 증세가 시작되면 모두 사망하게 되는 치명적 질환입니다.

프루지너 박사는 정제된 스크래피 분획에서 관찰한 27~30킬로달톤 단백질의 유전자를 클로닝하여 이 유전자가 숙주유전자임을 확인하였습니다. 감염성 물질을 코드하는 유전자가 바이러스에서 온 것이 아니라 숙주유전자이기 때문에, 즉 감염자 자신의 단백질이므로 면역반응이 없었던 것입니다. PrP는 약 33킬로달톤의 단백질이 합성되는데 양 말단이 절단되어 정상세포에서는 $PrP^C$ 구조로 존재합니다. 이 단백질은 정상세포의 프리온으르 정상세포에서의 기능은 아직 밝혀지지 않았습니다. 프리온 단백질은 몇몇 잘 알려진 부위가 있는데, 세포막에 결합할 수 있는 부위인 GPI(glycophosphatidyl inositol)와 당이 결합할 수 있는 자리가 있으며 두 개의 알파-헬릭스(α-helix) 도메인을 가지고 있습니다. 질환 부위에서 발견되는 프리온을 $PrP^{SC}$라고 합니다. 이 단백질의 아미노산 조성은 $PrP^C$와 동일합니다. 그러나 정상세포의 프리온은 알파-헬릭스 구조를 가지고 있는 것에 반해 질환세포의 프리온은 베타-병풍(β-sheet) 구조를 가집니다. 다시 말해 단백질의 이차구조가 다르다는 것인데, 정상세포에서 $PrP^C$ 분자가 질환동물에게서는 $PrP^{SC}$ 분자로 전환된다는 것입니다. 마치 지킬 박사와 하이드처럼 말이지요. 프리온에 관한 연구와 논쟁은 아직도 진행 중입니다. 열린 마음을 가지고 기다려야 할 때입니다. 프리온에 관한 연구결과가 바이러스와 연결되는 또 다른 고리를 발견할 수 있을지도 모르겠습니다.

우리가 두통약을 먹으면 그 약이 혈류를 타고 직접 뇌로 들어가서 두통을 낫게 할까요? 아니면 두통을 일으키는 원인 물질의 분비를 억제하여 두통을 낫게 할까요? 물론 두통을 일으키는 원인 물질(예를 들면, 프로스타그란딘)의 분비를 억제하여 두통을 멈추게 합니다. 대부분의 약물들은 혈뇌장벽(BBB: blood-brain barrier) 때문에 뇌로 들어갈 수 없습니다. 뼈, 막, 뇌척수액이 기계적인 손상으로부터 우리 몸에서 매우 중요한 뇌를 보호합니다. 만약 약물이 혈류를 타고 뇌로 들어가서 모든 것을 헤집어 놓으면 곤란하기 대문에 뇌를 화학적 손상으로부터 보호하는 것도 중요하지요. 프리온과 같은 물질에 의한 화학적 손상으로부터 뇌를 보호하는 것이 혈뇌장벽입니다. 대부분의 약물들은 이 혈뇌장벽에 막혀 뇌로 들어갈 수 없으며 이 녀석은 필요한 물질만 선택적으로 받아들입니다. 뇌로 들어가는 혈관이란 고속도로에 있는 검문소와 같습니다. 뇌종양이 생길 경우 약물 치료가 불가능한 것은 약물이 뇌로 직접 들어갈 수 없기 때문입니다. 따라서 뇌종양은 수술로 치료할 수밖에 없습니다. 프리온을 파괴할 수 있는 약물이 있더라도 치료가 쉽지 않습니다. 혈뇌장벽을 통과하려면 최소한 약물의 크기가 나노미터(10억분의 1미터) 정도 되어야 합니다. 프리온은 이보다 큼에도 불구하고 혈뇌장벽을 통과할 수 있는 반면, 약물은 그럴 수 없기 때문에 치료가 어렵습니다. 프리온은 혈뇌장벽을 통과할 수 있는 그들만의 기작이 있다는 의미입니다. 프리온이 혈뇌장벽을 통과하는 원리를 알고 적용한다면 뇌질환 관련 약물을 쉽게 뇌로 잠입시킬 수 있겠지요. 조만간 프리온이 우리들에게 약물 전달에 관한 새로운 실마리를 제공할지도 모릅니다.

바이러스는 인간에게 침투하여 인간 세포가 가지고 있는 복제 기능으로 자신의 핵산을 만들고, 단백질 합성 기능으로 단백질을 만들어 자신을 만들어 준 인간 세포를 죽이고 탈출하는 배은망덕한 일을 저지릅니다. 인간 입장에서 바이러스가 오면 핵산과 단백질을 열심히 만들어 주고 그냥 보낸다면 정말 낭비겠지요? 바이러스가 가지고 있는 DNA를 우리 인간이 적당한 곳에 저장하여 적절한 순간에 이용할 수 있다면 인간에게 이로운 것이며 지혜롭게 살아가는 방법이라 할 수 있겠지요. 바이러스만이 그럴까요? 박테리아의 DNA도 같은 이유로 우리에게 들어와서 축적됩니다. 인간은 박테리아, 바이러스와 더불어 살아가고 있으며 그 속에서 적응하고 진화해 나가는 것이 생명의 본질이라고 할 수 있겠습니다.

함께 상상해 봅시다. 바이러스는 아니지만 원시 생명체보다 더 작은 바이러스와 유사한 것이 있었습니다. 그리고 또 수십만 년의 세월이 흘러 스스로 복제하고 생식하고 대사하는 원시 생명체가 탄생하게 되었습니다. 그 원시생명체는 다시 박테리아를 만드는 방향으로 진화하고, 효모와 인간도 만들 수 있는 방향으로 진화하였습니다. Part Ⅲ에서 진화에 대해 살펴보았듯이 고등생물과 고세균이 현 시대에도 공존하고 있습니다. 왜냐하면 그들만의 진화를 통해 그들에게는 최적의 세상을 구축하였기 때문입니다. 마찬가지로 여전히 생명체라고 이야기할 수 없는 원시 구형체도 존재합니다. 이 녀석도 그 사이 많이 똑똑해졌습니다. 그것은 옆에 있는 생명체를 최소한 이용할 수 있는 능력이 생겼기 때문입니다. 만약에 이 녀석의 주위에 생명체가 없었다면, 이 녀석이 똑똑해지고 수가 늘어날 수가 있었을까요? 이 생명체는 우리 주위에 너무나 많이 있습니다. 빌라리엘(Luis P. Villarreal)은 자신의 저서 ≪바이러스와 생명의 진화≫에서 전 세계 대양에 있는 바이러스의 수가 $1 \times 10^{32}$개라고 하였습니다. 이 수의 크기가 얼마나 큰지 상상이 되지 않지요? 이 바이러스를 일렬로 세우면 길이가 천만 광년이라고 합니다. 이렇게 똑똑한 바이러스도 복제하고 복제하였습니다. 그래서 생명체라고 부를 수 있는 것인지도 모릅니다. 지구상의 모든 생명체는 그들뿐만 아니라 무생물까지도 포함한 모두가 더불어 살아가는 세상입니다. 그 과정 속에서 자신만의 영역을 구축하고 서로 공격하기도 하고 어울리기도 하면서 그 생명체의 정체성을 서로 인정하면서 살아갑니다. 이것이 생명의 삶이며 생명의 진화입니다. 이 순간에도 우리는 박테리아나 바이러스와 함께 살아가고 있습니다. 어느 추운 겨울날, 바이러스에 의한 질병이 갑자기 나타나 우리를 깜짝 놀라게 하더라도 너무 놀라지 않길 바랍니다. 그들도 우리와 더불어 함께해야 할 지구의 일원이니까요. 질병과도 함께 살아가는 방법을 배운다면 그것도 참 좋은 일일 듯합니다.

**정리합시다**

- 백신의 유래를 정리합시다.
- Jumping DNA를 정리합시다.
- Sleeping beauty transposon system을 정리합시다.
- 바이러스와 인간의 진화 속에 숨겨진 상관관계에 대해 정리합시다.

# PART V

# 진화가 가져다준 생명체의 아이러니

## 모차르트 교향곡 40번
*Symphony No. 40 in G minor KV. 550*

모차르트는 이 곡에서 인간의 슬픔을 비애가 아닌 맑은 기품이 있는 인간미로 표현하였고 슈베르트는 "천사가 이 가운데서 노래하고 있는 것을 들을 수 있다."고 이 곡을 평하였습니다. 인간의 질병은 또 다른 삶을 위한 몸부림입니다. 마치 비애를 맑은 기품으로 승화시키는 것과 같이 말이지요.

## 구석기시대의 몸

● 박테리아는 38억 년 동안 아주 열악한 환경 속에서 진화하며 살아남았습니다. 그리고 다양한 종의 생명체로 진화하였습니다. 인간은 그중에서도 가장 높은 수준으로 진화한 생명체입니다. 이러한 인간이 왜 질병에 걸리는 걸까요? 인간이 외부의 적으로부터 공격을 받는 것은 이해할 수 있다고 해도 도저히 이해가 되지 않는 부분이 유전병입니다. 잘못된 유전자라면 고치고 다시 재정비하면 될 텐데, 열악한 환경 속에서도 치열하게 살아남은 인간이 왜 잘못된 유전자를 갖고 태어나는 것에는 무력할까요? 여기서 그치지 않고, 고통스러울 뿐만 아니라 죽음에 이르게 하는 질병을 유발하는 유전자를 여전히 가지고 있습니다. 왜 인간은 그럴 수밖에 없을까요?

## 혈색소 침착증 이야기

혈색소 침착증(혈색증)이란 위나 장에서 철의 흡수가 비정상적으로 증가하여 세포 내에 지나치게 많은 철이 축척되고 궁극적으로 조직의 손상을 초래하여 결국 간, 췌장, 심장 등의 장기의 손상이나 기능 이상이 나타나는 유전질환입니다. 철의 증가가 원인이기 때문에 일차성 혈색소 침착증은 유전질환이지만, 이차성 혈색소 침착증은 장기간의 수혈, 철의 흡수 증가, 만성 간질환에 의한 철 대사 이상에 의해 발생할 수도 있습니다. 일차성 혈색소 침착증은 북유럽계 사람들에게 흔하며 미국에서는 250명 중 1명꼴로 발병하고 있습니다. 우리나라에서는 유전자 이상에 의한 일차성 혈색소 침착증이 보고된 바가 없습니다. 우리나라 사람들은 이 유전자 이상으로부터 매우 자

### 발병률의 차이

왜 남성의 발병률이 여성보다 5~10배 더 높을까요? 다시 말해 왜 여성의 발병이 남성보다도 낮을까요? 여성들은 생리를 통해서 정기적으로 철분을 배출하기 때문에 결국 철의 세포 내 축적을 막고 이 병으로부터 자유로울 수 있습니다. 잠재적으로 유전자 이상을 가지고 있는 여성들은 폐경기와 함께 철분 배출이 줄어들고 철의 축적이 결국 폐경기 이후 주로 발병하는 원인이 되겠지요. 그렇다면 이 병의 치료법은 무엇일까요? 그것은 바로 정기적으로 헌혈을 하는 것입니다. 다시 말해 일반적인 치료 방법은 헌혈하듯이 정기적으로 혈액을 뽑아내는 것이지요. 이 질환을 앓고 있는 사람들은 헌혈을 하고 나면 몸과 마음이 매우 상쾌해진다고 합니다.

유롭다고 할 수 있지요. 혈색소 침착증은 남자가 여자에 비해 발병률이 5~10배 높으며, 여성의 경우는 폐경기 이후에 주로 발병한다고 합니다.

자, 이제 이 질병이 생기게 된 원인을 알아보도록 합시다. 흑사병은 인류 역사에 기록된 최악의 전염병입니다. 박테리아인 예르시니아 페스티스(*Yersinia pestis*)가 원인균이기 때문에 '페스트'라고도 합니다. 1340년대에 처음 창궐한 이 병으로 유럽에서는 약 2,500만 명이 희생되었습니다. 이 인구는 당시 유럽 인구의 약 30%에 달하는 숫자였습니다. 어떤 균이 몸속에 침투하면 그 항원을 인지하고 항체를 만드는 면역세포가 있는가 하면, 몸속에 침투한 바이러스나 병원균과 싸워 잡아먹는 면역세포가 있습니다. 이를 우리는 대식세포라고 합니다. 혈색증 환자는 다른 세포에 철분이 많이 축적되는 관계로 대식세포의 철분이 정상인에 비해 부족합니다. 침투한 박테리아 입장에서는 대식세포와 싸워서 이겨 대식세포가 가지고 있는 철분을 많이 공급받아 증식해 나가야 하는데, 혈색증 환자의 대식세포와의 전쟁에서는 불리할 수밖에 없습니다. 실제 혈색증 환자의 대식세포 주위에는 박테리아가 자라지 않는 것이 확인되었습니다. 혈색증 환자의 대식세포에는 철분이 부족하기 때문에 단순히 이 병원균 이외에도 말라리아, 결핵, 브루셀라균과 같은 박테리아에 의한 질환 감염률이 낮습니다. 흑사병이 돌던 1340년대에 살아남은 환자들 중에는 혈색증 유전자를 가지고 있는 사람들이 많았고, 이 유전자가 자손에게 전달되면서 북유럽 인들에게 이 병이 많이 생긴 것으로 볼 수 있습니다. 혈색소 침착증은 살아남기 위해 진화한 것이 결국 질병으로 이어진 아이러니한 사례가 아닐까 하는 생각이 듭니다. 혹은 과거의 재앙에서 살아남은 기억을 고스란히 간직하려는 생명체의 본능은 아닐까요? 그것이 아니라면 이 유전자를 원래 상태로 되돌리려는 진화를 위해서는 더 많은 시간이 필요한 것일까요?

## 당뇨병 이야기

당뇨병은 인슐린 작용의 부족으로 생기는 대사 질환입니다. 인슐린은 주로 탄수화물 대사에 관여하지만, 이 대사의 이상은 결국 체내 모든 영양소의 대사에 영향을 주기 때문에 총체적인 대사상의 질병이라고 할 수 있습니다. 당뇨병에는 인슐린을 분비하는 췌장 세포의 이상으로 인슐린이 결핍되는 제1형 당뇨병과 인슐린 분비의 저하와 인슐린 저항성에 의해서 생기는 제2형 당뇨병이 있습니다. 제1형은 인슐린 주사를 이용하면 치료가 가능하지만 제2형은 인슐린 저항성이기 때문에 인슐린과 더불어 식이요법도 중요합니다. 당뇨병 진단을 받게 되면 금주, 운동과 식이요법, 정기적인 진단 등이 필요하며 노력하면 된다는 긍정적인 생각이 도움이 됩니다. 모든 질병은 잘 다스리면 함께 살 수 있습니다.

당뇨병은 부자들에게 나타나는 선진국병으로 여겨져 왔습니다. 2000년 1억 5,100만 명이었던 전 세계 당뇨병 환자 수가 2011년에는 3억 명을 넘어섰으며, 미국에서만 17초마다 1명이 당뇨병을 새로 진단받고 있는 것으로 추정되고 있습니다. 당뇨병 환자의 증가가 각 나라의 경제 성장과 무관하지 않은 만큼 북중미나 유럽보다는 아시아(특히, 중국과 인도)와 남미, 아프리카에서 그 증가 추세가 가파를 것으로 보입니다. 또한 삶이 윤택해지면서 건강을 관리하는 것도 중요한 삶의 지표가 될 듯합니다. 미국에서만 한 해 1,320억 달러의 비용이 당뇨병에 관련되어 쓰이고 있으며 향후 20년 후인 2030년대에는 환자 수가 3억5천만 명으로 늘어날 것으로 추산하고 있습니다.

우리 몸은 어떨까요? 우리 몸은 날씨가 추워지면 몸을 떨기 시작합니다. 몸이 떨리면 근육 활동이 늘어나고 근육에 있던 당분이 분해되면서 열을 발생하기 때문이지요. 일반적으로 당분이 분해되면 생

### 아이스와인 이야기

아이스와인은 1790년대 초에 독일에서 우연히 개발되었습니다. 미처 수확되지 못한 포도가 서리를 맞자 이를 아깝게 여긴 독일의 한 농부가 그 포도로 포도주를 담갔는데 매우 달콤한 와인으로 탄생하였습니다. 이렇게 탄생한 아이스와인의 당분이 18~28이니 일반 와인의 당분 등급이 0~3인 것에 비해 얼마나 단 것인지 알 수 있겠지요. 아이스와인의 본고장은 독일이지만, 최근에는 천혜의 자연 환경을 가진 캐나다가 아이스와인을 대량 생산하면서 주목받고 있습니다. 아이스와인을 만들기 위해서는 포도가 잘 익을 만큼 여름에는 기온이 높아야 하고 겨울에는 영하 10도 이하로 기온이 떨어지는 기후 조건이 충족되어야 합니다. 이처럼 자연적으로 어는 과정을 거친 포도는 일반 포도보다 당도가 2~3배 높으며, 딱딱한 고체 상태를 유지해 포도의 향도 진합니다. 이러한 포도로 만든 아이스와인은 일반 화이트와인보다 훨씬 당도가 높고 풍부한 향을 지니게 되는 것이지요. 왜 서리를 맞은 포도는 당분이 증가할까요? 그것은 바로 포도 내에 있는 많은 수분을 배출되고 당분은 그대로 유지되어 상대적으로 당도가 높아지기 때문입니다.

체 에너지인 ATP가 만들어집니다. 그러나 추운 지방에 사는 사람들은 지방조직에 있는 열발생단백질(thermogenin 또는 uncoupling protein)이 ATP를 합성하는 대신 열을 발생시킵니다. 세포막에 이 열발생단백질이 많아서 그들의 지방조직은 갈색입니다. 또한 추위는 소변 양을 증가시키는데 수분을 버림으로써 수분 양도 줄이고 남은 수분에 있는 당분의 농도를 높이게 되는 것이지요. 사람뿐만 아니라 개구리도 마찬가지입니다. 기온이 빙점 가까이로 떨어지면 개구리의 몸은 피와 장기에 있는 수분을 복부로 모읍니다. 이에 따라 개구리의 혈중 당분의 수치는 100배 상승하고 어는점은 낮아질 것입니다. 결국 포도나 사람이나 개구리나 추울 때 수분을 배출하고 당분의 수치를 높이는 것은 어는점을 낮추기 위한 것입니다. 즉, 당분은 천연부동액입니다.

빙하기는 지구의 기온이 오랜 기간 동안 하강하여 남북 양극과 대륙이 얼음 층으로 덮인 시기를 말합니다. 지구의 빙하기에 대해서는 여러 설이 있지만, 최종 빙하기는 약 1만 년 전에 끝이 났다고 합니다. 소빙하기에 대한 기록들은 여러 곳에서 발견되는데, 한반도에서는 조선 현종 시대인 1670년대에 소빙하기에 대한 기록이 있으며, 유럽과 북미에 추위를 가져왔던 소빙하기는 1300~1850년까지 지속된 것으로 기록되어 있습니다. 소빙하기 중 가장 추웠던 시기는 1645~1715년으로, 이 시기에 네덜란드 운하가 차단되었고, 1695년에는 아이슬란드 주위에 물이 흐르지 않을 만큼 바다 얼음이 증가했다는 기록이 있습니다. 이러한 빙하기를 이겨내기 위해서는 혈중의 당분이 높은 사람이 유리했을 것입니다. 빙하기에서 살아남은 사람의 후손들은 혈중의 당분이 높을 것이며, 살기 위해서 진화한 결과가 결국 당뇨병이라는 질병을 가지고 온 진화의 아이러니일 것입니다.

## 콜레스테롤이 나쁘다고?

콜레스테롤(cholesterol)은 1784년 담석에서 발견되었습니다. 그리스어로 'chole'은 담즙을 의미하며, 'stereos'는 고체를 의미합니다. 여기에 알코올(OH－기가 있기 때문에)을 의미하는 'ol'이 합쳐져 'cholesterol'이 되었습니다. 콜레스테롤은 음식을 통해 흡수되지만 우리 몸에서 합성을 하기도 합니다. 우리는 콜레스테롤 수치에 매우 민감하게 반응합니다. 하지만 콜레스테롤 검사는 단순히 혈액에 있는 콜레스테롤 양을 측정하는 것이 아닙니다. 콜레스테롤은 물에 녹지 않기 때문에 혈액에 그 운송기구가 있습니다. 지방단백질(lipoprotein)이 그 역할을 담당합니다. 콜레스테롤을 운반하는 지방단백질은 두 종류가 있는데, 하나는 LDL(Low Density Lipoprotein: 저밀도 지방단백질)이고 다른 하나는 HDL(High Density Lipoprotein: 고밀도 지방단백질)입니다. LDL은 간에서 만들어진 콜레스테롤을 혈관을 통해 몸의 각 조직으로 운반하는 역할을 하고, HDL은 콜레스테롤을 간으로 운반하여 혈관에 있는 콜레스테롤을 제거해 줍니다. 이 때문에 HDL을 혈관청소부라고도 하며, 좋은 콜레스테롤이라고 부릅니다. LDL은 너무 많으면 각 조직에 콜레스테롤을 운반하지 않고 혈관 벽에 쌓이게 됩니다. 이때 LDL이 산화되어 혈관 벽을 손상시키거나 혈관을 막게 되면 동맥경화를 일으킬 수 있기 때문에 우리는 LDL을 나쁜 콜레스테롤이라고 부릅니다. 그러나 실제로 콜레스테롤에는 좋고 나쁜 것이 따로 없습니다. 콜레스테롤을 검사할 때는 콜레스테롤 양만을 측정하는 것이 아니라 이런 LDL 및 HDL의 양도 함께 측정합니다. 콜레스테롤 기준치는 정상 성인인 경우 100밀리리터당 200밀리그램이며, 100밀리리터당 240밀리그램이면 위험하다고 판단합니다. HDL의 정상 기준치는 100밀리리터당 60밀리그램 이상이고, LDL의 정상 기준치는 100밀리리터당 130밀리그램 이하입니다.

콜레스테롤은 성(sex) 호르몬인 스테로이드 호르몬을 만들고, 세포막과 비타민 D를 만들기도 합니다. 따라서 혈중의 콜레스테롤을 지나치게 낮추는 것이 능사가 아닙니다. 스테로이드 호르몬 중에서 에스트로겐(estrogen)과 테스토스테론(testosterone)에 대해 살펴봅시다. 에스트로겐은 남자와 여자 모두 가지고 있지만 보통 여성이 생식이 가능할 때 많이 생성됩니다. 따라서 여성 호르몬 중에서 가장 중요한 역할을 합니다. 2차 성징, 즉 사춘기가 되면 여성답게 만드는 호르몬입니다. 예를 들어, 가슴을 발달시키고, 자궁 내막을 두껍게 하며, 월경주기를 조절합니다. 이 외에도 뼈 흡수를 줄이고 뼈를 만들기도 합니다. 여성들이 폐경기가 오면 골다공증이 남성에 비해 많은 이유가 이 에스트로겐이 줄어 뼈를 만드는 기능을 하지 못하기 때문입니다. 에스트로겐은 HDL을 높이고 LDL을 줄이며 지방 대사에 관여하기도 합니다. 테스토스테론은 대표적인 남성 호르몬입니다. 2차 성징 때 남자를 남성답게 만드는 호르몬으로 얼굴의 수염, 굵은 목소리, 남성의 성기관 발달에 필수적입니다. 테스토스테론은 설치류의 공격성을 증가시킨다고 알려졌었습니다. 이 연구 결과 때문에 법정에서 이 호르몬으로 인해 생긴 분노가 가끔 법적 방어 수단으로 활용되기도 했습니다. 하지만 2010년 취리히 대학의 페르(Ernst Fehr) 박사 연구팀이 네이처 지에 테스토스테론이 공격성을 유발한다는 기존의 관념을 뒤집는 연구 결과를 발표하였습니다[Nature (2010) 463:356]. 이 연구는 120명의 여성을 대상으로 조사했는데, 실험에 참여한 여자들은 남성호르몬제 주사를 맞지 않았음에도 단지 맞았다고 믿는 것만으로 더 공격적인 행동을 보였다고 합니다. 공격성은 남성 호르몬의 영향보다는 통념이 강해서 일어나는 현상이라고 설명하고 있습니다. 아무튼 이러한 성 호르몬을 만드는 데 필수 물질이 콜레스테롤입니다.

봄에 가장 부족하기 쉬운 영양소는 무엇일까요? 바로 비타민 D입니다. 비타민 D는 피부에 있는 콜레스테롤이 햇볕을 받아 합성되기 때문에, 겨울 동안 햇볕을 받는 피부 면적이 부족하여 제대로 합성되지 못하던 것이 이른 봄에 이르러 그 부족이 최고조에 달합니다. 따따라서 늦은 겨울이나 이른 봄에는 생선, 우유, 오렌지주스나 비타민 D 보충제를 섭취하는 것이 좋습니다. 비타민 D는 칼슘의 흡수와 분배, 혈압이나 혈당, 염증 조절에 영향을 주기 때문에 부족하면 협심증, 심근경색증, 뇌졸중과 같은 심혈관 질환의 발병 위험이 높아집니다. 혈압을 올리는 물질이 레닌인데, 비타민 D가 레닌의 분비를 억제하여 혈압이 오르는 것을 막아주고, 췌장에서 인슐린의 합성과 분비를 촉진하여 혈당이 오르지 않도록 조절합니다. 이 외에도 비타민 D는 신경 계통의 호르몬에도 작용하기 때문에 부족하면 우울증이 오고, 기억력이 떨어지는 증상이 나타나기도 합니다. 최근에는 비타민 D의 부족이 암 발생의 위험을 증가시킨다는 연구 결과가 보고되었습니다. 비타민 D의 농도가 밀리리터당 12나노그램인 사람이 밀리리터당 32나노그램 이상인 사람에 비해 대장암 발생 위험이 50% 더 높은 것으로 나타났으며, 비타민 D 농도를 밀리리터당 42나노그램 이상 유지한 사람은 유방암 발생 위험이 30% 더 낮은 것으로 나타났습니다. 이처럼 우리의 건강에 밀접한 관계가 있는 비타민 D의 생성을 보이지 않는 콜레스테롤이 도와주고 있습니다. 그런데도 콜레스테롤이 해롭다고요? 너무 많으면 문제가 될 수 있지만 콜레스테롤은 우리에게 없어서는 안 되는 매우 중요한 지방입니다.

## 알데히드 탈수소효소 이야기

우리 몸도 생활 습관에 적절히 적응하여 유전자의 발현을 변화시키고 또한 그렇게 진화하도록 만들어지기도 합니다. 술의 역사는 곧 인류의 역사라고 할 만큼 오랜 역사를 지니고 있습니다. 여기서 술은 화학적으로는 에탄올(ethanol)입니다. 이런 술을 먹는 문화에도 동서양간 큰 차이가 있습니다. 서양인들은 술을 마셔도 숙취가 없는 데 반해, 동양인들은 과하게 마시면 숙취가 반드시 뒤따릅니다. 에탄올은 두 단계를 거쳐 초산(acetate)으로 분해되고, 결국 에너지를 만듭니다. 첫 번째 단계에서 에탄올은 알코올 탈수소효소(alcohol dehydrogenase)에 의해 아세트알데히드(acetaldehyde)로 바뀝니다. 두 번째 단계에서는 알데히드 탈수소효소(aldehyde dehydrogenase)가 아세트알데히드를 초산으로 분해합니다. 서양인들은 알코올 분해에 중요한 두 효소인 알코올 탈수소효소와 알데히드 탈수소효소의 양이 같은 수준인 데 반해, 동양인들은 알코올 탈수소효소의 양이 알데히드 탈수소효소의 양보다 훨씬 많습니다. 이러한 이유로 서양인들은 섭취한 알코올이 알코올 탈수소효소가 분해할 수 있는 적정량에 도달하면 더 이상 술을 마시지 못하고, 분해된 아세트알데히드는 알데히드 탈수소효소에 의해 초산으로 분해됩니다. 그러나 동양인들은 알코올 탈수소효소가 높기 때문에 알데히드 탈수소효소가 축적된 아세트알데히드를 더 이상 분해하지 못하더라도 알코올을 계속 마실 수 있습니다. 따라서 몸에는 초산으로 분해되지 못하고 남은 아세트알데히드가 축적이 됩니다. 이것이 숙취의 원인입니다. 술을 먹은 다음날 아침 입에서 나는 신 냄새가 아세트알데히드 냄새입니다.

왜 서양인들은 두 효소의 양이 비슷하여 숙취가 없는데, 동양인들은 알코올 탈수소효소가 항상 더 높아 과음을 할 수 있게 되고 결국 숙취를 겪게 될까요? 과거에는 동서양 모두 물이 깨끗하지 못하였습니다. 서양인들은 깨끗하지 못한 물 때문에 술을 발효시켜 먹었습니다. 와인의 역사는 고대 문명까지 올라갑니다. 성경에 보면 노아가 포도나무를 심고 포도주를 마셨다는 구절이 있습니다(창세기 9장 20~21절). 19세기에 와서야 당이 발효에 의해 알코올이 된다는 사실을 알게 되었으며 1860년 파스퇴르가 미생물의 작용으로 발효와 부패가 일어난다는 이론을 주장하면서, 와인 제조가 새로운 국면을 맞게 되었습니다. 맥주의 역사도 비슷하다고 할 수 있습니다. 이집트의 맥주 양조에 대한 유적은 기원전 3000년경으로 거슬러 올라갑니다. 기원전 1500년경의 무덤에서는 비교적 상세하게 맥주 제조에 관한 기록이 발견되었습니다. 현재와 비슷한 맥주는 8세기에 중부 유럽에서 홉이 재배되면서 만들어졌으리라 여겨집니다. 그러나 근대 맥주 양조는 19세기 산업혁명과 더불어 시작되었다고 보고 있습니다. 그 후 파스퇴르가 열처리 살균법을 발견하면서 맥주의 장기 보관이 가능해졌고 덴마크의 한센이 효모의 순수 배양법을 발명함으로써 맥주의 질을 한 단계 높였다고 할 수 있습니다.

동양인은 물이 깨끗하지 못하여 차(茶)를 마셨습니다. 동양 최초의 발생지는 당연히 중국입니다. 차의 역사는 기원전 2600년쯤으로 거슬러 올라갑니다. 약 2000년 전에 쓰인 《신농본초경》에 중국 의학의 기초를 세운 신농씨가 차를 복용했다는 기록이 나옵니다. 그때는 약재로 사용되었으며, 실제 차가 음료수로 사용되기 시작한 것은 기원전 1세기경 전한 시대라고 기록되어 있습니다. 일상생활에서 없어서는 안 될 음료로 전 중국으로 확산된 시기는 7~10세기경으로 보는 것이 타당하다고 합니다. 우리나라의 차 역사는 신라 시대로 거슬러 올라갑니다. 신라 흥덕왕 때 당나라 사신으로 갔던 김대렴이 차씨를 가지고 왔고, 흥덕왕이 지리산 쌍계사와 화엄사 일대에 심었다는 기록이 있습니다. 이는 현재 경남이나 전남 일대 사찰 주변에 차가 많이 분포된 이유이기도 합니다. 서양인들은 물 대신 술을 마셨기 때문에 두 효소의 발현 양이 비슷하여 숙취가 없는 방향을 진화되었으며, 동양들은 차를 많이 마셨기 때문에 구태여 이들 효소가 같은 양으로 발현될 필요가 없어 차이가 나는 것으로 여겨집니다.

## 고혈압과 소금 이야기

사람이 살아가는 데 가장 필수적인 것은 무엇일까요? 첫 번째로 중요한 것은 공기(또는 산소)입니다. 사람은 공기 없이 5분 정도 버틸 수 있습니다. 그 이상이면 뇌 손상이 오고 10분이 넘으면 회복이 불가능합니다. 두 번째로 중요한 것은 물입니다. 여건에 따라 다르겠지만 물 없이 사람이 버틸 수 있는 시간은 1~2주일 정도입니다. 그 다음으로 중요한 것은 소금입니다. 물을 마시며 소금을 공급하게 되면 6주 정도는 버틸 수 있습니다. 마지막으로 중요한 것은 음식이겠지요.

소금의 어원에 대해서는 여러 가지 설이 있습니다. 소금(牛金)은 '소나 금처럼 귀한 것', 소금(小金)은 '작은 금', 또 소금(素金)은 '하얀 금'이라는 등 다양한 어원이 제시되고 있습니다. 확실한 것은 상당히 귀하다(金)는 의미가 있다는 것입니다. 지금은 천덕꾸러기가 되다시피 한 이 소금에 대해 이야기해 볼까 합니다. 옛날에 소금은 획득하기 위해 전쟁이 벌어지고 국가 부를 축적하는 중요한 매개체가 될 정도로 귀한 식재료였습니다. 1611년에 일어났던 소금전쟁은 오스트리아 잘츠부르크의 대주교인 볼프 디트리히와 독일 바이에른 막시밀리안 1세 사이에 소금의 도시 잘츠부르크를 두고 벌어졌던 전쟁이었습니다[참고로 잘츠부르크(Salzburg)는 Salz(소금)와 Burg(성)의 합성어로 '소금성'이라는 뜻입니다]. 옛날에는 전쟁을 일으킬 정도로 귀한 소금이 현대에 와서는 고혈압이나 성인 질병을 일으키는 천덕꾸러기가 된 듯합니다. 과연 그럴까요?

사람은 소금을 섭취해야 합니다. 우리 혈액이나 체액이 0.9%의 염분을 유지하고 있기 때문입니다. 따라서 앞서 언급한 바와 같이 소금은 공기 및 물과 함께 사람의 생명을 유지하는 필수적인 물질입니다. 소금은 신진대사를 촉진하고, 체액의 삼투압을 일정하게 유지시키며, 산과 알칼리의 균형을 유지시켜 줍니다. 사람의 건강을 해치는 최대의 적은 신진대사의 이상입니다. 신진대사는 사람에게 에너지를 공급하는 가장 중요한 생명 활동입니다. 신진대사가 원활하지 못하면 혈액에서는 산성화가 일어나고 신체의 면역성은 약화됩니다. 실험에 의하면 병자의 환부에서 뽑아낸 피에 소금을 넣어주면 피가 깨끗하게 정화된다고 합니다. 우리가 병원에 입원하자마자 꽂아주는 주사가 링거입니다. 이 링거는 0.9%의 소금물에 포도당이 들어 있습니다. 링거를 놓는 것은 환자의 신진대사를 원활하게 하여 에너지를 공급하기 위함입니다.

음식물을 먹지 않은 공복에 소금물을 마시면, 소금물은 위를 거쳐 장으로 들어갑니다. 장에는 우리 몸에 있는 박테리아의 90%가 살고 있습니다. 소금은 외부에서 침투한 병원균에는 살균력이 있지만 우리 몸속에 있는 유산균 등 이로운 균은 죽이지 않습니다. 소금물은 삼투압 작용으로 숙변을 제거하거나 외부에서 침투한 병원균을 제거할 수 있기 때문에 장 청소에 사용되기도 합니다.

그런데 언제부턴가 이런 소금이 사람에게 질병을 일으키는 원흉이 되었습니다. 더 나아가 보건복지부에서는 2006년 소금과의 전쟁을 선포하였습니다(물론 잘츠부르크를 공격하는 전쟁은 아니었습니다). 그 전쟁은 한국인 식생활의 주 반찬인 김치류와 고추장 · 된장 · 간장 등 장류가 소금 과다 섭취를 불러오고 이것이 한국인의 고질병인 고혈압 등 성인 질병의 원인이 되기 때문에 이들의 섭취를 줄이자는 것이었습니다. 이것이 과연 옳은 일일까요? 소금에 대한 적대정책이 오히려 우리의 건강을 위협하고 있을지도 모릅니다.

우리 몸에 필요한 소금의 농도가 가장 잘 유지되고 있는 장기가 심장입니다. 옛날부터 우리는 심장을 다른 말로 염통(鹽桶)이라고 하였습니다. '소금을 담고 있는 그릇'이라는 뜻이지요. 공교롭게도 이 심장에서만큼은 암이 발생하지 않습니다. 심장암이라는 걸 들어보았나요? 미국 뉴욕 코넬대학 병원의 연구진은, 미국 고혈압 환자의 30% 정도는 섭취하는 소금 양을 줄여야 하지만, 약 70%의 환자는 소금을 적게 먹으면 오히려 병세가 악화된다는 연구 결과를 발표하였습니다. 사이언스 지에 발표된 연구 결과에 따르면, 고혈압은 식품 속에 포함되어 있는 염분의 과잉 섭취 때문에 일어나는 것이 아니라 칼슘 섭취량의 부족 때문에 일어난다고 합니다.

그렇다면 왜 하나의 소금을 두고 전혀 상반된 의견이 나오는 걸까요? 이를 알기 위해서는 우리가 먹는 소금 성분을 주시해야 합니다. 소금은 화학식 NaCl로서 Cl인 염화물 61%, Na인 나트륨 39%로 구성되어 있습니다. 이 두 원소는 비교적 느슨한 결합인 이온결합을 통해서 흰색인 정육면체의 결정을 만들고 있습니다. 이 소금 결정체는 비교적 느슨한 결합을 하기 때문에, 부서지기 쉽고 정육면체 사이에 다양한 불순물들이 들어갈 수 있습니다. 우리가 다양한 색의 소금을 보게 되는 것은 소금 정육면체 사이에 여러 불순물들이 있기 때문입니다. 예를 들어 자주색을 띠는 죽염의 경우, 대나무 통에 소금을 넣고 가마에서 아홉 번을 반복하여 열로 구워내는 제조 과정에서 대나무의 어떤 성분이 소금의 정육면체 사이에 들어감으로써 자주색을 띠게 됩니다. 일반적으로 소금에 열을 가하면, 햇빛 건조 과정에서 제거하지 못한 간수나 유해 물질을 제거할 수 있기 때문에 고온에서 구운 소금은 그만큼 유해 물질이 적고 건강에 더 좋은 소금이라고 할 수 있는 것이지요. 소금 속에 들어 있는 간수는 혈액을 응고시켜 혈액을 탁하게 하고 혈류를 방해하여 고혈압의 주범이 됩니다.

이제 소금에 대한 오해를 풀어야 할 때입니다. 소금은 분명 이중성이 있습니다. 소금은 우리에게 적절하면 유용하지만, 과하면 분명 독이 되기도 합니다. 따라서 소금을 어떻게 먹느냐에 따라 약이 될 수도 있고 독이 될 수도 있습니다. 먼저 고온에 구운 소금은 유해 성분이 없어서 좋을 것입니다. 소금은 지역이나 풍토에 따라 섭취량이 달라야 합니다. 북극에 사는 에스키모들은 소금을 전혀 먹지 않아도 건강하게 삽니다. 그 이유는 염분이 높은 물고기나 짐승을 주식으로 삼기 때문에 간접적으로 섭취하는 효과가 있으며, 땀을 많이 흘리지 않으므로 소금을 따로 먹을 필요가 없지요. 우리나라는 어떻습니까? 주로 채식 위주의 식사를 했던 우리 선조들은 채소에 나트륨이 부족하기 때문에 소금에 절여 김치를 만들어 먹었고 간장이나 된장을 만들어 먹었습니다. 육류를 많이 먹는 서양인들이 만들어 놓은 소금 섭취량 기준을 너무 간단하게 무작정 받아들이는 것은 옳지 못합니다. 소금이 해롭다고 생각하기 이전에 우리 선조들의 지혜를 생각했으면 합니다. 우리 선조들이 사용한 소금은 지금 우리가 사용하는 소금에 비해 유해 성분들도 훨씬 적었다는 것을 알아야겠지요.

지금까지 소금에 대한 예찬론을 펼쳤으니 이제 염분과 고혈압에 대해 간단히 이야기하겠습니다. 아프리카 인들은 더운 지방에서 땀을 많이 흘리기 때문에 소금에 매우 민감하고 소금을 많이 공급해 주어야 합니다. 아프리카 인들이 노예선에 실려 아메리카 대륙으로 건너갈 때 물의 공급이 원활하지 않아 탈수로 희생되는 사람들이 많았습니다. 여기서 살아남은 사람은 염분을 많이 섭취했거나 염분을 많이 유지할 수 있는 체질의 소유자였을 것입니다. 결국 이들 후손들은 염분을 많이 섭취하거나 유지하려는 형질을 물려받아 고혈압에 노출되기 쉬운 부자연스러운 선택을 했다고 볼 수 있습니다.

## 글루코스-6-인산 탈수소효소 이야기

글루코스-6-인산 탈수소효소(G6PD: glucose-6-phosphate dehydrogenase)는 글루코스의 대사에 매우 중요한 효소 중 하나입니다. 이 효소는 글루코스-6-인산(glucose-6-phosphate)을 6-인산글루코네이트(6-phospho gluconate)로 전환하는 데 관여합니다. 이때 전자를 전달할 수 있는 물질인 조효소 중 하나인 $NADP^+$가 NADPH가 됩니다. 이 NADPH는 산화형 글루타티온(GSSG, gluthatione)에 수소를 전달하고 자신은 다시 $NADP^+$가 됩니다. 수소를 받은 글루타티온은 글루타티온 환원효소(gluthatione reductase)에 의해 환원형 글루타티온(GSH)이 되고 이 글루타티온이 세포에 있는 활성산소종(reactive oxygen species)들을 제거합니다. 활성산소종은 에너지 대사과정에서 생기는 부산물로, 혈액세포를 파괴하고 세포에 있는 단백질이나 DNA에 결합하여 기능을 마비시키기도 합니다.

G6PD가 부족하거나 이상이 생기면 어떤 일이 생길까요? 당연히 활성산소종이 증가하고 적혈구가 파괴(용혈)됩니다. 이러한 질병을 유전성 비구상적혈구성 용혈성 빈혈(drug-induced hemolytic anemia)이라고 합니다. 따라서 적혈구의 활성이 10배나 감소하며 용혈성 빈혈이 생기고 황달이 옵니다. 이 질병은 아프리카 출신이거나 아프리카에서 이주한 조상을 둔 미국인에게는 열 명 중 한 명꼴로 발병하는 병입니다.

말라리아는 아프리카에서 매우 무서운 질병입니다. 매년 전 세계 5억 명이 감염되는 가운데 아프리카에서만 약 100만 명이 말라리아로 목숨을 잃습니다. 말라리아를 유발하는 기생충(*Palsmodium*)은 열대열원충, 삼일열원충, 난형열원충, 사일열원충 등 네 종류가 있습니다. 이 기생충을 옮기는 녀석은 모기입니다. 모기에 물림으로써 사람과 사람 간에 전파가 일어납니다. 이 열원충들은 G6PD가 부족한 유전성 비구상적혈구성 용혈성 빈혈을 가진 사람의 적혈구를 싫어합니다. 다시 말해 이 질병을 가진 사람들은 말라리아에 잘 걸리지 않는 것이지요. 이는 아프리카에서 말라리아에 걸리지 않고 살아남은 사람들의 후손들이 이 질병을 가지게 되는, 진화의 또 다른 아이러니라 할 수 있습니다. 참고로 2011년 태국과 말레이시아 등 동남아시아에서 창궐하여 수만 명의 목숨을 앗아간 신종 말라리아는 새롭게 등장한 놀레시열원충(*P. knowlesi*) 때문입니다. 말라리아를 일으키는 열원충도 인플루엔자의 변형에 의해 생기는 신종플루처럼 지속적으로 변형되어 나타나고 있습니다.

## 맹장 이야기

사람은 왜 아무짝에도 쓸모없어 보이는 맹장을 여전히 가지고 있을까요? 인체는 먹은 음식을 위에서 분해하고 일부를 소화시킨 다음, 소장으로 보내 다시 소화활동을 시작합니다. 소장에서 소화가 덜 된 음식 찌꺼기는 대장으로 보내져 다시 흡수되지요. 소장의 끝 부분은 회장이며, 대장의 첫 부분은 맹장입니다. 따라서 맹장은 회장과 연결됩니다. 맹장과 회장 사이에는 맹장으로 내려가는 내용물의 속도를 조절하고 역류를 막아주는 회장맹장판막이 있습니다. 되새김질을 하는 초식동물들은 맹장의 크기가 크고, 육식동물은 맹장이 퇴화되어 거의 없거나 아예 없습니다. 맹장의 끝 부분에는 충수돌기가 있는데 우리가 흔히 말하는 맹장염이란 이 충수돌기에 염증이 생기는 것입니다. 인간의 경우는 오랜 기간의 진화를 통해서 소화 기능은 상실하고 충수돌기만이 남아 있다고 생각하면 되겠습니다.

우리 몸 내외에서 우리와 함께 사는 박테리아의 수는 우리 몸을 구성하고 있는 세포의 10배에 이릅니다. 단식을 하거나 장 청소를 하거나 설사병을 앓을 때는 장내 미생물 대부분이 함께 체외로 배출되어 장내 미생물 사이에는 불균형이 발생합니다. 특히 질병에 의한 설사인 경우, 면역력이 떨어졌을 때 장내 미생물이 배출되면서 유해 병원균이 장내에 유입되는데 이때 장내 미생물의 불균형은 심각한 위험을 초래할 수 있습니다. 우리 장내에는 비록 유해한 미생물이 일부 있더라도 유용한 미생물이 다량 존재하기 때문에 균형을 유지하면서 질병으로 이어지지 않게 됩니다. 그러나 설사로 많은 유용한 미생물이 쓸려 내려가고 유해한 미생물이 외부에서 유입된다면, 이 유해한 미생물이 급속도로 성장하고 우리 장이 유해한 미생물에 지배되는 불균형이 초래될 수 있습니다. 이 경우 우리는 심각한 질병에 노출될 수밖에 없습니다.

충수돌기는 균형 있는 장내 미생물의 저장고 역할을 합니다. 진화된 소화 관점에서 보면 충수돌기는 아무짝에도 쓸모없을지 모르지만, 장내 미생물의 저장고로서 맹장은 유해 미생물로부터 감염을 이겨내고 유용한 미생물을 장에 공급하여 장내 미생물의 균형을 유지하는 데 매우 중요한 역할을 합니다. 인간의 식생활이 변화했음에도 불구하고 맹장염이나 일으키는 천덕꾸러기인 것이 아니라, 장내 미생물의 균형을 유지하는 임무를 수행하도록 진화한 것이지요. 인간의 질병을 좀 더 자세히 들여다보면 반드시 합당한 이유가 있다는 것을 깨닫게 될 뿐만 아니라 생명의 신비로움도 느낄 수 있습니다. 여러분들도 그 신비로움을 느껴 보기 바랍니다.

## 노화 이야기

노화란 시간이 흐름에 따라 생명체의 신체 기능이 떨어지는 현상으로, 생명체를 구성하고 있는 세포의 노화는 세포가 분열할 수 있는 능력을 잃어버리는 것으로 정의할 수 있습니다. 노화가 일어나는 원인은 크게 두 가지로 생각할 수 있는데, 하나는 생명체 안에 내제된 노화 프로그램, 생체 시계와 같은 내적인 원인에 의한 것이며, 다른 하나는 외부 또는 주위 환경의 영향에 의해 세포나 신체 기관이 마모되거나 손상을 입어 생명체가 점진적으로 제 기능을 상실하는 외적인 원인에 의한 것입니다.

1961년 헤이플릭(Leonard Hayflick)은 사람의 배세포(fetal cell)를 배양했을 때 40~60번 정도 세포 분열이 일어난 후에는 더 이상 분열이 일어나지 않는다고 발표하였습니다. 다시 말해 세포가 분열함에 있어서 횟수의 제한을 받는다는 것인데, 이를 헤이플릭 한계(Hayflick limit)라고 합니다. 1912년 노벨생리의학상을 수상한 카렐(Alexis Carrel)은 세포 배양이 무한히 이루어지며, 만약 세포의 복제가 더 이상 일어나지 않는다면 최적의 배양 조건이 아니기 때문이라고 발표하였습니다. 실제로 그는 닭의 심장에 있는 섬유모세포를 34년 동안 배양하였습니다. 그러나 그가 배양한 세포는 닭의 줄기세포였다는 것이 후에 밝혀졌습니다. 즉 헤이플릭이 이 결과를 발표하기 전에는 '모든 세포는 무한히 복제되는 영원불멸'인 것으로 인식되어 왔던 것이지요.

1973년 러시아의 생물학자인 올로브니크프(Alexei Olovnikov)가 염색체의 끝에 완전히 복제되지 않는 부분이 있으며 세포 분열이 일어날 때마다 이 부분이 사라지고 있음을 확인하면서 '헤이플릭 한계'를 뒷받침해 주었습니다. 1978년 블랙번(Elizabeth Blackburn)과 갈(Joseph Gall)이 끝 부분에 있는 DNA 염기 부분이 텔로미어(telomere)라는 것을 처음으로 보고하였습니다. 텔로미어는 그리스어로 끝을 의미하는 'telos'와 부분을 의미하는 'meros'에서 유래하였습니다. 이후 블랙번은 정상 세포와 달리 암세포에는 텔로머라제(telomerase)라는 효소가 있어서 세포 분열 시 텔로미어가 떨어지더라드 이 녀석을 계속 붙여주기 때문에 영원불멸하다는 사실을 입증한 업적으로 2009년 노벨 생리의학상을 공동 수상하였습니다. 최근에는 이 사실을 기반으로 텔로머라제와 노화를 연관시키는 연구 결과가 지속적으로 발표되고 있습니다. 생명체에 내재된 프로그램이 있다는 것이 확실해 보이지요? 특이한 것은 줄기세포에도 텔로머라제 효소가 있는 것으로 보고되었는데, 이 부분은 Part Ⅶ에서 자세히 다루도록 하겠습니다.

노화와 관련된 질병으로 조로증(Hutchinson-Gilford Progeria Syndrome)과 베르너증후군(Werner Syndrome)이 있습니다. 조로증은 유전적 이상으로 생기는 질병으로, 신생아 800만 명당 1명꼴로 발생하며, 정상인보다도 성장 속도가 네 배나 빠른 것으로 알려졌습니다. 1886년 영국의 외과의사인 허친슨(Jonathan Hutchinson)과 1887년 영국의 또 다른 외과의사인 길포드(Hastings Gilford)가 처음 발표하여 이들의 이름을 따서 'Hutchinson-Gilford Progeria Syndrome'이라고 명명하였습니다. 조로증은 태어나면서 시작되어 10대 중반까지 진행되기 때문에, 조로증 환자의 평균 수명은 13세에 불과합니다. 라민A 단백질 이상으로 이 질환이 발생하게 되는데 라민A 단백질을 코딩하는 유전자는 *LMNA*입니다. 조로증 환자는 이 유전자의 1,824번째 시토신 염기에 돌연변이가 생겨 티민으로 바뀌어 종결코드로 작용하기 때문에 비정상적으로 짧아진 mRNA로 전사되고 짧은 라민A가 만들어지는 것으로 알려졌습니다. 라민A는 핵막 안쪽에 결합하여 둥근 핵 모양을 유지시켜 주는 구조단백질입니다. 이 단백질의 이상으로 인해 이 환자 세포의 핵은 비정상적으로 찌그러진 모양을 하고 있습니다.

베르너증후군은 1904년 독일의 과학자 베르너(Otto Werner)가 발견한 질병으로, 주로 20대에 노화 증세가 시작되며, 백내장, 당뇨, 동맥경화와 같은 질병으로 이어져 40~50세에 사망에 이르게 합니다. 평균 수명이 47세인 베르너증후군은 자연 노화에서 나타나는 치매, 고혈압, 전립선 비대 증상은 나타나지 않으며, 사망 시에 뇌나 심장은 노화되지 않고 젊은 상태를 유지한다고 합니다. 사람의 8번 염색체에 있는 *WRN* 유전자의 돌연변이로 생기는데, 이 유전자는 DNA 헬리카제(DNA helicase)를 코딩하는 유전자입니다. DNA 복제, 전사, DNA 수선(DNA repair)이 일어날 때 두 가닥의 DNA가 분리되어야 하는데 DNA 헬리카제는 바로 두 개의 DNA 가닥을 분리시키는 효소입니다. 이 효소에 이상이 생기면 당연히 DNA 복제와 전사 작용, DNA 수선 등에 이상이 생기게 되겠지요. 또 다른 특이사항은 이 환자의 세포에 있는 텔로미어가 매우 빠른 속도로 사라진다는 것입니다. 불행하게도 *WRN* 유전자와 텔로미어의 불안정성 사이에 어떤 관계가 있는지에 대해서는 알려진 바가 없습니다.

지금까지 우리는 노화와 관련된 두 질병을 통해서 세포 내에 내재하고 있는 노화의 원인을 알아보았습니다. 노인 세포 핵막의 결함과 조로증 환자의 세포 핵막의 결함이 서로 유사한 것으로 밝혀졌습니다. 이는 노화와 라민 A가 밀접한 상관관계를 가진다는 것을 보여주는 것입니다. 텔로미어가 없으면 세포가 더 이상 분열할 수 없어 노화가 일어나는데, 베르너증후군 환자의 세포에는 텔로미어가 매우 불안정합니다. 우리는 베르너증후군을 통해서 텔로미어와 연관된 노화 관계도 알아보았습니다. *WRN* 유전자와 텔로미어의 빠른 파괴의 연관성을 밝힌다면 노화에 관한 원인 및 내재된 노화 프로그램을 한 걸음 더 이해할 수 있을 것입니다.

노화에 관한 이론은 아주 많이 발표되었습니다. 그중에 하나는 노화가 체세포 유전자의 손상에 의한 것이라는 이론입니다. 앞에서 살펴본 *LMNA* 및 *WRN* 유전자의 돌연변이가 좋은 예가 되겠지요. 노화의 진화 이론에는 생명체가 종에 따라 그렇게 진화되었다는 관점에서부터, 대사 등 생명활동을 방해하는 쓰레기의 축적에 의해 노화가 일어난다는 설(accumulative-waster theory), 호기성 대사과정에서 생성되는 활성산소종의 축적으로 발생한다는 설, 스트레스에 의해 분비되는 호르몬이 유해 산소를 발생시켜 각종 기관에 영향을 미친다는 설 등이 있습니다. 지금까지 살펴본 노화 이론은 모두가 의미가 있습니다. 따라서 노화는 하나의 원인으로 일어나는 것이 아니며, 생명체를 운영하는 모든 단백질, 유전자, 대사과정 등의 이상이 노화 원인이 될 수 있습니다. 최근에 발표된 흥미 있는 이론은 노화의 네트워크 이론입니다. 시스템생물학적 관점에서 접근한 이론으로, 생명체 내에서 일어나는 다양한 과정이 서로 연결되어 운영되는 생명체 시스템에서 연결고리의 이상으로 노화가 일어난다는 이론입니다. 컴퓨터 모델링이나 생물학적 데이터 축적으로 인해 시스템 관점에서 접근할 수 있는 노화에 대한 연구가 노화를 이해하는 데 기여할 것으로 기대됩니다.

### 잠깐 시스템생물학

2003년 인간게놈 프로젝트의 완성으로 많은 유용한 데이터가 축적이 되고, 더불어 컴퓨터와 생명정보학이 발달하면서 새로운 관점에서 생명체를 보려는 생명과학의 새로운 패러다임이 형성되었습니다. 20세기의 생명과학이 세포에서 일어나는 현상을 분자 수준에서 보는 연구였다면, 21세기의 생명과학은 생명체를 시스템 수준에서 보고자 하는 연구입니다. 생명과학은 복잡계 과학에서 네트워크에 대한 연구의 발달로 생명체를 구성하고 있는 모든 구성요소 간의 상호작용 네트워크를 구축하여 생명 현상을 규명합니다. 하나의 대사 경로나 신호전달 경로를 분석하는 것이 아니라, 경로가 서로 연결되어 있는 네트워크를 중심으로 모델링으로 시뮬레이션합니다. 생명과학 관련 대용량 데이터의 축적이 가능해지면서, 비록 전체는 아니지만 일부분이더라도 생명 현상을 그대로 컴퓨터에서 재연시키는 가상세포(cyber cell)를 구축하여 생명 현상을 이해합니다. 시스템 수준에서 생명 현상을 이해하려는 이러한 연구 분야를 시스템생물학(Systems biology)이라고 합니다.

## 프로그램화된 세포의 죽음, 세포사멸 이야기

생명체는 우리가 예상하는 것보다 더욱 정교하게 프로그램화된 시스템입니다. 노화에도 내재된 프로그램이 있듯이, 세포에도 프로그램화된 죽음이 있습니다. 세포는 DNA가 많이 손상되거나 병원균이 침입하여 복구가 어려울 정도로 피해를 입은 경우 혹은 다른 다양한 원인에 의해 스스로 죽음을 택하게 됩니다. 이를 우리는 프로그램화된 세포 죽음(PCD, programmed cell death), 아포토시스(apoptosis), 세포의 자살 또는 세포사멸이라고 부릅니다. 이들은 모두 같은 말로, 이 책에서는 세포사멸로 통일하겠습니다. 세포사멸 이외에 또 다른 죽음이 있는데, 병원균이나 기타 외부 요인에 의해 원치 않는 죽음을 당하는 경우입니다. 이를 세포괴사(necrosis)라고 합니다. 세포사멸과 세포괴사는 형태학적으로 쉽게 구분되는데, 세포사멸로 인한 죽음에서는 세포의 수축이 일어나고, 핵이 잘게 쪼개지며, 염색질이 응축되고, DNA는 잘게 조각이 납니다. 이 응축되고 조각난 세포 내용물들이 작은 막(apoptotic body)에 쌓여 다른 세포에 흡수되어 재생되는 과정을 거칩니다. 이 과정은 깨끗하게 처리되기 때문에 염증 반응이 일어나지 않습니다. 이에 반해 세포괴사로 인한 죽음에서는 세포사멸에서 나타나는 전형적인 형태 변화는 일어나지 않고, 세포가 부풀어 올라 터져 염증 반응을 일으킵니다. 염증 반응을 일으키면 마치고름을 제거하듯 제거되어야 하기 때문에 해당 세포는 다시 사용할 수

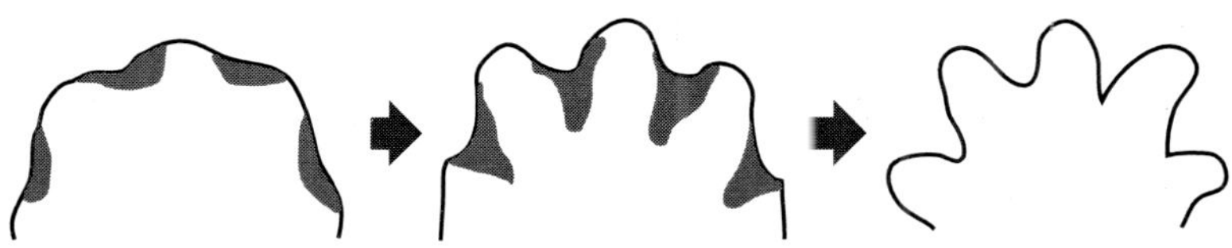

수 없습니다.

세포사멸은 다른 세포에 나쁜 영향을 끼치지 않기 위해서 스스로 죽음을 선택하는 프로그램이기 때문에 다세포 생명체(multiple cellular organism)에서 일어나는 것으로 알려져 있습니다. 그러나 필자를 비롯한 학자들의 최근 연구에 따르면, 진핵세포인 효모에서도 세포사멸이 일어나는 것으로 알려졌습니다. 물론 원핵세포인 박테리아와 같은 생명체에서 이러한 프로그램이 있다는 보고는 없습니다.

발생 과정에서 세포사멸은 필수적입니다. 아기의 손이 만들어지는 과정을 보면 아주 명확합니다. 그림에서 보는 바와 같이 먼저 둥근 손이 만들어져 점진적으로 다섯 손가락이 만들어지는데, 첫 번째와 두 번째 그림에서 음영으로 표시한 부분이 세포사멸이 일어나는 자리입니다. 이 부분의 세포가 자살함으로써 그 내용물은 다른 세포로 들어가 재생이 되고 손은 다섯 손가락의 형태를 갖추게 됩니다. 또 다른 발생 과정에서 일어나는 세포사멸은 올챙이가 개구리로 변하는 과정에서 볼 수 있습니다. 올챙이 꼬리가 사라지면서 개구리가 될 때 꼬리 부분의 세포는 사멸이 일어나고 꼬리 부분에 있던 세포 내용물들은 인접한 세포에 흡수되어 튼튼한 개구리 다리를 만드는데 사용됩니다.

우리 주위의 나뭇잎, 채소 잎 등과 같은 식물 잎에서도 세포사멸현상을 쉽게 관찰할 수 있습니다. 사진의 왼쪽 나뭇잎을 보면 푸른 잎 군데군데에 갈색의 마른 부위가 보이는데, 이 마른 부위가 세포사멸이 일어난 자리입니다. 병원균이 침입했을 때 병원균이 잎 전체로 확산되는 것을 막기 위해 병원균에 감염된 세포들이 프로그램화된

죽음을 택함으로써 병원균의 확산을 막은 것이지요. 자신을 희생하여 다른 세포를 살리려는 거룩한 죽음의 결과입니다. 이러한 죽음을 식물에서는 식물세포의 사멸 또는 식물의 노쇠화(senescence)라고도 합니다. 식물의 노쇠화는 노화(aging)와 구별되는데, 사진의 오른쪽에 있는 단풍나무를 보면, 햇볕을 잘 받는 윗부분은 이미 단풍잎으로 변했지만 햇볕이 잘 들지 않는 아랫부분은 여전이 녹색 잎을 가지고 있는 것을 볼 수 있습니다. 단풍이 일찍 든 것은 햇볕을 많이 받아 광합성을 활발히 하였기에 일찍 노화가 일어난 결과입니다. 반면 나무의 아랫부분에 있는 나뭇잎은 햇볕을 많이 받지 않아 광합성을 충분히 하지 못했고 여전히 광합성을 할 수 있는 능력이 잠재되어 있기 때문에 노화가 일어나지 않은 녹색 잎을 가지고 있습니다. 식물도 세포사멸이 있으며 노화도 있습니다. 우리가 아름답다고 이야기하는 단풍잎은 식물세포의 노화의 전형적인 사례입니다.

세포사멸은 질병과도 밀접한 관계가 있습니다. DNA 손상이 생기거나 분열 과정에서 세포가 잘못 만들어지는 경우, 세포는 스스로 죽음을 택해 다른 세포에 악영향을 끼치지 말아야 합니다. 같은 원리를 적용하면 암세포도 잘못된 세포이기에 반드시 세포사멸이 일어나서 더 이상 증식되지 말아야 합니다. 그러나 암세포는 똑똑한 녀석이기 때문에 자신의 세포사멸 기능을 마비시킵니다. 이로 인해 암세포가 비록 잘못된 세포임에도 불구하고 세포사멸이 일어나지 않아서 암세포의 증식이 빠르게 일어날 수 있습니다. 따라서 암은 세포사멸이 일어나지 않아서 생기는 질병이라 하겠습니다. 면역 관련 질환인 AIDS의 경우는 반대 현상이 일어납니다. HIV가 몸에 침투하면 면역세포들이 정상임에도 불구하고 스스로 세포사멸의 길을 걷게 됩니다. 후천성 면역결핍증이 생기는 이유이지요. 또 다른 신경질환인 파킨슨 병은 신경세포가 스스로 죽음을 택한 결과로 신경세포 중간 중간에 생긴 공간 때문에 신경물질이나 신경신호가 제대로 전달되지 않게 되는 질병입니다. 이는 세포사멸이 일어나지 않아도 되는데 세포사멸이 일어나서 질병이 생기는 대표적인 예이지요. 세포사멸은 생명체가 진화 과정에서 선택한 탁월한 프로그램입니다. 그러나 탁월한 선택도 잘못 사용되면 질병으로 이어지는 것이 생명체입니다.

## 손을 사용한 인간의 진화가 불러온 딜레마, 힘든 분만

인간이 위대한 것은 도구를 사용하도록 진화되었기 때문입니다. 인간이 도구를 사용하기 위해서는 앞발을 손으로 전환하는 획기적인 도약, 즉 진화가 있었습니다. 손을 사용한다는 것은 직립보행을 의미합니다. 구석기 시대의 인간은 오스트랄로피테쿠스(*Australopithecus*)에서 호모 하빌리스(*H. habilis*), 호모 에렉투스(*H. erectus*), 호모 사피엔스(*H. sapiens*), 호모 사피엔스 사피엔스(*H. sapiens sapiens*)로 이어집니다. 오스트랄로피테쿠스는 유인원과 인류의 중간 형태로, 사람원숭이 정도로 생각하면 될 것입니다. 인류의 상징인 호모를 처음으로 사용한 인류인 호모 하빌리스는 손을 사용한 사람이라는 뜻입니다. 호모 에렉투스는 곧게 선 사람이라는 뜻이며, 불을 처음 사용하였고 처음으로 아프리카를 떠난 사람입니다. 자바나 베이징 원인이 이에 속합니다. 호모 사피엔스는 슬기로운 사람이라는 의미이며, 호모 사피엔스 사피엔스는 슬기로운 사람을 강조하는 의미로, 현생인류로서 대표적으로 크로마뇽인이 여기에 해당됩니다.

인류는 이처럼 슬기로운 사람으로 진화를 거듭하였습니다. 이런 진화의 과정에서 나타난 직립보행은 어떤 부산물을 가져왔을까요? 인간의 출산은 동물에 비해서 더 위험하고, 시간도 더 오래 걸리고, 산통도 매우 심합니다. 인류가 손을 사용하기 위해 선택한 직립보행이 야기한 위험천만한 일이 분만입니다. 직립보행으로 인간은 상체의 무게를 견디도록 진화하였습니다. 자궁이 있는 곳은 넓지만 산도 입구는 좁아지고 출구 쪽은 더 좁아지도록 진화하였습니다. 인간 내부의 기관이나 내용물들이 밖으로 누출되는 것을 방지하기 위해서였습니다. 평상시에는 닫혀 있다가 출산할 때 산도가 열리도록 진화되었지만 열리는 정도에는 한계가 있습니다. 여기서 발생한 것이 산통입니다. 동물들은 태어나자마자 얼마 지나지 않아 일어서고, 걷기도 하고, 달리기도 합니다. 사람은 어떻습니까? 거의 1년이 지나서야 일어서는 정도입니다. 왜 인간의 발달은 이처럼 더디게 진행될까요? 동물들은 두뇌가 완성되어 태어나는 데 반해, 인간은 산도가 좁기 때문에 태어난 후 두개골이 커지도록 진화되었습니다. 출산 과정에서 산도를 열기 위해 어머니의 골반이 벌어집니다. 유아의 두개골은 봉합선으로 연결되어 매우 유연합니다. 태어날 때 좁은 산도를 통과하기 위해 두개골이 봉합선을 따라 서로 밀착하여 머리는 작아지게 됩니다. 태어난 후 유아의 두개골은 다시 원래 상태로 돌아갑니다. 따라서 인간의 머리는 태어날 때 미완성인 상태였다가 생후 12~18개월에 붙기 시작하여 성인이 되어서야 완성됩니다. 생후 3개월까지 아기가 스스로 할 수 있는 일은 우는 것 이외에 아무것도 없습니다. 도구를 사용하기 위해 직립보행을 선택한 것은 산모에게는 위험천만한 고통을, 아기에게는 1년 동안 아무것도 할 수 없는 무기력함을 주었습니다. 진화의 가장 높은 의자에 앉아 있는 인간은 이 미완성을 그대로 두고 보기만 했을까요? 이 미완성기에 신생아들이 무엇을 할지 생각해 보기 바랍니다.

### 정리합시다

- 프로그램화된 세포의 죽음, 즉 세포사멸에 대해 정리합시다.
- 텔로미어와 텔로머라제에 대해 정리합시다.
- 시스템생물학에 대해 정리합시다.

### □ 더 읽어야 할 문헌

- 아파야 산다, 새론 모알렘, 김소영 옮김, 김영사, 2010년.

PART Ⅵ

# 사람이라는 행성

### 베토벤 합창 교향곡
*Symphony No. 9 in D minor Op. 125, Choral*

베토벤이 무려 30년 이상에 걸쳐 완성한 교향곡으로, 인생의 희로애락, 자신의 인생관, 함께하는 기쁨의 세계관이 담겨 있습니다. 독일 통일을 기념하여 베를린 광장에서 베를린 심포니 오케스트라가 카라얀(Karajan)의 지휘로 이 곡을 연주하였습니다. 인체는 박테리아, 바이러스, 다른 생명체, 나아가서 무생물과도 함께 어울려 살아갑니다. 사람의 몸이 합창 그 자체인 것이지요.

## 박테리아의 세계에 온 것을 환영합니다

● 돼지 여덟 마리와 개 한 마리가 함께 산다면 우리는 그곳을 개집이라고 할까요? 돼지우리라고 할까요? 우리를 구성하고 있는 세포의 수는 약 60조 개입니다. 그런데 우리 몸속이나 바깥 피부에 함께 살고 있는 박테리아 수는 세포 수의 10배인 600조 개에 달합니다. 우리는 인간으로서 사는 것일까요? 박테리아로 사는 것일까요? 숫자로 보면 분명 박테리아가 우세하지만 우리는 우리 의지대로 살아가기에 인간인 것입니다. 태양계에 행성이 태양보다 더 많더라도 태양계라고 하듯이 말입니다. 우리 몸에는 우리 세포보다도 훨씬 더 많은 박테리아가 살아가고 있습니다. 아마도 우리 몸속에서 유일한 무균실은 어머니의 자궁일 것입니다. 여기서 아기가 자라다가 산도를 통해 바깥세상으로 나오게 되지요. 아기가 태어나는 순간, "박테리아의 세계에 오신 것을 환영합니다."라고 인사

해야 할지도 모릅니다.

어머니의 산도에는 젖산균이 있습니다. 아기가 산도를 통해서 나올 때 아기 몸은 젖산균으로 코팅이 되고 아기는 태어나면서 상당량의 젖산균을 삼키게 되겠지요. 젖산균이 제일 먼저 아기의 탄생을 축복해 줍니다. 비피더스균은 어머니의 유두에서 사는데, 아기가 처음 젖을 빨 때 아기 몸으로 이동합니다. 이 두 균은 방어력이 강하여 신생아의 체내에서 다른 병원균들이 서식지를 점령하지 못하도록 파수꾼 역할을 합니다. 이어서 살리바리우스균과 연쇄상구균들이 아기 몸속에서 서식하며 아기의 건강을 지키게 됩니다. 제왕절개보다도 자연분만이, 우유보다도 모유가 훨씬 더 아기 건강에 좋겠지요.

아기가 태어난 지 6개월이 지나면 첫 이가 나게 됩니다. 이때 아기의 입속에서는 100종이 넘는 100억 마리 이상의 박테리아가 살게 됩니다. 우리 몸속의 장은 박테리아의 놀이터입니다. 이 놀이터에는 인간 몸에 거주하는 박테리아의 80%가 살아가고 있는데 그 수는 약 500조 마리에 달합니다. 우리의 피부는 어떨까요? 피부에는 적어도 40여 종의 박테리아가 사는데 1제곱센티미터에는 약 1천만 마리가 살아가고 있습니다. 이들 박테리아 중에는 우리를 이롭게 하는, 즉 공생하는 박테리아도 있고 우리에게 해로운 박테리아도 있습니다. 비록 해롭더라도 더불어 살면서 적응해 나가는 것이지요.

## 미생물이 비만을 조절한다고?

2006년도에 네이처 지에는 아주 재미있는 연구 결과가 실렸습니다. 이 논문을 발표한 주인공은 미주리 주 워싱턴대학교의 고든(Jeffrey Gorden)박사로, 동료와 함께 비만자 12명의 대변과 날씬한 사람 5명의 대변에서 자라는 박테리아를 분석하였습니다. 그 결과 다른 박테리아는 거의 비슷하나 비만자의 대변에는 박테리오데이트(Bacteriodetes)보다는 피르미큐트(Firmicutes)가 더 많고 날씬한 사람의 대변에는 반대로 피르미큐트보다 박테리오데이트가 더 많다는 것을 발견했습니다. 비만자가 1년 동안 다이어트를 실시하여 날씬한 사람이 되었는데, 이때 다이어트를 한 이 사람의 대변 중 피르미큐트는 감소하고 박테리오데이트가 증가했다는 것을 밝힌 것이지요. 이번에는 생쥐실험을 했습니다. 한 무균생쥐 그룹에는 비만생쥐의 장내 박테리아 표본을 주입하고 다른 무균생쥐 그룹에는 날씬한 생쥐의 장내 박테리아 표본을 주입하였습니다. 동일한 사료를 먹였는데 비만생쥐의 박테리아를 받은 생쥐의 체지방이 증가하였습니다. 이는 동일한 사료를 먹이더라도 흡수력이 증가하여 지방이 축적되었기 때문입니다. 피르미큐트가 장에서 지방을 더 많이 분해하여 사람에게 더 많은 체지방을 축적해주기 때문입니다. 그렇다면 뚱뚱한 사람과 자주 접촉하면, 피르미큐트를 전달 받아 날씬한 사람도 뚱뚱해질까요? 걱정할 필요가 없습니다. Part Ⅴ에서 언급한 것처럼, 설사병을 앓더라도 맹장에 저장된 미생물들이 장내의 균형을 맞추듯 인간은 원래 박테리아 구성비를 회복하는 능력을 가지기 때문입니다. 비만자가 다이어트를 하여 체지방을 줄이면 비만자의 장내에 있는 미생물들의 구성비를 자기 스스로 조정하여 피르미큐트보다 박테리오데이트가 더 많도록 조절할 수 있겠지요.

## 기생충이 숙주를 조정한다고?

우리 인간은 박테리아뿐만 아니라 기생충, 곰팡이에 이르기까지 다양한 생명체와 함께 살아갑니다. 서로 협조하면서 살아가기도 하지만 숙주를 해치는 관계 속에서도 살아가지요. 기생충, 박테리아, 나아가서 바이러스조차도 숙주를 조정하고 있다는 사실이 속속 밝혀지고 있습니다. 이제 여기서, 이 생명체들이 숙주를 조정하여 자신이 살아가는 방법에 대해 알아보도록 하겠습니다.

톡소플라즈마 곤디(toxoplasma gondii)는 건강한 사람에게는 무증상혹은 가벼운 감기와 비슷한 증상을 보이지만 큰 질환을 앓고 있는 면역이 약한 사람에게는 심각한 질환을 일으킬 수 있습니다. 만약 임산부가 감염될 경우 유산을 유발할 수 있으며 태어나더라도 선천적 톡소플라즈마증이라는 뇌질환을 평생 안고 살아갈 수도 있습니다. 전 세계 인구의 약 33%가 이 곤디에 대한 항체를 갖고 있는 것으로 밝혀졌는데, 이는 전 세계 인구의 3분의 1이 살아가면서 자신도 모르는 사이 한 번쯤 이 곤디를 경험했다는 뜻이기도 합니다.

이 곤디의 유성생식을 위한 최종 목적지는 고양이입니다. 고양이의 배설물에 이 기생충의 접합낭자가 포함되어 있습니다. 이 배설물을 설치류나 조류가 먹게 되면 감염이 됩니다. 곤디가 숙주에 들어가면 숙주를 조정합니다. 예를 들어, 쥐를 굼뜨게 하고 게으름을 피우게 하여 살이 찌도록 하고 고양이를 두려워하지 않는 마음이 생기도록 합니다. 당연히 고양이에게 잡아먹히게 되겠지요. 곤디는 숙주를 조종하여 유성생식을 위한 최종 목적지인 고양이에게 도달하게 됩니다.

여기서 잠깐, 2012년 8월 ≪임상정신의학저널(J of Clinical Psychiatry)≫에 실린 최근 연구결과를 소개하겠습니다. 곤디가 쥐뿐만 아니라 사람도 조종할 수 있다는 가능성을 제시하였습니다. 이 기생충에 감염된 사람들이 감염되지 않은 사람에 비해 자살위험도가 7배나 높았기 때문입니다. 이 논문은 감염된 기생충이 신경전달물질의 변화를 일으켜 우울증이나 자살 충동을 일으키게 한다고 보고하였습니다.

겁이 많은 물고기인 가시고기는 연안에서 살다가 산란기에 하천으로 떼를 지어 올라 새처럼 둥지를 지어 번식합니다. 가시고기는 15도의 수온을 좋아하는데 온도가 오르면 기생충이 늘어나기 때문에 본능적으로 꺼리는 특성이 있습니다. 가시고기촌충은 바다새가 최종 목적지입니다. 다시 말해 이 가시고기촌충의 애벌레는 물새의 배설물과 함께 물가에 떨어져서 물벼룩과 같은 요각류에 붙어 있다가 가시고기에 잡아먹히게 됩니다. 가시고기의 몸속에서 충분히 자란 이 촌충은 유성생식을 위해 다시 바다새에게로 돌아가야 합니다. 가시고기촌충은 20도의 수온에서는 20만 개의 알을 낳지만, 15도의 수온에서는 거의 산란을 하지 못하거나 알을 낳더라도 그 수가 1만여 개에 불과합니다. 가시고기촌충은 숙주인 겁이 많은 가시고기를 조종하여 바다새가 내려와도 물속으로 도망가지 않게 할 뿐만 아니라 촌충이 잘 자라는 20도의 물을 찾아가도록 조종합니다.

리베이로이아흡충도 숙주를 조종하는 기생충의 대표적인 예입니다. 이 흡충의 최종목적지는 조류입니다. 이 흡충은 숙주인 개구리를 조종하여 뒷다리 살집을 많게 만들거나 다리를 하나 더 만들어 기형 개구리를 만들어 버립니다. 움직임이 둔한 개구리는 새에게 잡혀 먹기 쉽겠지요. 이 기형 개구리의 주범이 처음에는 농약이나 환경호르몬인 것으로 여기기도 했으나 주범은 리베이로이아 흡충이었습니다.

태국 남부의 열대림에 사는 목수개미는 나무에 구멍을 파고 집을 짓고 사는데 한 나무에서 다른 나무로 이동할 때를 제외하고는 거의 나무에서 내려오지 않습니다. 그런데, 이 목수개미 중 어떤 녀석은 마치 술에 취한 듯 아무데나 다니고 해가 중천에 뜨면 비틀거리다가 나뭇잎을 깨문 채 죽는 일정한 행동을 계속합니다. 미국 펜실베니아 주립대학교 휴스(David Hughes) 교수는 이러한 행동을 하는 개미를 좀비개미(zombie ant)라고 칭하고 이러한 행위를 하는 것이 감염된 곰팡이가 개미를 조종하기 때문이라고 하였습니다. 더욱 재미있는 현상은 좀비처럼 돌아다니다가 나뭇잎에 매달려 죽게 되는데 낮 열두시쯤 지상에서 25센티미터 떨어진 곳으로 그 시간과 장소가 일정하다는 것입니다. 곰팡이가 숙주를 조종하는 놀라운 조종기술이지요. 물론 곰팡이는 좀비개미의 도움으로 나뭇잎에 도착하여 나뭇잎 진액을 먹으면서 번식하게 될 것입니다.

뎅기열(dengue fever)은 모기가 매개가 되는 뎅기 바이러스(dengue virus)에 의해 발병하는 전염병입니다. 전 세계적으로 2010년에는 약 150만 명이 감염되었고 2천 명 이상의 사상자를 낸 전염병입니다. 최근 뎅기 바이러스가 자신을 쉽게 전파시키기 위하여 모기 유전자의 발현을 조정하고 있다는 사실이 밝혀졌습니다. 뎅기열 바이러스에 감염되면 이집트 숲 모기의 유전자 147개의 발현이 변화되는 것으로 확인된 것입니다. 이들 중에서 130개 유전자의 발현은 촉진시키고,

17개 유전자의 발현은 억제한다고 합니다. 발현을 촉진시킨 유전자들의 대부분은 바이러스 전파, 면역, 흡혈(blood-feeding) 등과 같이 사람의 피를 더욱 잘 찾고 냄새를 잘 맡도록 조종하는 유전자를 활성화시키고 있습니다. 바이러스가 숙주를 조종하는 좋은 예입니다.

숙주를 이용하여 세균이 이동되는 경우도 많습니다. 공기나 신체 접촉을 통해서 감염되는 감기나 성병 등은 인간을 적절히 아프게 하여 이동이 가능하게끔 증상을 조종합니다. 모기, 파리, 벼룩 등과 같은 중간 매개체를 활용하는 말라리아나 발진티푸스는 너무 많이 아프게 하여 움직이지도 못하게 만듭니다. 중간 매개체인 모기가 피를 빨더라도 쫓을 기운조차 없도록 만드는 것입니다. 오염된 음식이나 물을 통해서 감염되는 콜레라나 장티푸스는 설사를 하게 만들어 자신의 이동을 용이하게 합니다. 아프리카에서 주위 환경을 개선하여 모기들이 집에 들어오지 못하도록 위생 관리를 철저히 하였는데, 말라리아 걸린 환자들이 어느 정도 돌아다닐 수 있을 정도의 증상을 보였습니다. 같은 해 에티오피아와 칠레에 장티푸스가 유행하였는데 에티오피아 장티푸스 환자는 설사가 매우 심한 반면, 칠레의 장티푸스 환자는 설사가 심하지 않았습니다. 그하 하수구를 정비한 칠레에서는 숙주가 설사가 아닌 다른 이동 경로를 선택했기 때문인 것으로 추정됩니다. 이처럼 인간의 질병조차도 질병을 일으키는 생명체들의 확산이 용이하도록 변화된 양상을 보입니다.

인간은 이처럼, 박테리아, 바이러스, 곰팡이 등 다른 생명체와 별개로 살아가지 않고 이들 생명체들과 더불어 살아갑니다. 즉, 인간은 다양한 생명체가 조화롭게 살아가는 공동체입니다. 사람에게 있는 모든 미생물의 게놈 지도를 완성하여 인간과 더불어 살아가고 있는 미생물들을 분석하고 궁극적으로는 박테리아에 의한 질병을 이해하고자 2008년 미국 국립보건원(NIH)은 인간 마이크로바이옴 프로젝트(HMP: Human Microbiome Project)를 시작하였습니다. 사람의 코, 입, 피부, 위와 장, 그리고 여성의 경우 질에서 자라는 모든 박테리아의 정체를 밝히고, 그들의 게놈을 분석하고 박테리아와 인간 질병의 상관관계를 분석하는 거대한 연구 프로젝트입니다. 아마도 이 프로젝트가 완성되면 인간의 질병에 대한 이해에 획기적인 전환을 가져올 것입니다.

## 질병 어떻게 볼 것인가?

서양의학은 히포크라테스 시대를 그 기원으로 합니다. 당시 의사라는 직업은 가문대대로 이어져 계승되는 경향이 있었고 히포크라테스 또한 집안 대대로 의술에 종사하였으며 세 자녀 중 아들인 테살로스와 드라콘 역시 의사가 되었다고 합니다. 서양의학도 동양의학과 유사한 경향이 있습니다. 그 대표적인 예가 히포크라테스학파가 주장한 체액설입니다. 인간의 건강과 질병은 네 가지 체액인 혈액, 점액, 황담즙, 흑담즙의 조화와 이상에서 비롯된 결과로 설명하는 의학 이론이지요. 동양의학중의 하나인 이제마의 사상의학 역시 인간 내면의 장기의 조화에 의해서 건강과 질병이 나타난다고 보았습니다.

그렇다면 어디서부터 동양의학과 서양의학이 현재와 같이 나누어졌을까요? 애넌(Anon)의 《의학의 역사》는 의약품에 대한 흐름과 인간의 인식에 대해 다음과 같이 이야기하였습니다.

귀가 아픈 환자에게 내린 의사의 처방

- 기원전 2000년 : 자, 이 약초 뿌리를 드시오.
- 기원전 1000년 : 그 뿌리를 먹으면 부정을 타니 이 주문을 외우시오.
- 1850년 : 주문은 미신이오. 이 물약을 드시오.
- 1930년 : 그 물약은 돌팔이 약이오. 이 알약을 드시오.
- 1950년 : 그 알약은 효과가 없소. 이 항생제를 드시오.
- 2000년 : 그 항생제는 인공합성물이오. 자, 이 약초 뿌리를 드시오.

기원전 2000년의 약초와 서기 2000년의 약초는 공교롭게도 4000여 년 만에 다시 만나게 됩니다. 이 이야기를 근거로 의학에 대해 이야기해 볼까요?

동서양을 막론하고 초기에는 유사한 형태로 의학이 태동하였습니다. 차이점은 1500년대와 1600년대 사이 서양에서는 레오나르도 다 빈치에 의한 해부학이 의학의 하나로 정착되었고 동양에서는 경락과 경혈 지도를 기반으로 발전하게 되었다는 것입니다. 그럼에도 불구하고 인간 생명현상에 대한 인식은 유사합니다.

그리스인들은 이 생명현상을 설명하기 위해 검은 담즙, 노란 담즙, 점액, 혈액으로 이루어진 4체액의 균형을 강조했습니다. 이 4체액은 주변 환경인 4원소 즉, 흙, 공기, 불, 물과 각각 대응하며 동시에 4원소의 특성을 고루 가지고 있다고 보았던 것이지요. 다시 말해 간(liver)을 의미하는 노란 담즙은 불(火)의 특성을, 비장을 의미하는 검은 담즙은 땅(地)의 특성을, 뇌를 의미하는 점액은 물(水)의 특성을,

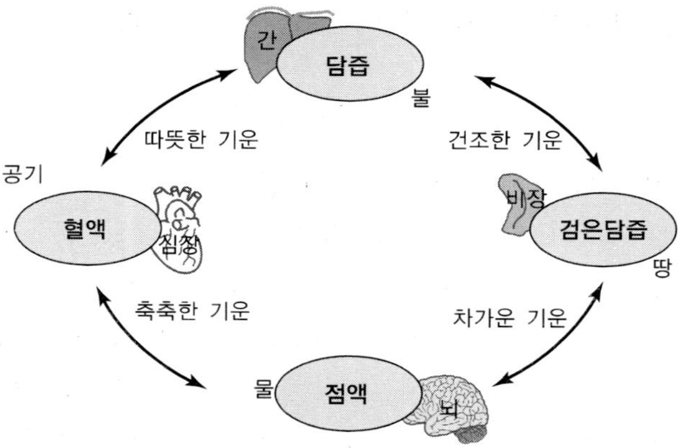


심장을 의미하는 혈액은 공기(氣)의 특성을 가진다고 보았습니다. 이들 사이의 균형이 생명의 강성함을 결정한다고 보았던 것이지요. 이 균형이 무너질 때 질병이 생긴다고 하였습니다. 이 체액설의 영향력은 히포크라테스와 갈레노스를 비롯한 수많은 고대 학자들의 저작에서 확인되고 있습니다.

동양은 음양오행설에 기반을 두어 간은 나무(木)에, 심장은 불(火)에, 비장은 흙(土)에, 폐는 쇠(金)에, 신장은 물(水)에 각각 해당되고 이들의 조화에 의해 사람 건강이 유지된다고 보았습니다. 사람은 기본적으로 이러한 장기의 크고 작음의 불균형인 상태로 태어났으며 그것이 바로 체질이라는 것이지요. 따라서 사람마다 그 체질이 다르며 체질에 맞지 않는 음식이나 습관이 불균형을 심화시키고 결국 병이 된다고 보았습니다.

이와 같이 고대인의 생각은 동서양이 비슷하였습니다. 그러나 그 이후 서양과 동양의 의학은 전혀 서로 다른 길을 걷게 되는데, 영국

런던 대학교의 미생물학자 플레밍(Alexander Fleming)이 최초의 항생제인 페니실린을 발견한 1928년이 그 지점이 아닐까 생각합니다. 플레밍은 실험 도중 우연히 페니실리움(*Penicillium*)속에 속하는 곰팡이의 주변에는 박테리아가 자라지 못하는 것을 관찰하였고 푸른곰팡이의 배양액을 800배로 희석시켰음에도 불구하고 포도상 구균의 증식이 억제된다는 것을 발견하였습니다. 다시 말해 푸른곰팡이 배양액 속에는 푸른곰팡이가 내 놓은 어떤 물질이 포도상 구균의 증식을 억제한다고 결론을 내리고 페니실린(Penicillin)이라고 명명하였습니다. 이후 1941년에 영국 옥스퍼드대학 병원에서 페니실린의 임상실험이 성공하였으며 1942년에 최초의 치료제로 개발되었지요. 이 공적으로 플레밍을 비롯한 영국의 플로리(Howard Florey), 독일의 체인(Ernst Chain)은 1945년 노벨생리의학상을 공동 수상하게 됩니다. 플로리와 체인은 페니실린 정제에 성공하여 대량 생산의 길을 열었고 당시 30%에 불과한 수술환자의 생존율을 80% 이상으로 끌어 올린 공로를 세웠습니다. 그러나 1950년에는 포도상 구균의 40%가 페니실린에 대한 내성을 갖기 시작했으며 1960년에는 80%가 내성을 갖게 되었습니다. 항생제에 대한 내성을 갖게 된 것입니다. 우리 몸속에 함께 살아가고 있는 박테리아가 참 많은데, 무분별한 항생제 남용의 피해는 고스란히 우리 자신에게로 돌아온다는 것을 잊지 말아야 할 것입니다.

동양의학이 경락과 경혈 지도를 완성하고 이를 기반으로 환자를 치료하는 방법을 택했다면, 서양의학은 인간 해부지도를 완성하면서 수술이라는 의술을 도입하게 되었습니다. 페니실린의 발견으로 수술의 성공률이 획기적으로 높아졌으며 페니실린은 의학 발전에 크게 기여하게 됩니다. 이후 사람들은 페니실린과 같은 신비의 탄환에 대한 환상을 가지게 되었고 20세기를 지나 현재까지 의학은 이 환상을 쫓는 방향으로 발전하고 있습니다.

이러한 발전은 두 가지 측면에서 한계를 가지게 됩니다. 하나는 질병의 대상 문제로 이 신비의 탄환이 적용되는 질병은 감염 질환에 국한된다는 것입니다. 다른 하나는 인체를 시스템 구조에서 부분적인 구조로 보는 시각의 전환입니다. 결국 시스템을 전체로 보지 못하고 일부만 보게 되면 거대한 난관에 봉착할 수 있다는 것을 21세기에 들어서서야 인식하게 되었습니다. 질병을 어느 한 부분의 단순한 고장으로 인식하지 말고 그 부위의 문제가 인체 전체 시스템에서 어떻게 작용하는지 복잡계 관점에서 접근하고자 하는 것이지요. 복잡계에 관한 이야기는 이 책의 마지막인 Part XIV에서 다루도록 하겠습니다. 21세기는 우리에게 질병과 그 치료에 대한 관점에서도 새로운 패러다임을 요구하고 있습니다.

## 박테리아가 살아가는 방법

박테리아 세포는 늙지 않고 박테리아 군집을 유지하며 영원히 산다는 것이 정설로 여겨지고 있습니다. 다시 말해 초기 박테리아가 지구상에 모습을 보인 것은 지금으로부터 38억 년 전으로 박테리아는 적절한 환경의 변화에 적응과 진화를 거듭하면서 지금까지 살아왔으며 영원히 죽지 않는 것으로 알려져 있습니다. 박테리아는 1개의 모세포가 2개의 딸세포로 갈라지고 다시 그 딸세포는 4개로 갈라지면서 늙지도 죽지도 않는다는 것이지요. 사실 이 정설에도 문제점은 있습니다. 박테리아가 DNA를 정확하게 복제하여 둘로 나누고 세포 내의 바이오물질을 둘로 나누는 이분법을 통해서 증식하고 있는데, 오랜 세월 이분법으로 증식하는 과정에서 손상된 바이오물질들은 과연 어떻게 될까요? 항상 손상된 것을 고쳐서 쓰는 것일까요? 만약 손상이 너무 심하여 폐기하게 된다면 폐기하는 기작은 있을까요? 사실 손상된 바이오물질들을 박테리아 세포내에서 영원히 추방하는 것은 불가능하겠지요. 그렇다면 박테리아 세포는 손상된 바이오물질들을 딸세포에게 전달되게 될 텐데, 이때 다음과 같은 두 가지 방법이 있습니다. 하나는 손상된 바이오물질을 동일하게 나누어서 두 딸세포에게 평등하게 나누어 주고 손상된 부분을 새롭게 보완하는 방법입니다. 이것이 박테리아가 영원히 사는 방법이겠지요. 다른 하나는 한 딸세포에게 손상된 바이오물질을 몰아주고 다른 한쪽은 손상되지 않는 바이오물질만을 물려주는 방법입니다. 어차피 영원히 살지 못하는 것이 생명체라면 자손을 영원히 존속시키는 방법으로 한쪽에 몰아주는 것이 목적 달성에 유리하다는 것입니다. 여러분이라면 어떤 방법을 택하겠습니까?

2011년 미국 캘리포니아 대학교 샌디에이고 캠퍼스의 차오(Lin Chao)교수는 대장균이 분화되는 과정 수백 세대를 필름에 담았습니다. 컴퓨터 모델링을 통해서 손상된 바이오물질 물려주기를 분석하였는데, 한 개의 딸세포는 그 모세포에서 거의 모든 손상을 물려받았고 다른 딸세포는 상대적으로 손상을 적게 물려받거나 아예 손상을 물려받지 않는다는 것을 확인하였습니다. 박테리아는 영원히 사는 것처럼 보이지만 비대칭성이 증가하는 증식과정을 거치기 때문에 영원히 살 수는 없습니다. 다시 말해 박테리아는 비대칭적 이분법을 통해 증식하면서 손상된 바이오물질을 하나의 딸세포에게 몰아주고 다른 딸세포에게는 손상된 것을 거의 혹은 전혀 물려주지 않는 방법으로 영원히 자신의 유전자를 후손에게 물려주게 됩니다.

열악한 환경에서 초기 박테리아가 38억 년 동안 종족을 보존하고 살아온 방법은 무엇일까요? 박테리아는 참으로 끈질긴 생명체입니다. 지구상에 있는 생명체는 생명을 유지하는 방법으로 물($H_2O$)을 선택했습니다. 에너지 대사에도 물을 이용하고 생명을 유지하는 데도 물을 이용합니다. 그러나 갈라파고스 제도 근처에 있는 심해 분출구에서 사는 박테리아는 물 대신 분출구에서 쏟아지는 황화수소($H_2S$)를 이용합니다. 물론 영국의 생화학자 레인(Nick Lane)은 그의 저서 《생명의 도약》에서 열수 분출공에서 황화수소와 산소가 반응하여 발생하는 에너지가 생태계의 원동력이 되고 이러한 반응이 생명체의 기원이라 하였습니다. 필자는 여기서 생명의 기원을 추적하는 것 대신 열악한 환경 속에서 박테리아가 살아가는 놀라운 이야기를 하고자 합니다.

1920년대 시카고 대학교의 바스틴(Edson Bastin)과 그리어(Frank Grier)가 지하 600미터에서 박테리아를 발견했다고 발표했습니다. 당시에는 지하 600미터에 생명체가 살고 있다고 믿는 사람이 아무도 없는 시대였습니다. 그러나 지금은 수심 11킬로미터나 되는 심해에 사는 박테리아도 발견되고 있습니다. 이 박테리아가 받는 압력은 수면보다 1,000배나 큰 2만 톤에 달합니다. 보잉 747 50대에 깔려 있는 무게에 해당되는 것인데 어떻게 이러한 압력에도 박테리아는 살아갈 수 있을까요?

조금 가까운 곳에서 다른 예를 찾아볼까요? 우리는 폐수를 무단 방류한 업주에 관한 뉴스를 가끔 접합니다. 예를 들어, 페놀이 방류된 하수구에서 살아가는 박테리아를 생각해 봅시다. 독극물인 페놀 속에서 살아남을 수 있는 생명체는 거의 없습니다. 그러나 그 열악한 환경 속에서도 박테리아는 살아갑니다. 어떻게 이것이 가능할까요? 모든 생명체는 자신이 살아가기 위한 모든 정보의 총체인 염색체를 가지고 있습니다. 박테리아 또한 자신이 살아가기 위해 박테리아 염색체를 가지고 있으며 동시에 사람이나 진핵세포에는 없는 여분의 염색체 DNA(extrachromosomal DNA)를 가지고 있습니다. 만약 자신이 살아가는 하수구에 페놀이 들어오면 박테리아는 여분의 염색체 DNA를 무작위로 조작하여 유전자를 만듭니다. 새롭게 조합한 유전자가 만든 단백질이 페놀을 분해하면 살아남게 되고, 분해에 실패하면 죽게 되겠지요. 그러나 박테리아가 그 하수구에서 영원히 살아질 염려는 하지 않아도 됩니다. 그 수조 마리 중에서 단 한 마리만이라도 페놀을 분해할 수 있도록 여분의 염색체 DNA의 조작에 성공했다면 순식간에 그 하수구는 페놀을 분해하는 박테리아로 채워지기 때문입니다. 이때부터 탄소화합물인 페놀은 박테리아의 좋은 먹잇감이 되겠지요.

## 세계 최초의 유전공학자, 박테리아

박테리아는 이처럼 자신이 가지고 있는 여분의 염색체 DNA를 조작하여 유전자를 만들고 목표로 하는 물질을 분해함으로써 열악한 환경에서 살아남습니다. 따라서 박테리아에게 세계 최초의 유전공학자라는 칭호를 주어도 지나치지 않을 것입니다.

1980년대 초반에 생명과학자들은 이 여분의 염색체 DNA를 이용해 유전자를 조작해 인위적으로 단백질을 합성할 수 있는 방법을 고안해냈습니다. 일단 여분의 염색체 DNA는 레플리콘(replicon)이 되어야 합니다. 레플리콘은 DNA상에서 복제를 할 수 있는 기본 단위입니다. 먼저, DNA가 복제되기 위해서는 복제기점(replication origin)이 있어야 하고 유전자의 발현을 위해 삽입된 유전자의 전사를 유도하는 프로모터(promoter)가 있어야 합니다. 이외에 인위적으로 유전자를 조작하기 위해서 무엇이 더 필요할까요? 인위적으로 조작한 유전자가 들어갔는지 확인하는 마크가 있어야 합니다. 여분의 염색체에 인위적으로 유전자를 넣기 위해서는 어느 위치에 넣을 것인가를 먼저 결정해야 하고 전사 방향도 결정해야 합니다. 유전자를 넣기 위해서는 기존의 DNA를 끊어야겠지요? DNA의 특정 자리를 자르는 효소를 제한효소라고 하는데 제한효소가 자를 수 있는 자리 정보가 있어야 합니다. 이러한 조건을 갖춘 여분의 염색체를 인위적으로 만들었습니다. 이것을 플라스미드(plasmid)라고 합니다. 이제 플라스미드에 대해서 알아봅시다.

## 플라스미드

박테리아가 가지고 있는 여분의 염색체 DNA의 유전자를 기반으로 플라스미드를 제작합니다. 그리고 이 플라스미드를 용이하게 이용하기 위해서는 플라스미드 지도를 만들어야 합니다. 아래 그림을 보면서 이야기해 봅시다. 앞으로 사용자가 쉽게 이용할 수 있도록 어느 방향으로 전사가 가능한지에 대해 정보를 제공해야 합니다. 화살표로 방향을 표시하면 되지요. 인위적으로 유전자를 삽입할 수 있도록 하기 위해서 제한효소(restriction enzyme) 정보가 필요합니다. 다시 말해 플라스미드 내에 제한효소에 의해 잘리는 부위에 제한효소의 이름을 넣습니다. 플라스미드 지도에서 *Eco*R I, *Hind* Ⅲ, *Sma* I 등은 제한효소로 이들을 처리하면 DNA의 특정 염기서열인 제한자리(restriction site)를 잘라서 그 부분을 열고 도입하고자 하는 유전자를 그곳에 삽입할 수 있다는 것을 나타냅니다.

*Eco*R I이 이중가닥 DNA를 자르는 제한자리는 5'－GAATTC－3'입니다. 그림에서 보는 바와 같이 이 제한효소는 염기 G와 A 사이를 자르고 AATT 염기서열의 수소결합을 끊어 5'방향 DNA 가닥에는 G가 남고 3'방향 DNA 가닥에는 CTTAA가 남도록 DNA를 자른 것이지요. 이처럼 반듯하게 잘리지 않고 이중가닥 중에서 한 가닥이

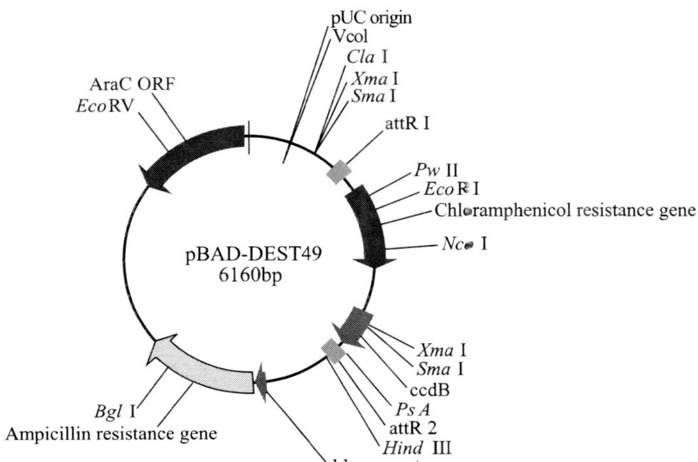

돌출된 형태를 가지는 것을 점착말단(sticky end)이라고 합니다.

박테리아가 가지고 있는 여분의 DNA에는 없지만 우리가 사용해야 할 플라스미드에는 반드시 있어야 하는 것이 숙주인 박테리아에 플라스미드가 들어갔는지 여부를 확인하는 마크입니다. 이 마크는 어떻게 만들까요? 우리가 유전자 조작에 성공하기 위해서는 플라스미드를 숙주인 박테리아에 넣었을 때 플라스미드가 들어간 박테리아와 들어가지 않은 박테리아를 구분하여야 합니다. 그 다음 플라스미드가 들어간 박테리아를 선택하여 대량으로 배양함으로써 우리는 소기의 목적을 달성할 수 있습니다. 그러기 위해서는 플라스미드가 들어간 박테리아만을 선택하는 것은 매우 중요합니다. 플라스미드가 들어간 박테리아는 살아남고 플라스미드가 들어가지 않은 박테리아는 죽어야 하겠지요. 박테리아를 죽이는 방법은 항생제입니다. 살리고 싶으면 항생제를 분해할 수 있는 유전자를 플라스미드에 삽입하면 됩니다. 따라서 플라스미드가 들어간 박테리아만을 선택하기 위해서는 선택마커(selection marker)인 항생제 저항유전자를 플라스미드

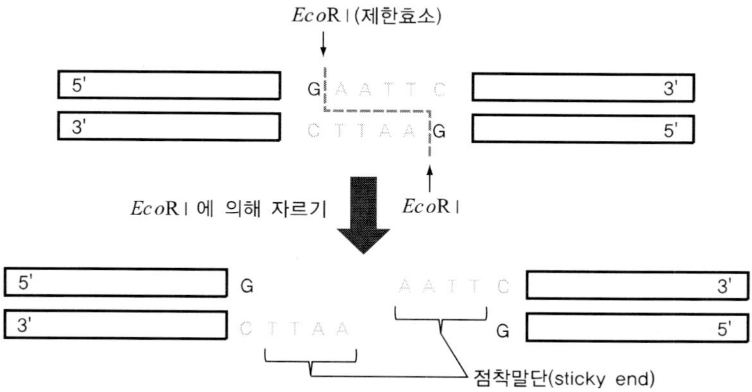

에 삽입하고 저항유전자 정보를 플라스미드 지도에 입력합니다. 플라스미드 그림에 있는 'Ampicillin resistance gene(AmpR)'이나 'Chloramphenicol resistance gene(CmR)'이 선택마크인데, 항생제 앰피실린이나 클로람페니콜을 사용하게 되면 플라스미드가 삽입된 박테리아만 선택적으로 살릴 수 있다는 뜻이 되겠지요. 끝으로 플라스미드 지도에 크기를 표시하면(6160 bp) 플라스미드 크기에 따라 숙주인 박테리아에 넣는 방법을 적절하게 선택할 수 있도록 도와줄 수 있습니다.

## 사람 인슐린을 생산하는 박테리아

지금까지 배운 것을 바탕으로 유전자를 조작하여 사람 당뇨병에 필수적인 사람 인슐린을 합성하는 박테리아를 함께 만들어 봅시다. 먼저, 적절한 플라스미드를 만들거나 구입해야겠지요. 플라스미드 지도를 확인하여 어느 부위에 사람 인슐린 유전자를 넣을지를 결정합니다. 만약 *Eco*R I 자리가 있으면 일단 제한효소인 *Eco*R I을 넣어서 플라스미드를 잘라줍니다. 플라스미드의 자른 부위와 삽입하고자 하는 인슐린 유전자를 플라스미드의 자른 부위에 넣고 이어줍니다. 이 자른 부위를 이어주는 효소를 DNA 연결효소(DNA ligase)라고 합니다. 우리는 마침내 유전자 재조합(genetic recombination)된 플라스미드를 가지게 됩니다. 이 플라스미드를 박테리아에 삽입합니다. 이 과정을 형질전환이라고 합니다. 기계적인 힘, 전기 충격, 온도 충격, pH 충격 등의 방법을 이용하여 플라스미드를 박테리아에게 삽입합니다. 사람 인슐린 유전자를 삽입한 플라스미드에는 앰피실린 저항유전자(AmpR)가 있습니다. 앰피실린이 들어 있는 배지에 유전자 조작한 플라스미드를 처리한 박테리아를 배양합니다. 불행하게도 플라스미드가 박테리아에 들어갈 확률은 매우 낮습니다. 따라서 우리가 가지고 있는 박테리아에는 플라스미드가 들어가지 않은 녀석이 대부분이며 혹시 한두 녀석에게 플라스미드가 들어갔다면 매우 성공적입니다. 앰피실린이 있는 배양액에 박테리아를 키우면 플라스미드가 삽입되지 않은 박테리아는 살아남지 못하고 플라스미드가 삽입된 박테리아만이 살아남을 것입니다. 이제 그 박테리아를 취하여 대량 배양하면 사람 인슐린을 가지고 있는 박테리아를 얻을 수 있습니다. 이 박테리아로부터 사람 인슐린을 대량 생산하고 순수 분리 정제한 인슐린 단백질을 당뇨환자에게 주사합니다. 이것이 유전공학의 시작입니다. 1980년대 초 인슐린 주사를 한 번 맞기 위해서 환자는 약 1천만 원의 비용을 지불해야 했지만 박테리아가 인슐린을 생산한 후 당뇨

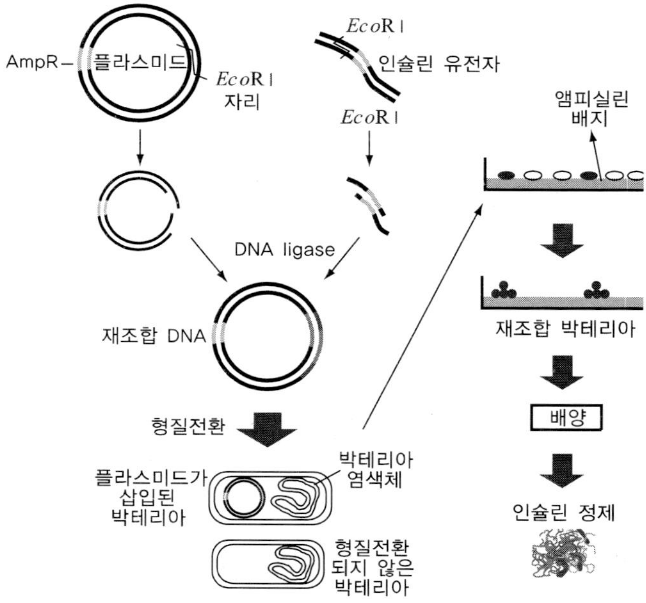

병 환자는 1천 원이면 인슐린 주사를 맞을 수 있게 되었습니다. 인간은 열악한 환경에서 살아가는 박테리아의 지혜를 통해서 유전자 조작 기술을 완성하였습니다. 세계 최초의 유전공학자 박테리아가 가지고 있는 삶의 지혜를 응용하여 인간은 유전공학 시대를 연 것이지요.

### 제한효소

제한자리(restriction site) 또는 인식자리(recognition site)로 알려진 특정 염기서열을 가지는 DNA를 자르는 단백질을 제한효소라고 합니다. 처음 발견된 제한효소는 1970년 *Hind* II였습니다. 대부분 제한효소가 인식하는 제한자리의 길이는 4~8 염기입니다. 이 효소의 발견이 유전공학 기술을 주도하는 대발견이 되었으며 이 제한효소의 발견에 기여한 네이선스(Daniel Nathans), 아르버(Werner Arber), 스미스(Hamilton O. Smith)는 1978년 노벨생리의학상을 수상하였습니다. 지금까지 약 3,000여 종의 제한효소가 발견되었으며 대부분은 박테리아로부터 유래되었지만 일부는 바이러스에서도 발견되었습니다. 이제 제한효소인 Sau 3AI과 Bam HI을 사용하여 플라스미드의 DNA를 자르고 다른 유전자와 결합하는 방법을 함께 살펴보도록 하겠습니다.

먼저 Sau3 AI과 Bam HI의 제한자리는 다음과 같습니다. 플라스미드를 Sau3 AI로 자르고 삽입하려는 유전자를 Bam HI으로 자른 후 이어지는 과정을 그림으로 설명하겠습니다. 플라스미드에는 Sau3 AI의 제한자리가 있습니다. 이 DNA 염기서열인 5'- NGATCN - 3' 중에서 5'방향의 N(여기서 N은 어떤 염기가 와도 된다는 의미)과 G 사이를 끊고 3'- NCTAGN - 5' 중에서도 5'의 N과 G 사이를 끊으면 그림의 왼쪽에서 보이는 것처럼 푸른색과 검은색으로 표시한 염기로 나눠집니다. 이번에는 삽입하고자 하는 유전자를 고려해 보겠습니다. 유전자에는 Bam HI 제한자리가 있기 때문에 이 효소를 처리하면 5'-

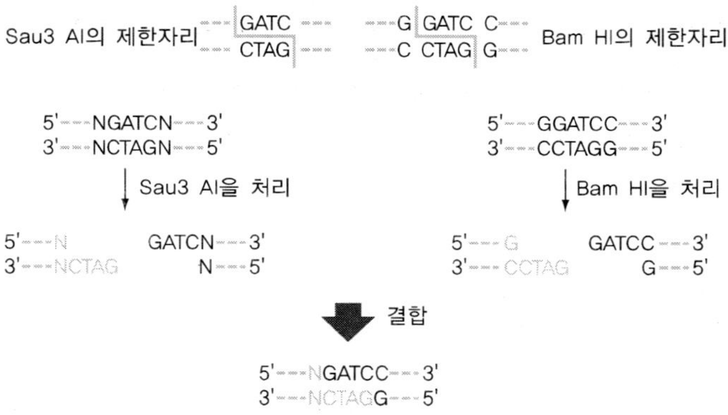


GGATTC -3' 중에서 5'방향의 G와 G 사이를 끊고 3'- CCTAGG -5'에서도 5'방향의 G와 G 사이를 끊습니다. 따라서 그림의 오른쪽에서도 푸른색과 검은색 염기로 나누어지게 됩니다. Sau3 AI으로 자른 푸른색 염기부분과 Bam HI로 자른 검은색 염기부분을 DNA 리가아제로 결합시키면 5'-NGATCC -3'을 얻게 됩니다. 같은 방법으로 다른 부위도 적절한 제한효소로 자르고 DNA 리가아제로 붙이면 플라스미드에 필요한 유전자를 삽입할 수 있을 것입니다.

### 정리합시다

- 박테리아가 열악한 환경에서 생존할 수 있는 이유에 대해서 정리합시다.
- 플라스미드가 무엇인지 설명하되, 바이러스 부분에서 배운 sleeping beauty transposon system과 비교하여 정리합시다.
- 박테리아가 가지고 있는 여분의 염색체 DNA에 대해서 설명하고 그 존재 이유를 정리합시다.
- 사람 인슐린 유전자가 대장균에 transformation 되었는지를 확인하는 방법에 대해 정리합시다.
- 제한효소에 대해서 정리합시다.

PART Ⅶ

# 발생학의 패러다임을 바꾼 사람들

## 생상스 오르간 교향곡
*Symphony No. 3 in C minor Op. 78, Organ*

생상스의 최대 교향곡으로 피아노와 오르간을 넣은 화려한 곡입니다. 프랑스의 고전음악과 근대음악 사이에서 이후의 교향곡에 영향을 주게 되었습니다. 줄기세포는 발생학의 새로운 패러다임을 제시하는 것에서 단순히 멈추지 않고 향후 인간의 삶에 새로운 방향을 제시해 줄 것입니다.

## 발생 과정

● 줄기세포는 미래의 구원자일까요? 2012년 10월, 노벨생리의학상을 수상함으로써 연구에 절대적으로 기여한 거든(John Gurdon)과 야마나카(Yamanaka Shinya)를 기념하는 의미에서 '발생학의 패러다임을 바꾼 사람들'이라는 제목으로 시작하였습니다. 먼저 발생에 대해서 간략하게 살펴보도록 하겠습니다. 남자의 정소에서는 평생 동안 정자 세포가 만들어 지는 데 반해, 여자는 일정한 양의 난자 세포(약 1만여 개)를 가지고 태어납니다. 이 난자는 난소에서 활성화되기도 하고 그 과정에서 대부분이 퇴화됩니다. 400여 개의 난자가 평생에 걸쳐 활성화되어 한 달에 한 번씩 배란하게 됩니다. 난소에서 난자가 배란될 때 난소에는 황체가 생성되는데 이 녀석은 주로 지방으로 되어 있고 배란, 수정, 임신과 같은 일련의 발생학적 생리 변화에 필요한 적절한 성(sex) 호르몬을 분비합니다.

난소에서 배란된 난자가 정자를 만나는 것을 수정(fertilization)이라고 하고 이 세포를 접합자(zygote) 또는 수정된 난자(fertilized egg)라고 합니다. 하루가 지나면 난자가 가지고 있는 23개의 염색체와 정자가 가지고 있는 23개의 염색체가 서로 무작위로 섞여 46개 염색체를 만드는데 이를 발생 첫째 날(Day 1)이라고 부릅니다. 이때부터 분열기로 접어들어 둘째 날(Day 2)이 되면 두 개의 세포로 분열이 일어납니다. 이후 4개, 8개, 16개 세포로 분열이 일어나다가 여덟째 날에서 아홉째 날에는 자궁에 착상합니다. 이처럼 착상된 상태를 포배낭(blastocyst)이라고 합니다. 발생이란 이처럼 시간의 흐름에 따른 연속적인 변화이기 때문에 비가역적입니다. 즉 '한 번 건너온 다리를 다시 건널 수 없는' 포배낭 상태에서 다시 수정된 상태로 돌아갈 수 없다는 의미이지요.

당연한 이야기에 반기를 들고 발생이 가역적이라고 한다면 영화에서나 나올 법한 이야기가 될 것입니다. 만약 발생이 가역적이라면 2009년에 상영된 "벤자민 버튼의 시간은 거꾸로 간다(The Curious Case

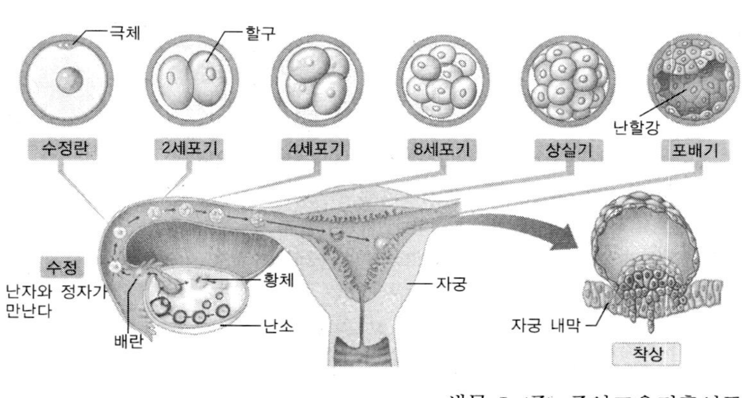


생물 I (주) 중앙교육진흥연구소

of Benjamin Button)"가 현실이 되는 것과 다름없겠지요. 이 영화에서 80세 노인으로 태어난 브래드 피트는 시간이 흐를수록 젊어지지만 상대역 케이트 블란쳇의 시간은 정상적으로 흐릅니다. 두 사람은 나이가 비슷하게 교차되는 시점에서 짧지만 뜨거운 사랑을 하게 되지요. 영화에서나 일어날 수 있는 이 일이 현실에서도 나타난다면 어떻게 될까요?

## 발생이 가역적이라고?

1962년 당시 옥스퍼드 대학교의 거든 박사는 한 편의 논문을 발표합니다. 개구리 알에 있는 핵을 제거하고, 그 대신 올챙이 장에 있는 상피세포의 핵을 넣어주게 되면 이 세포가 특화되어 다시 올챙이가 태어난다는 내용의 연구입니다. 그러면서 '세포의 특화는 가역적이다(Specialization of cells is reversible).'라고 결론 지었습니다. 수정이 이루어지지 않은 상태에서 어떻게 올챙이가 되는 걸까요? 그것은 간단합니다. 난자 세포에 미세한 구멍을 내고 그 속으로 핵(또는 DNA)을 넣는 기술을 핵치환(또는 DNA 치환) 기술이라고 하는데 난자에 핵을 넣지 않고 미세한 구멍만 내더라도 난자는 정자가 들어왔다고 인식을 하여 분화를 시작합니다. 분열이 될 때 DNA가 정상적으로 되었는지를 검사하는데, 당연히 있어야 할 두 쌍의 염색체 대신 한 쌍뿐이라면 그제서야 정자가 들어오지 않았음을 인식하고 분열을 중단합니다. 다시 말해 난자의 분열에 정자에 의한 수정이 필수적인 것이 아니라 기계적인 자극만으로도 분열을 시작할 수 있다는 의미입니다. 이 원리는 핵치환 분야에서는 이미 잘 알려져 있는 이야기이며 거든의 실험에서 정자의 수정이 없이 분열이 가능했던 이유 또한 올챙이 체세포에 두 쌍의 염색체만 있어도 가능하였기 때문입니다. 그렇다면 체세포의 핵에는 두 쌍의 염색체가 있음에도 불구하고 세포분열과 발생이 불가능한 이유는 무엇일까요? 핵 이외에 난세포가 가지고 있는 발생에 필수적인 인자가 체세포에는 없기 때문일 것입니다. 만약 난세포에만 있는 그 인자가 체세포에도 있다면 체세포에서도 발생이 가능하겠지요.

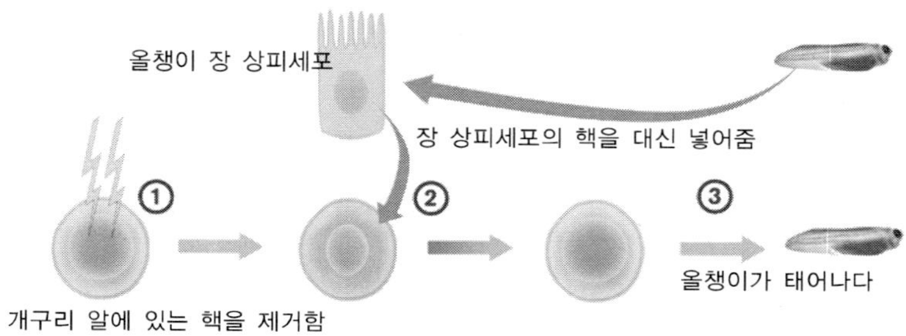


## 체세포 복제양 돌리

1962년 발생이 가역적이라는 내용의 논문을 거든이 발표한 이후에도 발생학자들은 여전히 그 결과는 믿으려 하지 않았으며 그의 연구는 다른 논문들 속에 묻힌 채로 34년이라는 세월을 보냈습니다. 1996년 발생학에 새로운 전환기를 맞게 되는 논문이 다시 발표되는데, 그것이 돌리(Dolly)의 복제에 관한 논문입니다. 영국 에든버러 대학교(University of Edinburgh)의 윌머트(Ian Wilmut)박사는 체세포 복제를 통해 복제양 돌리를 탄생시켰습니다. 복제양 돌리의 탄생이 거든의 연구 결과를 처음으로 증명하는 발생학의 새로운 패러다임을 제시한 셈입니다. 여기서 생각해 보도록 합시다. 양의 평균 수명은 11~12년 정도인데 복제양 돌리는 평균수명을 채우지 못하고 1996년에 태어나서 2003년에 죽었습니다. 왜 돌리는 평균수명을 채우지 못하고 3년이나 먼저 세상을 떠났을까요? Part V에서 이야기한 텔로미어를 기억하지요? 돌리의 복제에는 3살 난 양의 체세포가 사용되었습니다. 다른 말로 표현하면 돌리는 태어날 때 이미 3살이 된 텔로미어가 짧은 염색체 DNA를 가지고 태어난 것이지요. 만약 20세의 인간 체세포를 사용하여 사람을 복제한다면 비록 어린 아이로 태어나지만 염색체 나이는 20살인 것과 같은 의미입니다.

### 체세포 복제

인간 체세포(somatic cell) 복제에 대해서 간략하게 이야기하겠습니다. 원리는 앞서 발표한 거든의 연구와 비슷합니다. 피부에 있는 상피세포는 46개의 염색체를 가지는 체세포인데 여기서 난자의 핵에 있는 23개의 염색체를 완전히 제거한 후 상피세포의 염색체 46개를 핵 안에 넣게 되면 난자 세포는 분열을 시작합니다. 이 난자 세포를 대리모의 자궁에 이식하게 되면 대리모의 DNA와 무관하게 피부 세포에 있는 DNA를 그대로 가지는 동일한 생명체가 복제됩니다. 이러한 원리에 의해서 생명체를 복제하는 것을 체세포 복제라고 합니다.

## 낭배형성 과정

이제 자궁에 착상된 포배낭(blastocyst)의 발생과정을 살펴볼까요?

포배낭은 낭배형성(gastrulation) 과정을 거쳐 세 개의 배 세포층을 가지는 낭배(gastrula)를 만들게 됩니다. 세 개의 배 세포층은 외배엽(ectoderm), 중배엽(mesoderm), 내배엽(endoderm)을 말합니다. 여기서 아주 재미있는 발생과정을 볼 수 있습니다. 이 낭배는 특화 세포로만 대거 분화합니다. 예를 들어, 외배엽은 피부세포, 신경세포, 색소 세포로만, 중배엽은 심장세포, 근육세포, 콩팥세포로만, 내배엽은 췌장세포, 간세포, 장세포, 폐세포으로만 분화되어 특정한 기관만을 만들게 됩니다. 이와 같이 생명체는 각 단계별로 특정 세포로 가기 직전의 세포를 간직하고 있습니다. 남자의 경우 정자 세포를 만드는 특정 기관을, 여자의 경우 난자를 배출하는 기관과 마찬가지로 특정 기관으로 특화되기 전의 세포가 각 기관에 있을 것입니다. 이러한 세포가 줄기세포가 되겠지요.

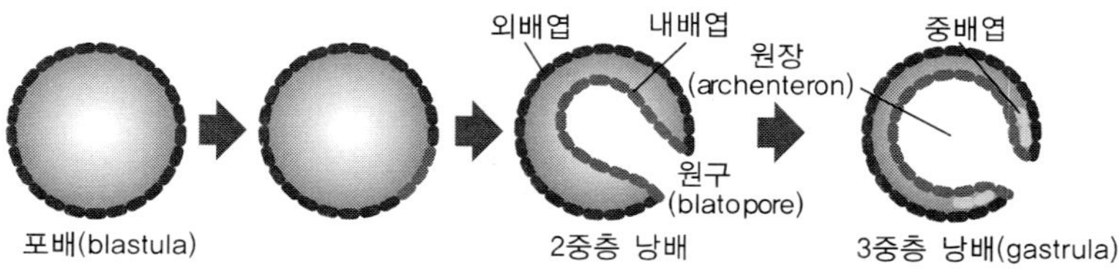


## 배아줄기세포

줄기세포는 특정 기관을 만드는 체세포로 특화되지 않고 무한하게 분화되어 생명체 내의 특정한 세포로 성장할 수 있는 세포이자 210여 종의 모든 인체 장기로 분화할 수 있는 근원세포입니다. 만능세포(pluripotent)라고도 하지요. 따라서 줄기세포는 두 가지 능력을 가지고 있습니다. 첫째, 텔로미어가 잘리기 때문에 분열과 증식에 한계를 가지는 체세포와는 달리 무한히 분열과 증식을 할 수 있는 능력이 있습니다. 다시 말하면 분열하더라도 줄기세포의 텔로머라제(telomerase)가 텔로미어를 붙여주는 것이지요. 둘째, 어떤 종류의 세포로도 분화할 수 있는 능력이 있습니다. 그러나 발생 시기에 따라 만들어지는 줄기세포의 분화능력에는 한계가 있습니다. 5~7일 사이의 배아는 전능세포(totipotent)로서 성(sex) 세도인 난자세포와 정자세포를 만들 수 있는 줄기세포이며 배아줄기세포(embryonic stem cell)라고도 합니다. 그러나 6주가 지난 배아에서 만들어지는 줄기세포는 만능세포(pluripotent)로 정자와 난자세포를 제외한 모든 세포를 만들 수 있으며 배아종자세포(embryonic germ cell)라고도 합니다. 이 발생 단계 이후 만들어지는 줄기세포에는 골수와 같이 한정된 세포로만 분화되는 다능성 줄기세포(multipotent)가 있습니다. 이 줄기세포를 태아조직줄기세포(fetal tissue stem cell)라고 합니다.

## 성체줄기세포

배아 단계를 거쳐 태어나게 되면 더 이상 배아줄기세포는 존재하지 않습니다. 모든 기관에는 체세포가 존재하여 이 체세포가 기관을 만드는 것이지요. 만약 성인이 어떤 기관에 손상을 입는다면 이를 보충해 주는 줄기세포는 없는 것일까요? 그렇습니다. 우리가 마치 위급상황을 대비하여 보험을 드는 것처럼 모든 기관에는 기관을 구성하는 체세포뿐만 아니라 줄기세포 또한 존재합니다. 그렇기 때문에 필요할 때 줄기세포가 자신만의 체세포를 만들어 기관에 공급할 수 있는 것이지요. 이것을 성체줄기세포라고 합니다. 성체줄기세포는 성체조직인 골수, 피부, 근육, 기관 등에서 추출한 줄기세포로 이 세포들도 특화되지 않은 세포이지만 배아줄기세포와는 달리 한정된 세포로만 특화되는 줄기세포입니다. 성체줄기세포의 대표적인 예는 골수세포입니다. 골수에 있는 줄기세포는 모든 세포로 분화되는 것이 아니라 적혈구, 백혈구, 혈소판을 만드는 세포로만 분화됩니다. 줄기세포가 각 기관에서 자리하는 위치는 아직 전부 파악되지는 않았지만 각 기관마다 줄기세포가 있어서 기관을 형성하는 체세포의 공급이 필요할 때 해당하는 성체줄기세포가 체세포를 만들어 공급하는 것으로 알려져 있습니다.

## 줄기세포 사용의 한계

우리에게는 줄기세포가 있기 때문에 장기에 문제가 발생할 경우 그 장기를 만들 수 있는 배아줄기세포나 그 기관 내에 있는 성체줄기세포를 배양하여 세포이식 요법을 통해 해결할 수 있을 것입니다. 하지만 줄기세포를 사용하기 위해서는 여전히 문제가 있습니다. 먼저, 배아줄기세포에 대해 이야기하겠습니다. 배아줄기세포에 대한 연구를 위해서는 난자가 필요한데, 난자를 구하기 어렵다는 점입니다. 여성 몸에서 난자를 적출하려면 15일 동안 과배란을 유도하는 주사를 맞아야 하고 적출 시 전신마취를 해야 합니다. 한꺼번에 20개 이상의 난자를 적출해서도 안 되지요. 오래 전 캘리포니아 대학교 어바인 캠퍼스 부속병원에서 난자를 적출한 여성들이 어지러움증, 두통 및 구토를 호소한 적이 있었는데, 60개가 넘는 난자를 한꺼번에 적출했기 때문에 생긴 증상이라는 것이 밝혀지면서 어바인 신드롬(Irvine Syndrome)이라고 명명되었습니다. 난자의 적출은 생명윤리적 측면에서도 자유로울 수 없습니다. 성체줄기세포를 사용하는 데에도 문제가 있습니다. 현재로서는 골수를 제외하고는 성체줄기세포가 각 기관의 어디에 존재하는지 찾을 방법이 없습니다. 그림의 떡인 셈이지요. 따라서 현시점에서 배아나 성체줄기세포를 현실적으로 이용하는 데에는 한계가 있습니다.

## 특화를 유도하는 마스터 유전자

이제 다시 발생과정으로 돌아가 봅시다. 난자는 정자에 의해 수정되지 않더라도 핵치환 과정에서 일어나는 기계적인 자극만으로도 세포분열이 가능하여 염색체 46개만 있으면 세포분열과 낭배과정을 거쳐 줄기세포로 만들어집니다. 체세포의 경우는 어떨까요? 체세포는 이미 46개의 염색체가 존재하니 기계적인 자극만으르 줄기세포로 분화하는 것이 가능하지 않을까요? 하지만 그렇지 않습니다. 왜 체세포는 기계적인 자극에도 분화가 일어나지 않을까요? 난자세포에만 있는 세포분화에 필요한 인자가 체세포에는 없기 때문입니다.

분화에 필수적인 인자는 난자세포의 생체분자 중 어떤 것일까요? 발생과정이 매우 체계적이고 조직적으로 이루어지고 있기 때문에 생명활동을 직접 관장하는 단백질일 것입니다. 이러한 단백질을 만드는 정보는 유전자가 가지고 있기 때문에 필수 인자는 곧 유전자이겠지요. 만약 우리가 이 유전자를 찾을 수 있다면 이론적으로 체세포도 줄기세포로 분화시킬 수 있다는 결론을 얻을 수 있습니다. 2003년 5월에 영국의 에든버러 대학교의 스미스(Austin Smith) 교수와 일본 나라과학기술연구소(Nara Institute of Science and Technology)의 야마나카 박사 연구팀이 쥐의 배아줄기세포에서 이 인자를 발견하였는데, 줄기세포에게 특정세포로 분화하라고 명령할 수 있는 중요한 인자라고 하여 마스터 유전자(Master Gene)라고 명명하였습니다. 그 동안 유전학자나 생물학자들이 오랜 시간 동안 찾아 헤매던 '생물학의 성배(A holy grail of biology)'인 배아줄기세포에서 특정세포로 분화하도록 명령하는 마스터 유전자인 '나노그(*Nanog*)' 유전자를 발견하였습니다. 이 유전자가 체세포를 줄기세포로 초기화하는 것이 아니라 특정 줄기세포(예를 들면, 다능성 줄기세포)를 체세포로 분화하는 데 관여하는 유전자라는 것이 나중에 확인되었습니다. 여기서 초기화란 체세포를 다시 줄기세포로 프로그램화시킨다는 의미입니다.

이후 야마나카 박사는 교토 대학교(University of Kyoto)로 자리를 옮겨서 체세포가 줄기세포로 특화하는 데 직접 관여하는 유전자를 찾기 시작했습니다. 먼저 그는 인간의 유전자 정보를 가지고 있는 10만 개의 유전자 데이터베이스에서 배아줄기세포에만 있는 100개의 유전자 데이터베이스를 골라냈습니다. 체세포에 100개 유전자를 하나씩 첨가하여 체세포가 줄기세포로 초기화되는지 확인하였습니다. 만약 한 유전자를 첨가하였을 때(과발현) 체세포가 줄기세포로 전환되는 초기화가 일어난다면 이 유전자가 체세포를 줄기세포로 만드는 마스터 유전자가 될 수 있다고 판단했습니다. 이러한 방법으로 유전자를 하나씩 첨가하여 초기화가 일어나는 유전자 24개를 확보하였습니다. 그러나 24개 유전자 모두가 체세포를 초기화시킬 수 있는 마스터 유전자라고 볼 수는 없습니다. 유전자를 하나씩 추가하였을 때 이들 24개 유전자가 이미 체세포 내에 있었기 때문에 다른 유전자가 상호작용하여 초기화시킨 것일 수도 있습니다. 따라서 24개의 유전자가 없는 상태에서 어느 한 유전자가 실제 초기화에 관여하는

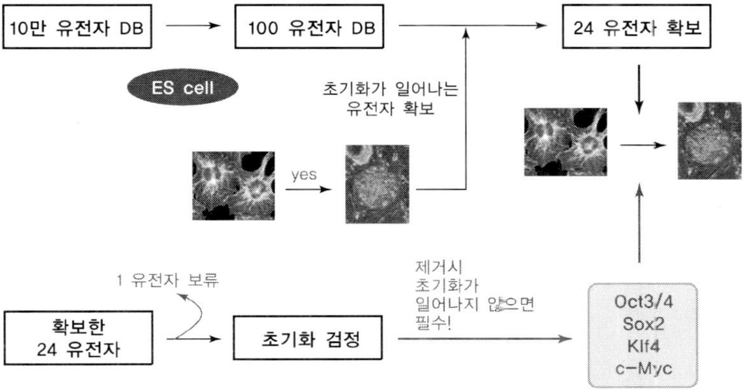


지에 대해서 점검이 필요합니다. 야마나카 교수는 24개 유전자를 과발현시킨 체세포에서 유전자를 하나씩을 제거하였습니다. 만약 한 유전자를 제거하였을 때 초기화가 일어나지 않는다면 그 유전자가 체세포를 줄기세포로 초기화하는 데 필수적이라는 의미겠지요. 이 과정을 거쳐 그는 'Oct3/4', 'Sox2', 'Klf4', 'c-Myc' 유전자를 확보하였습니다. 그는 실제 쥐의 상피세포에 있는 체세포를 적출하여 이 4개의 유전자를 첨가하였을 때 쥐의 상피세포가 줄기세포로 초기화하는 것을 확인하고 셀지에 논문을 발표하였습니다[Takahashi, K. and Yamanaka, S.(2006) Induction of pluripotent stem cells from mouse embryonic and adult fibroblast cultures by defined factors, Cell 126:663-676]. 흥미로운 내용의 논문이니 직접 읽어 보길 바랍니다. 이 논문이 체세포로부터 유도만능줄기세포(iPS Cell: induced pluripotent stem cell)를 만들 수 있다는 사실을 밝힌 최초의 연구 결과입니다. 이듬해인 2007년 야마나카 교수는 사람의 상피세포에 4개의 유전자를 처리하여 사람 유도만능줄기세포를 만들어 다시 셀 지에 보고하였습니다.

### 생각해 봅시다

발생학의 새로운 패러다임을 최초로 바꾼 초기 연구자 거든과 유도만능줄기세포를 최초로 만들어낸 야마나카 교수는 이 공로로 2012년 노벨생리의학상을 받게 되었습니다. 돌리를 복제한 윌머트는 거든의 연구 결과를 최초로 증명하였고 세계 최초로 체세포 복제에도 성공했는데 왜 노벨생리의학상과는 인연이 없었을까요? 두 가지로 나누어 생각해 봅시다. 하나는 발생학의 새로운 패러다임을 최초로 제시한 사람이 누구인지와 관련된 문제입니다. 분명히 거든이지요. 윌머트는 염색체 치환을 통해서 최초로 체세포 복제에 성공하고 거든이 제시한 발생학의 새로운 패러다임을 재조명했을 뿐입니다. 이에 반해 야마나카는 난자세포를 사용하지 않고 체세포에서 줄기세포를 만드는 새로운 패러다임을 최초로 제시하였기 때문입니다. 다른 하나는 인류에 대한 공헌도 문제입니다. 거든의 초기 연구 결과는 체세포 복제뿐만 아니라 유도만능줄기세포를 만드는 데에 발생학의 새로운 패러다임을 제공하였다는 점에서 공익성이 있었고 야마나카도 4개의 유전자를 이용하여 체세포에서 줄기세포를 만드는 것으로 인류의 난제 중의 하나인 줄기세포 문제를 해결하였으며 향후 줄기세포를 이용할 수 있는 무한한 가능성을 열었습니다. 그러나 윌머트가 최초로 만든 체세포 복제 기술은 인류의 건강과 복지에 기여하는 정도에서 한계를 분명히 가졌습니다. 아직까지 노벨과학상 수상자를 배출하지 못한 우리나라가 앞으로 어떤 연구를 해야 할지에 대해서 생각해 볼 만한 대목입니다.

## 암과 유도만능줄기세포

유도만능줄기세포는 부족한 장기와 기관의 치명적인 손상으로부터 우리를 해방시킬 수 있는 구원자일까요? 유도만능줄기세포는 당장 실용화할 수 있는 세포치료의 선구자로서 역할을 할 수 있을까요? 그렇지 않습니다. 체세포를 특화하여 유도만능줄기세포를 만드는 데 필수적인 유전자인 'Oct3/4', 'Sox2', 'Klf4', 'c－Myc' 중에서 'Oct3/4', 'Sox2', 'c－Myc'는 발암유전자(oncogene)입니다. 이는 체세포에서 줄기세포를 만들기 위해 이 유전자들을 첨가할 때 줄기세포가 아닌 암세포가 유도될 가능성이 매우 높다는 의미이지요. 잘못된 기관을 치료하기 위해 유도만능줄기세포 요법을 사용하여 암세포가 발생한다면 생각만 해도 아찔하지 않나요? 현재 암세포가 줄기세포에 그 근원을 두고 있다는 설이 조심스럽게 대두되고 있습니다. 이 문제에 대해서는 Part Ⅷ에서 자세히 다루도록 하겠습니다.

## 유도만능줄기세포의 응용, 질병을 접시 속으로

미국에서 발간되는 대중 과학 잡지인 사이언티픽 아메리칸(Scientific American) 2011년 3월호에 'Diseases in a dish'라는 제목의 과학기사가 실렸습니다. 이 기사는 유도만능줄기세포가 얼마나 다양하게 응용될 수 있는지에 대한 사실을 아주 훌륭하게 기록하였습니다. 이 기사는 2008년 8월 사이언스 지에 게재된 논문으로부터 시작합니다. 먼저 루게릭병으로 우리에게 잘 알려진 근위축성 측색경화증(ALS: Amyotrophic Lateral Sclerosis)에 대해 이야기해 봅시다. 아직까지 정확한 원인과 치료 방법이 밝혀지지 않은 이 병은 운동신경세포에 퇴행이 진행되면서 서서히 근력이 위축되고 신체가 굳어지는 증상을 보이며 결국 체중감소, 언어장애, 호흡곤란 등의 증상을 거쳐 죽음에 이르는 무서운 질병입니다. 2012년 10월호 네이처 제네틱스 저널에는 미국 스탠포드 대학교의 지틀러(Aaron Gitler) 교수 연구팀이 쥐를 대상으로 한 실험에서 신경세포에 있는 Dbr1이라는 유전자가 ALS 발병과 관련이 있는 TDP－43 단백질에 영향을 주는 것을 발견한 연구가 게재되었습니다. 다시 말해 Dbr1 유전자의 돌연변이가 일어나면 TDP－43 단백질이 증가해서 신경기능이 감소하게 되고 결국 ALS가 유발된다는 것이지요. 이 병에 대한 가장 최근의 소식이자 성과입니다.

다시 2008년 8월 사이언스 지에 게재된 논문으로 돌아가겠습니다. ALS를 앓고 있는 82세 할머니의 피부세포에서 체세포를 추출하여 야마나카 교수가 발견한 4개 유전자를 처리하여 유도만능줄기세포를 만드는 데 성공하였습니다. 이 유도만능줄기세포가 분화하는 여러 세포 중에서 ALS를 가진 신경세포를 추출하였습니다. 신약 개발 과정에서 신약 후보물질이 될 수 있는 합성화합물이나 천연물의 약리 활성, 독성 여부를 평가하는 과정을 약물 스크리닝(drug screening)이라고 하는데 보통 분자수준이나 세포수준에서 이루어집니다. 이 과정이 끝나고 나면 임상실험을 수행하게 되는데 동물을 대상으로 하기도 하고 사람에게 직접 행하기도 합니다. 2011년 3월호 사이언티픽 아메리칸의 기사는 ALS병을 가진 유도만능줄기세포와 약물 스크리닝을 접목한 내용입니다. 즉, ALS 병을 가진 신경세포를 실험접시에 키우고 약물이나 스크리닝을 하고자 하는 유전자를 첨가함으로써 신약 후보물질을 스크리닝할 수 있습니다. 비록 세포 수준에서 수행하더라도 이 경우 임상 수준에서의 스크리닝 효과를 가지고 있다고 하겠습니다. 스크리닝에 사용한 신경세포는 단순한 신경세포가 아니라 ALS병을 가지고 있는 신경세포이기 때문입니다. 이처럼 유도만능줄기세포는 어떤 질병을 가지고 있는 환자의 체세포로부터 유도만능줄기세포를 만들며 신약 개발을 위한 스크리닝에 적용 가능합니다. 사람 몸속이 아닌 실험 접시 위에 질병을 올려 두고 연구함으로써 이 분야의 연구는 획기적인 진전의 시대를 맞이한 것으로 보입니다. 유도만능줄기세포의 응용으로 무한한 가능성의 문이 열렸습니다.

**정리합시다**

- 배아줄기세포에 대해 정리합시다.
- 성체줄기세포에 대해 정리합시다.
- 유도만능줄기세포에 대해 정리합시다.
- 체세포 복제에 대해 정리합시다.
- 거든이 제시한 발생학의 새로운 패러다임에 대해 정리합시다.

PART Ⅷ

# 암! 함께 살 수는 없을까?

## 슈베르트 미완성 교향곡
*Symphony No. 8 in B minor D. 759, Unvollendete*

교향곡은 4악장으로 이루어지는 것이 일반적인데 슈베르트는 이 교향곡을 3악장 9마디까지만 완성하였습니다. 비록 미완성이지만 음악적으로는 완벽에 가깝다고 하여 40년 만에 세상에 나온 작품입니다. 지난 50년 동안 활발한 연구가 진행되어 왔지만 아직 미완으로 남아있는 암이 연상되지 않나요?

## 절반의 성공에 대한 이야기

2006년 5월 26일자 사이언스 지에는 암에 관한 특집 기획 기사와 논문이 실렸습니다. 그 제목은 'Celebrating a glass half-full'로, '절반의 성공에 축배를'이라고 번역할 수 있습니다. 암 연구에 있어서 왜 절반의 성공이라는 표현을 사용했을까요? 암에 관한 연구는 지난 세기부터 활발하게 진행되어 왔습니다. 심장질환, 뇌혈관질환, 전염병에 의한 사망률은 지난 50년 동안 약 70% 감소했는데 암의 경우는 어떨까요? 지속적이고 엄청난 투자에도 불구하고 암에 의한 사망률은 50년 전과 크게 차이나지 않습니다. 그 이유 중 하나는 평균수명이 증가하였기 때문입니다. 예를 들어, 1960년 한국인의 평균수명은 52.4세에 불과했으나 2010년에는 80.8세로 증가하였습니다. 암의 종류에 따라 다르지만 췌장암 발생의 평균연령은 65세이며 암 발생의 평균연령은 증가 추세에 있습니다. 수명이 연장되면서 암의 발생률 또한 증가한 것이 암에 의한 사망률을 줄이지 못한 가장 큰 원인일 것입니다. 이러한 이유로 암에 의한 사망률을 줄이지는 못했지만 이제는 암을 어느 정도 조절할 수 있기에 '절반의 성공'이라고 하는 것이지요.

암을 예방할 뿐만 아니라 조기진단하고 치료방법에 있어서도 획기적인 개선이 있음에도 암에 의한 사망률이 반세기 이전과 비슷하다는 것은 이제 다른 시각에서 암을 바라 볼 때가 되었다는 생각이 듭니다. 암 진단을 받은 사람들은 짧게는 며칠에서 길게는 몇 년에 걸쳐 세 단계의 반응을 보인다고 합니다. 첫 번째 단계는 '왜 하필 내가 암에 걸렸는가?'라며 암을 부정하는 단계, 두 번째 단계는 '다른 사람들은 모두 행복한데, 나만 불행하다.'고 여기며 자포자기하는 단계, 마지막 단계는 암 발생을 자신의 것으로 받아들이는 단계입니다. 암 진단을 받은 대부분의 환자들이 왜 이러한 반응을 보일까요? 여전히 암에 의한 사망률이 높아 인간에게 가장 위협적이고 두려운 질병이기 때문입니다. 분명히 치료방법은 개선되었지만 암을 근본적으로 치유하는 데에 있어서 현대의학이 한계를 가지는 것이지요. 이제는 암을 바라보는 시각을 바꾸어야 할 때입니다. 암과 함께 살 수는 없을까요?

## 암 세포

암을 유발하는 인자 또는 물질(carcinogen)이 정상세포를 건드리면 암 관련 유전자들이 변형을 일으키고 결국에는 암세포로 바뀝니다. 최근에는 유전자의 변형 없이 후천적으로 유전자 발현을 변화시켜 암세포로 전환되기도 한다는 사실이 밝혀졌는데, 이 부분에 대해서는 Part XI에서 다루기로 하겠습니다.

일반적으로 암 유발인자가 정상세포를 건드리면 정상세포는 p53이라는 단백질을 만들어 세포 증식을 중단시킵니다. 즉, 세포주기의 진행을 중지시키는 것이지요. DNA 복제 시 잘못 복제된 부분을 수리하고 수리가 끝나면 다시 세포 증식을 진행시킵니다. 수리할 부분이 너무 많은 경우 자살 명령을 내려 세포의 자살 시스템(apoptosis)을 가동시킵니다. 우리에게는 암 세포의 확산을 막을 수 있는 시스템이 있지만 이 시스템마저 변형이 일어나면 암세포가 생성되기도 하지요. 실제로 암 환자들 중에서 p53 유전자 변형으로 암이 발병한 경우가 약 50%에 이르는 것도 이 때문입니다.

## 신생혈관형성억제와 암 전이

암은 내피세포의 변형에서 시작되며 이 암세포가 일정한 크기 이상이 되면 악성 종양(tumour)이라고 합니다 내피세포는 직접 혈관과 연결되어 있지 않고 기저층(basement)에 놓여 있기 때문에 종양에게 산소와 영양분의 공급이 되지 않습니다. 종양과 혈관 사이에 작은 혈관을 새롭게 만들어야 산소와 영양분을 공급받을 수 있는 것이지요. 어느 정도 성장한 종양은 새로운 혈관을 형성하려는 성질이 있기 때문에 신생혈관형성(aniogenesis) 물질을 분비합니다. 새로 형성된 혈관이 기존의 혈관과 종양 사이를 연결하여 종양에 산소와 영양분을 공급하고 이를 통해 종양은 급속도로 성장합니다.

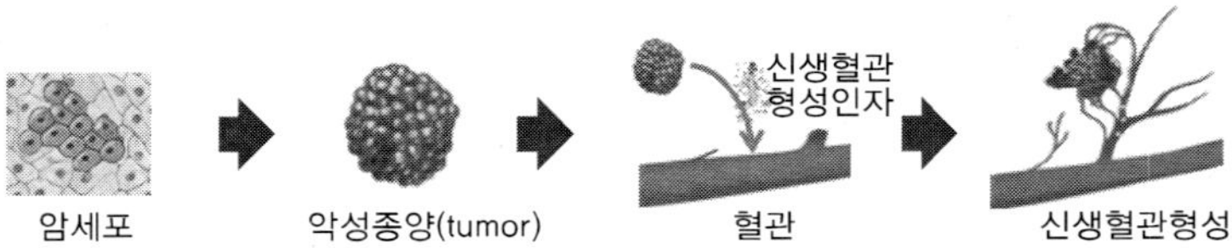


지금은 고인이 된 하버드 의과대학의 포크만(Judah Folkman) 박사는 1971년 이 신생혈관형성을 막아서 영양분의 공급을 중단시키면 암세포가 죽을 수도 있다고 생각하였고 암과 신생혈관형성 억제에 관한 연구의 개척자이자 선두주자로 활약하였습니다. 신생혈관형성 억제물질은 어떻게 찾았을까요? 만약 여러분들이 기존 약품 중에서 그 물질을 찾아야 한다면 어떻게 접근해야 할까요? 성인인 경우 신생혈관이 생성되는 경우가 드물지만 혈소판의 응집에 의해 상처가 아물었을 때 아문 부위의 굳은 조직에 혈액 공급이 필요합니다. 이때 아주 미세한 신생혈관이 만들어지겠지요. 엄마 뱃속에 있는 태아에게 혈관 형성은 필수적입니다. 포크만은 여기서 착안하여 과거에는 사용되었지만 태아를 유산시키기 때문에 현재는 사용이 금지된 약에서 연구를 시작했습니다. 신생혈관형성을 억제하는 물질을 찾기 시작한 것이지요. 대단한 발상의 전환이지요? 포크만은 평생 동안 50개 이상의 신생혈관형성 억제제를 개발하였는데 그 중에는 이미 약품으로 사용된 것도 있고 임상실험과정에 있는 것도 있습니다.

포크만의 최대 업적은 앤지오스타틴(angiostatin)과 엔도스타틴(endostatin)의 발견입니다. 1차 악성종양을 제거하면 종양의 전이가 급속하게 진행되어 2차 악성종양이 생성된다는 사실은 임상학적 경험에 의해 잘 알려진 사실입니다. 1994년 포크만은 여기에 착안하여 실제 1차 악성종양을 제거했을 때 암의 전이가 빠르다는 것을 확인하고 1차 악성종양 제거 시 신생혈관의 형성이 급속도로 진행된다고 가정하였습니다. 1차 악성종양을 제거한 후 채취한 혈액이나 오줌에 신생혈관형성 억제물질이 있을 것이라고 판단하여 암 환자의 혈액과 오줌을 처리하였을 때 신생혈관형성과 암 전이가 억제되는지 관찰했습니다. 그 결과 포크만은 환자의 혈액과 오줌에서 신생혈관형성 억제물질인 앤지오스타틴을 발견하였고 1997년에는 또 다른 신생혈관형성 억제물질을 발견하여 엔도스타틴이라고 명명하였습니다. 사진은 포크만이 셀 지에 발표한 논문에 실린 것입니다. 폐암에 걸린 쥐에 식염수만 처리한 것(오른쪽)과 엔도스타틴을 처리한 것(왼쪽)을 비교해 보면, 오른쪽 쥐의 종양은 그대로 있는 것에 비해 왼쪽 쥐의 종양은 사라진 것을 확인할 수 있습니다.

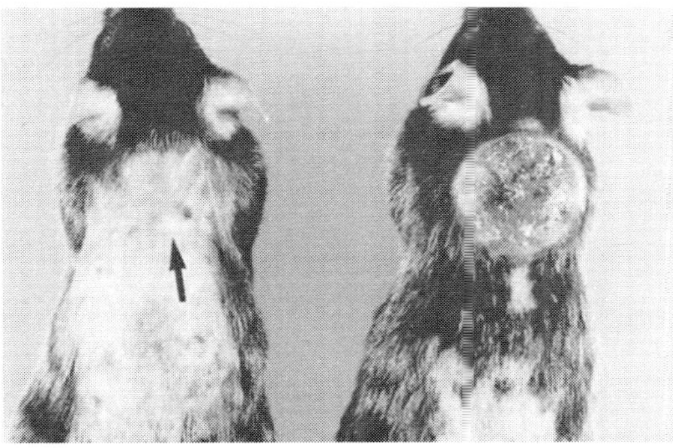

* 출처 Cell(1997) 88, 277-285

이 두 단백질을 통해, 앤지오스타틴은 플라스미노겐(plasminogen)으로부터 유래되었으며 엔도스타틴은 콜라겐 XVIII(Collagen XVIII)으로부터 유래되었다는 것을 알 수 있었습니다. 다시 말해 암 환자의 혈액이나 오줌을 사용하지 않고도 사람 플라스미노겐 조각이나 콜라겐 XVIII

조각을 처리하면 악성종양이 줄어든다는 것을 확인하였습니다. 여기서 잠시 플라스미노겐과 콜라겐 XVIII의 정체를 살펴봅시다. 플라스미노겐은 플라스민(plasmin)의 자이모겐(zymogen)입니다. 자이모겐이란 어떤 단백질이 합성되어 분비될 때는 비활성상태로 존재하다가 단백질 가수분해효소에 의해 일정한 부위가 잘려지면 활성화되는 단백질을 말합니다. 다시 말하면, 플라스미노겐은 간에서 비활성인 상태로 혈액으로 분비가 됩니다. 플라스미노겐으로 존재하다가 필요할 때 가수분해 효소가 플라스미노겐의 일부를 자르면 플라스민이 되고 활성을 얻은 플라스민은 자신의 임무를 수행합니다. 플라스민의 임무는 혈액에 있는 단백질로서 혈액을 응고시키는 것이기 때문에 플라스미노겐이나 플라스민 자체가 신생혈관형성을 억제하거나 암 전이를 막지는 못합니다. 그러나 플라스미노겐 조각인 앤지오스타틴은 그 역할을 할 수 있지요. 콜라겐 XVIII은 구조단백질로써 세포를 안정하게 지탱하는 단백질 중 하나입니다. 이 단백질 또한 신생혈관형성을 억제하거나 암 전이를 막지 못하지만 이 단백질 조각인 엔도스타틴은 그 역할을 할 수 있습니다. 어떻게 이 단백질들 조각이 신생혈관형성을 억제하는지 명확하게 밝혀지지 않았으나 1차 악성종양 자리에서 산소와 영양분을 공급받고자 새로운 혈관을 만들 때 필연적으로 기저층에 있는 단백질들이 파괴되고 그 자리에 신생혈관이 들어서게 됩니다. 이때 아마도 콜라겐 XVIII이 부서지면서 엔도스타틴이 만들어지는 것으로 보입니다. 신생혈관을 억제하기 때문에 악성종양 입장에서는 혈관을 만드는 과정에서 생긴 사고이지만 암 환자에게는 암 전이를 막아주는 다행스러운 일이지요.

이처럼 암 세포가 발생한 곳에서 새로운 혈관이 형성되는 것을 억제하지 못하면 악성종양이 신생혈관을 통해 산소와 영양분을 공급받고 1차 악성종양(primary tumour) 또는 본래 자리 암(*in situ cancer*)으로 성장하게 됩니다. 이 악성종양이 신생혈관을 타고 기존에 있는 혈관과 만나면 그 혈관을 뚫고 안으로 침입하게 되는데 이 과정을 암세포의 침입(invasion)이라고 합니다. 침입한 악성종양은 림프관(lymph vessel)을 타고 온 몸으로 확산되고 혈관 부위에 손상이 있거나 약해진 부분에서 종양이 혈관을 뚫고 조직으로 들어가서(extravasion) 정착하게 되는데, 이를 2차 종양자리(secondary tumour site)라 합니다. 이처럼 1차 종양자리를 떠나 같은 기관 내 또는 다른 기관으로 암세포가 2차 종양이 생성되는 과정을 암의 전이(metastasis)라고 합니다.

동물실험에서 앤지오스타틴과 엔도스타틴을 동시에 처리하게 되면 신생혈관형성과 암 전이가 획기적으로 억제되며 악성 종양도 사라진다는 결과가 발표되었습니다. 이러한 획기적인 두 단백질의 역할에 고무된, 당시 미국 대통령 클린턴은 이 두 단백질의 임상실험을 통해 암 치료제를 3년 이내에 개발할 것을 직접 지시하였습니다. 약물을 개발하여 임상실험을 마치고 치료제로 허가를 얻기까지 보통 8년의 기간이 걸린다는 점을 감안하면, 3년이라는 기간이 얼마나 획기적인 조치인지 알 수 있습니다. 암 치료에 있어서 이 단백질들이 얼마나 큰 기대를 받았는지 보여주는 사례이지요. 그 후 10년이란 세월이 흘렀지만 앤지오스타틴과 엔도스타틴이 임상실험에 성공하여 암 치료제로 개발되었다는 소식은 아직 들리지 않고 있습니다. 그리고 2008년 신생혈관형성억제와 암 전이 억제 분야의 개척자이자 선구자였던 포크만 박사가 심장마비로 사망하고 말았지요. 우리는 여기서, 사진에서는 쥐의 종양이 완전히 제거되었음에도 왜 사람에게는 적용되지 않는지 생각해 볼 필요가 있습니다.

이와 같은 결과는, 암이 비록 하나 또는 그 이상의 유전자 이상으로 인해 발생하는 질병이지만 일단 발생하여 암으로 발전하게 되면 유전자 수준에서 치료할 것이 아니라 시스템 관점에서 접근해야 한다는 교훈을 줍니다. 앤지오스타틴과 엔도스타틴이 쥐의 악성종양을 억제하는 획기적인 능력을 가졌지만 시스템이 다른 사람에게는 그 역할을 수행하기 어렵다는 의미이지요. 이제 우리는 암을 단순한 유전자의 변이로 볼 것이 아니라 하나의 유전자 변이가 시스템 전체를 헤집어 놓기 때문에 시스템이라는 관점에서 암을 바라보아야 하겠습니다. 진핵세포이자 단일 세포인 효모는 약 6,000개의 유전자를 가지고 있습니다. 만약 우리가 효모 유전자를 하나 제거한다면 나머지 5,999개 유전자의 발현 정도가 어떻게 달라질지 생각해 봅시다. 어떤 유전자를 제거하는지에 따라 약간의 차이는 있지만 하나의 유전자를 제거하자 천 가지 이상의 유전자 발현 양상이 변화하였습니다. 유전자 하나가 시스템 전체에 변화를 초래하는 좋은 사례를 보여줍니다. 단일 세포인 효모가 이러하니, 약 10만 개의 유전자가 복잡한 네트워크를 구성하고 있는 인간의 경우는 더 이상 말할 필요조차 없겠지요. 다음에서 암 관련 유전자 194개와 상호작용하는 정보를 입력하여 상관관계를 네트워크 그래프로 나타내 보았습니다. 하나의 암 관련 유전자가 독립적으로 존재하는 경우는 많지 않았으며 대부분의 암 관련 유전자는 거대한 네트워크를 형성하여 상호작용하고 있었습니다. 따라서 암 관련 연구는 하나의 암 유전자를 대상으로 할 것이 아니라 암 관련 유전자들 사이 혹은 암 관련 유전자와 다른 유전자들의 관계를 고려하여야 할 것입니다. 지금까지 암 연구에서

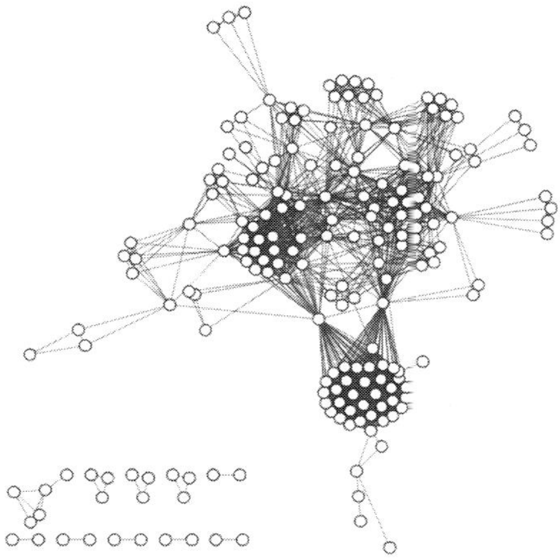

시스템 수준의 접근을 고려해야 하는 이유를 살펴보았습니다.

## 줄기세포와 암

줄기세포와 암세포는 텔로머라제가 있기 때문에 무한한 재생능력을 가진다고 Part Ⅴ에서 말한 바 있습니다. Part Ⅶ에서 이미 언급한 바와 같이 유도만능줄기세포를 만들 수 있는 유전자 4개 중에서 3개(Oct3/4, Sox2, c-Myc)는 암을 유발할 수 있는 유전자입니다. 이것이 줄기세포와 암세포의 관계를 생각해 보게 하는 대목입니다. 사실 줄기세포에서 암세포가 발생할 것이라는 가설은 1875년 독일의 병리학자 콘하임(Julius Friedrich Cohnheim)이 처음 제시하였습니다. 그는 "성체조직에는 배아 잔존물(embryonic remnants: 줄기세포를 의미)은 활성화되어 암이 될 수 있다."고 주장했습니다. 줄기세포가 무엇인지도 모르던 시절 이렇게 탁월한 견해를 가졌다는 것에 놀라움을 금할 수 없습니다. 줄기세포에 관한 연구가 활발해진 최근에 이르러서야 암세포의 기원이 줄기세포라는 가설이 구체화되기 시작했으니 말이지요. 급성 골수성 백혈병(AML: Acute Myelogenous Leukemia)이 혈액생성 줄기세포(hematopoietic stem cell)에 기인한다는 1997년 토론토 대학교 딕(John Dick) 박사팀의 보고를 시작으로 2003년 미국 미시간 대학교의 클라크(Michael F. Clarke) 박사팀은 고형암에서는 유방암 세포가 줄기세포의 변형에 의해서 발생한다는 사실을 발표하였습니다.

암세포가 줄기세포에서 발생하는 것이라고 가정한다면 두 가지 측면에서 살펴보아야 합니다. 하나는 종양이 조직의 줄기세포에서 발생할 것이라는 측면이고 다른 하나는 줄기세포에서 발생했기 때문에 종양이 줄기세포의 기본적인 특성을 가지고 있어야 한다는 측면입니다. 성체줄기세포의 구조를 먼저 살펴봅시다. 최근 연구에 의하면 줄기세포를 유지하는 효율이 나이가 들수록 감소하는데, 이것은 줄기세포와 접해 있는 니치세포(niche cell)와 연관되어 있습니다. 나이가 들수록 니치세포의 분열성향을 띠게 되고 그 결과 줄기세포의 복제능력을 감소시킨다는 것입니다. 그림과 같이 니치세포와 줄

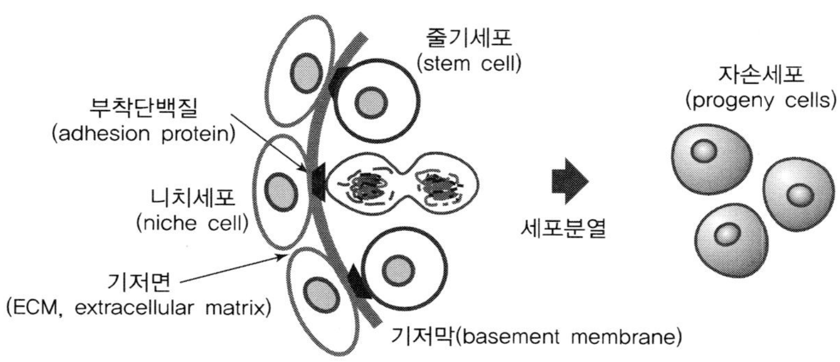

기세포의 구조를 보면 기저면(ECM: extracellular matrix)에 니치세포가 있고 인접하여 줄기세포가 있습니다. 줄기세포가 분화하면 특정 기관의 체세포가 되는 것 기억하나요? 이 줄기세포의 위치와 암세포가 발생하는 위치는 같으며 줄기세포가 변형되면 **암줄기세포**(cancer stem cell)가 됩니다. 백혈병을 앓고 있는 복수의 실험쥐에서 얻은 종양세포를 다른 실험쥐에 주입하면 새로운 종양이 발생하였으며 이때 형성된 종양이 종양을 가진 쥐의 고유성질을 그대로 가지고 있는 것으로 보아 암줄기세포의 존재를 추측할 수 있습니다. 암세포는 상피조직을 구성하는 분화세포에서 발생하는데, 이 세포의 증식은 잘 일어나지 않습니다. 종양을 만들 만큼 변이가 일어난 세포가 충분하지 않다는 것을 의미하지요. 대부분의 종양은 세포의 분화 정도와 변이 정도가 다른 세포들로 구성되어 있습니다. 만약 암줄기세포가 아닌 분화가 매우 잘 되는 세포들에게서만 암세포로의 변이가 일어난다면 분화된 세포에서 종양에 있는 미분화된 세포를 어떻게 만드는지에 대해 설명하기 어렵습니다. 따라서 줄기세포에서 암줄기세포로 변형되고 이 암줄기세포에서 암세포로 무한하게 증식한다는 가설이 이러한 문제점을 해결할 수 있습니다. 줄기세포와 암세포는 공통점이 많습니다. 이 부분에 대해서는 좀 더 열린 마음으로 새로운 연구결과를 지켜보는 것이 좋을 듯합니다.

## 발암유전자와 원종양형성유전자

변형이 일어날 경우에는 암이 되지만 현재는 정상인 유전자를 원종양형성유전자(proto-oncogene)라고 하며 이 유전자에 변형이 일어나

암이 발생하면 발암유전자(oncogene)라고 합니다. 같은 유전자이지만 암의 발생 여부에 따라 구분되는 것이지요. Myc 유전자는 유전자의 전사를 조절하는 전사인자(transcription factor)입니다. Myc 단백질은 전형적인 세포 증식을 조절하는 경로(MAPK/ERK 경로)에 관여하는 단백질인 Wnt, EGF와 같은 단백질들의 전사를 조절합니다. 따라서 이 단백질의 변형(염색체의 translocation)은 암세포의 무한한 증식에 필수인자가 될 것입니다. 정상상태일 때의 Myc 유전자를 원종양형성 유전자라고 하며 이 유전자가 변형(c-Myc)되어 암세포가 되면 발암유전자라고 합니다.

## 유전자의 자리이동과 발암유전자

앞에서 이야기한 c-Myc 유전자는 8번 염색체의 유전자 자리이동(translocation)에 의해 발생한 발암유전자입니다. 많은 발암유전자들이 단순한 유전자 돌연변이에 의해서도 일어나지만 자리이동에 의해서 일어나는 경우도 많습니다. 대표적인 예가 만성 골수성 백혈병(CML: Chronic Myelogenous Leukemia)을 유발하는 BCR－ABL 유전자입니다. ABL 유전자는 사람 9번 염색체 말단 부위에 있으며 BCR 유전자는 사람 22번 염색체 중앙 부근에 있습니다. 암은 이 두 염색체에 있는 유전자의 자리이동(translocation)에 의해 발생하는데, 9번 염색체의 ABL이 있는 부위가 떨어져서 22번 염색체로 이동하고 22번 염색체의 BCR이 있는 아랫부분이 9번 염색체로 자리를 이동하게 됩니다. 그 결과 22번 염색체에 남아 있는 BCR 부위와 9번에서 떨어져 나간 ABL 부위가 합쳐지게 되는 것이지요[참고로 그림에서 (+) 9번 염색체는 유전자 자리이동에 따라 염색체가 더 커졌다는 것을 의미하

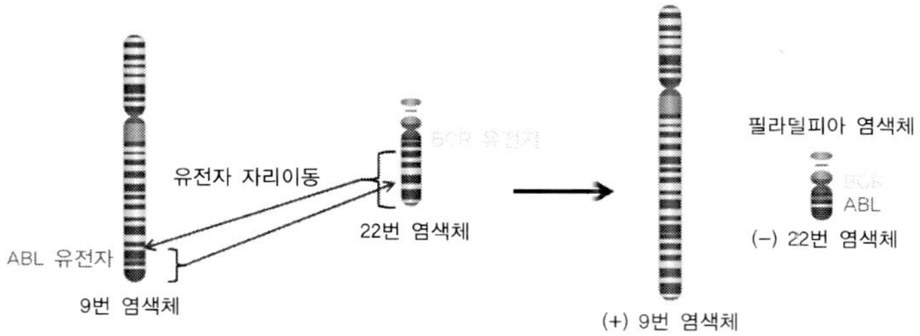


며 (–) 22번 염색체는 더 작아졌다는 의미입니다. 이 염색체를 필라델피아 염색체(Philadelphia Chromosome)라고 명명하였습니다. 1960년에 이 염색체를 처음 발견한 펜실베이니아 대학교의 교수 노웰(Peter Nowell)은, 이 대학교가 위치한 도시 이름을 따서 '필라델피아'라고 명명하였습니다. 이 유전자는 단백질을 인산화하는 티로신 키나아제(tyrosine kinase)로 밝혀졌습니다. 단백질 키나아제는 단백질에 ATP에 있는 인산기를 아미노산 세린(serine), 트레오닌(threonine) 또는 티로신(tyrosine)의 수산기(–OH)에 붙이는 효소입니다. 티로신 키나아제는 티로신을 인산화하는 효소이지요. 만약 이 티로신 키나아제가 활성화되어 인산화가 일어남으로써 암이 진행된다면, 티로신의 인산화를 막으면 암의 진행을 막을 수 있습니다. 최근 만성 골수성 백혈병 치료제로 각광을 받고 있는 글리벡(greevec)은 이 단백질이 인산화되지 못하게 방해함으로써 만성 골수성 백혈병을 치료합니다. 지금까지 살펴본 BCR–ABL 이외에도 자리이동에 의해서 유발되는 암 유전자는 많이 알려져 있습니다. 염색체에 있는 유전자의 자리이동이 암을 유발하는 아주 중요한 인자 또는 방법 중에 하나입니다.

## 암세포의 성장속도

정상세포는 성장인자나 성장호르몬과 같은 성장신호에 의해 증식이 가능하지만 대부분의 암세포는 성장신호가 없어도 증식이 가능합니다. 성장신호가 없어도 성장할 수 있도록 돌연변이가 일어났기 때문입니다. 가장 잘 알려진 성장신호 과정은 다음과 같습니다. 성장인자가 세포막에 있는 수용체에 결합하면 수용체가 자가인산화하면서 활성화됩니다. 여기서 활성화된다는 것은 신호가 없을 때는 잠자고 있다가 인산화가 되면 잠에서 깨어나 활동한다는 뜻입니다. 수용체의 자가인산화된 자리에 신호를 전달하는 단백질이 결합하면 활성을 띄지 않은 라스(Ras)라는 단백질이 활성화되면서 여러 단계를 거쳐 세포증식이 시작됩니다. 이 라스 단백질은 평상시에 GDP가 붙어 있습니다. 이때는 잠자고(비활성) 있다는 의미입니다. 잠에서 깨어나기(활성화) 위해서는 GDP 대신 GTP로 치환되어야 합니다. 다시 말해 Ras－GDP인 경우는 비활성이고 Ras－GTP인 경우는 활성을 뜻합니다. 정상세포는 성장신호가 오면 Ras－GDP가 Ras－GTP로 바뀌면서 세포증식을 유도하고 성장신호가 없으면 Ras－GDP로 돌아와 세포증식을 멈추는 것이지요. 마치 방에 전등을 켜는 스위치(on- off)와 같습니다. 그런데 암세포는 이 라스 단백질에 돌연변이가 일어나 항상 Ras－GTP 형태로 존재합니다. 그러니 어떻겠습니까? 성장인자나 성장호르몬이 없어도 항상 세포증식이 일어나겠지요.

암세포가 처음 등장할 때는 대부분의 정상세포들은 잠자고 있지만 단 하나의 암세포가 발생하면 지속적으로 증식하다가 어느 단계에 이르면 기하급수적으로 증가하여 마침내 그 일대가 전부 암세포로 바뀌게 됩니다. 계산해 볼까요? 암세포 1개가 증식하면 2개의 암세포가 되고 한 번 더 증식하면 4개가 됩니다. 한 개의 암세포가 20번 증식하면 백만 개의 암세포가 만들어지는 것이지요. 이 만큼의 세포 무게는 약 1밀리그램 정도 됩니다. 30번 증식하여 암세포 수가 10억 개에 이르면 무게가 약 1그램 정도 되는데, 이것이 우리가 일반적으로 만질 수 있는 암의 크기입니다. 통상적으로 인간세포의 증식주기가 24시간이니 하루에 한 번 증식한다고 가정했을 때, 암세포가 만들어지고 30일이면 만질 수 있는 크기가 된다는 것이지요. 1그램의 암세포가 10번 더 증식하면 1킬로그램이 됩니다. 이론적으로는 10일이 걸리지만 실제는 그렇지 않습니다. 정확한 속도는 알지 못해도 암세포의 증식속도가 암의 진행에 절대적인 영향을 미친다는 것만은 틀림없습니다.

암의 진행정도는 암이 진행한 범위를 임상학적으로 말하는 것으로 대개 1~4기로 나눕니다. 1기는 암세포가 발생한 장기에만 머물고 있는 상태로 수술이 가능하고 절제가 가능합니다. 림프절이나 혈관으로 전이되지 않은 것이지요. 2기는 인접한 조직으르 퍼졌으나 제한적 범위라 수술이 가능합니다. 림프절에 이미 미세하게 침범했을 가능성이 높아 완전한 절제를 장담하기는 어렵습니다. 3기는 암이 발생한 장기보다 더 넓게 퍼져 있는 상태입니다. 수술은 가능하지만 장기보다 더 넓게 퍼져 있기에 절제할 수는 없습니다. 생존율이 20% 이하에 불과하지요. 4기는 이미 다른 장기, 주요한 신경, 동맥, 정맥, 뼈에 전이된 상태며 수술이 불가능합니다. 생존 기회가 거의 없는 것이지요.

흔히 착한 암과 나쁜 암이라고 이야기하지만 암은 다 나쁩니다. 착한 암이란 없습니다. 여기서 말하는 착한 암과 나쁜 암은 성장속도를 두고 하는 말입니다. 대표적인 착한 암은 갑상선암으로 진행속도가 느려서 대부분 악화되기 이전에 발견됩니다. 우리나라에서는 주로 수술로 제거하지만 일본에서는 수술하지 않고 약물요법으로 다룹니다. 그만큼 성장 속도가 늦고 전이가 쉽게 되지 않기 때문입니다. Part Ⅳ에서 소개한 자궁경부암도 진행속도가 느린 비교적 순한 암입니다.

전립선암도 진행속도가 느린 암입니다. 나이가 들수록 전립선암의 발병가능성이 높아지는데 보통 수술로 전립선을 제거하거나 방사선으로 치료합니다. 미국에서는 70세 이상의 노인이 전립선암에 걸리면 의사들조차 치료할 생각을 하지 않습니다. 진행속도가 느리기 때문에 전립선암으로 사망할 가능성보다 다른 원인에 의해 사망할 가능성이 훨씬 더 높기 때문입니다. 그러나 암세포가 전립선 밖으로 전이되는 것은 큰 문제입니다. 다른 장기로 전이되면 암의 진행속도는 빨라지는데 현대의학으로 전이를 막을 특별한 방법이 없기 때문입니다.

폐암은 비교적 진행속도가 빠른 암으로 비소세포(non-small cell)암과 소세포(small cell)암 두 종류가 있습니다. 이 중에서 비소세포암이 80 ~85%를, 소세포암이 15~20%를 차지합니다. 소세포암은 진행속도가 매우 빠르고 초기에 전신으로 퍼지는 경향이 있어 전신 질환으로 취급하고 있으며 악성이 강한 암입니다. 비소세포암은 부위, 진행속도 및 형식, 증상 등 임상적인 특징이 매우 다양합니다. 소세포암에 비해 진행속도가 느리며 말기가 되어서야 전이되기 때문에 초기에는 수술로 완치가 가능합니다. 그러나 증상이 별로 없기 때문에 초기에 발견할 확률이 낮으며 다른 암에 비해 5년 후 생존률이 매우 낮습니다. 폐암은 진단받고 치료하지 않으면 생존기간이 평균 5~6개월에 불과할 정도로 빠르게 진행됩니다.

췌장은 인슐린을 분비하여 혈당을 조절하고 지방을 분해하는 소화효소를 분비하는 곳입니다. 췌장암은 생존율이 매우 낮으며 진행속도도 아주 빠른 암입니다. 췌장암은 위치가 깊어 초기 췌장암은 복부초음파로도 발견하기 쉽지 않아 3~4기가 되어서야 발견되는 경우가 많으며 수술이 어렵고 진행속도 또한 빨라 다른 장기로 전이되는 경우가 많습니다. 진단받은 환자의 90% 이상이 사망하는 것으로 알려져 있습니다.

앞에서 살펴본 바와 같이 갑상선암과 전립선암은 진행속도가 느린 데 반해, 폐암과 췌장암은 진행속도가 매우 빠릅니다. 지금까지 알려진 수십 종류의 암은 고유한 암 특이성이 있어서 진행속도, 전이속도, 발병률 등이 모두 다르지요. 여기서는 4종류 암의 진행속도에 대해서 다루었습니다. 전립선암은 진행속도가 느린데, 전이가 되어 다른 기관에 정착하면 그 기관 특이성에 따라 진행속도가 바뀝니다. 왜 그럴까요? 암의 진행속도가 암세포 자체에 의존하는 것이 아니라 성장 환경에 의존하기 때문입니다.

## 암은 외부 문제가 아닌 내부문제로 다루어야 합니다

서양의학의 가장 획기적인 발견은 페니실린의 발견이며 더 나아가서 백신의 발견입니다. 이는 모두 외부의 문제입니다. 다시 말해 외부의 적이 우리 몸에 침투하였을 때 방어하여 치료하는 방법입니다. 반면에 암은 내부문제 즉, 자신의 세포문제입니다. 물론 자궁경부암이나 간암과 같이 외부 바이러스에 의한 경우도 있으나 외부요인에 의해 시작하더라도 결국 내부세포의 변형문제입니다. 암에 대한 근원적인 문제 해결은 왜 어렵고 복잡할까요? 우리는 외부의 적을 박멸하는 방법에 익숙해 내부의 적 혹은 자신의 세포에 대항하는데 익숙하지 않습니다. 약물 치료나 방사선 치료는 암세포뿐만 아니라 건강한 세포조차도 죽입니다. 더욱 힘든 사실은 정상세포는 끊임없이 죽어 가는데, 암세포는 약물이나 방사선에 저항하며 변신을 거듭하고 살아남는다는 것입니다. 마치 항생제에 저항하며 살아남는 슈퍼 박테리아(super bacteria)처럼 말이지요.

암 치료제가 동물 실험에서는 매우 성공적임에도 불구하고 사람에게 적용하면 전혀 효과가 없는 경우가 대부분입니다. 왜 그럴까요? 동물과 사람을 구성하고 있는 시스템이 다른 것이 하나의 요인이겠지만 더 근본적인 원인은 내부문제 또는 외부문제라는 관점에서 찾을 수 있습니다. 다시 말해 인간의 암세포를 쥐에게 주입했을 때 쥐에게 있어서 이것은 외부인자입니다. 마치 박테리아가 침입한 것과 같이 대응하게 되겠지요. 쥐의 종양이 성장하는 경우 그것은 쥐의 종양이 아니라 사람의 종양입니다. 따라서 암 치료제를 처리하면 쥐 세포에는 영향을 주지 않고 사람 종양세포만 선택적으로 죽이게 됩니다. 쥐에 주입했던 인간의 종양이 사라진다면 그것은 감염의 문제를 해결하는 것과 같습니다. 사람의 종양세포는 정상세포와 동일한 내부문제입니다. 동물실험에서는 외부문제였으나 사람에게는 내부문제인 것이지요. 이러한 사실은 그 동안 인간이 의학을 통해 정립한 시각을 뒤집어 새로운 각도에서 다시 생각해 보는 암시가 될 수도 있습니다. 암세포는 우리 몸속에서 함께 살아가는 박테리아와 같이 우리와 함께 살아가는 또 다른 나 자신입니다. 함께 살아갈 수는 없을까요?

## 암! 함께 살 수는 없을까?

사이언스 지의 암 특집기사가 표현한 것처럼 암에 대한 연구는 '절반의 성공'입니다. 이제 암에 대해 새로운 전략을 제시하고자 합니다. 우리 몸속에 있는 암세포에게 묻고 싶습니다. "암세포! 우리 함께 살면 안 될까?" 요즈음 식생활이 변화하면서 젊은 세대에서 암이 발생하기도 하지만 일반적으로 암은 60세 이상에서 발견됩니다. 앞에서 미국에서는 70세 노인이 전립선암에 걸릴 경우, 전립선암의 진행속도가 매우 느리기 때문에 치료하지 않는다고 하였지요? 암세포는 죽이려고 하면 또 다른 변형을 만들어내고 반항합니다. 그러니 성장속도만 늦추는 건 어떨까요? 2012년 현재 조사한 바에 의하면 사람 세포에는 528개의 성장 관련 유전자가 있으며 암세포와 관련된 유전자는 230개입니다. 두 유전자가 공통으로 겹치는 것은 44개인데 이는 곧, 성장유전자 528개 중에서 암의 성장에 관여하는 유전자가 44개라는 의미입니다. 이 44개 유전자의 공통적인 특성을 조사하면 이 녀석들을 적절히 조절할 수 있는 방법을 찾을 수 있겠지요. 그 방법을 암세포에 적용하면 암세포를 죽이기보다 암세포의 성장속도를 늦출 수 있을 것입니다. 우리 몸속에는 정상세포가 대부분이니 비록 한 개의 암세포가 있더라도 정상세포와 성장속도가 같다면 염려할 필요가 없겠지요. 암세포 1개가, 2개 또는 4개로 증식하더라도 천천히 증식한다면 아무런 문제가 없을 것입니다. 우리 몸에는 전혀 다른 세포인 박테리아도 우리와 함께 살아가고 있으니까요.

암세포에 고추 추출물 또는 마늘 추출물을 직접 처리해 본 결과, 모든 암세포가 죽지는 않았지만 성장속도가 매우 느려졌습니다. 대장에서 발견된 용종이 대장암으로 전환되기까지는 10년 이상의 시간이 걸린다고 합니다. 대장 암세포가 증식하여 신생혈관을 형성하고 옆 조직으로 이동하기까지는 또 다른 10년이 소요되고 식별할 수 있는 크기인 1그램 정도의 종양으로 바뀌는 데 또 다른 10년이 소요된다면 용종이 발견된 후 30년이 지나야 대장암 1기로 진행되겠지요. 60세에 용종을 발견한 사람이 90세에 대장암 1기 판정을 받는다면 암이 아닌 다른 원인으로 사망할 확률이 훨씬 더 높을 것입니다. 물론 이것은 가정입니다. 암을 죽이기 위해 약물과 방사선을 무분별하게 투여하여 슈퍼 암세포(super cancer cell)를 만드는 것보다 적절히 조절하면서 함께 살아가는 지혜를 모으는 것이 '절반의 성공'을 완성하는 방법 아닐까요?

**정리합시다**

- 단백질 p53의 두 가지 역할을 정리합시다.
- 발암유전자와 원종양형성유전자에 대해 정리합시다.
- 암줄기세포 가설에 대해 정리합시다.
- 신생혈관형성에 대해 정리합시다.
- 신생혈관형성 억제제와 암 전이에 대해 정리합시다.

PART Ⅸ

# 생활 속의 생명과학

**모차르트 교향곡 41번**

*Symphony No. 41 in C major K. 551, Jupiter*

아침에 눈을 떴을 때 모차르트의 주피터를 들으며 일상을 시작하는 여유를 갖고 싶습니다. 모차르트의 교향곡은 쉽게 접할 수 있지만 그 깊이를 깨닫기 위해서는 많은 시간이 필요합니다. 들으면 들을수록 새롭고 깊이가 느껴지는 것이 모차르트 음악입니다. '클래식 음악 감상은 모차르트에서 시작하여 모차르트에서 끝난다.'는 이야기가 있을 정도이지요. 우리가 전혀 인식하지 못하는 사이에 생명과학은 우리 생활에 스며들어 우리 삶의 질을 높이고 삶의 깊이를 더하고 있습니다.

## 생명과학, 생활 속으로

개인 컴퓨터가 일반화된 것이 1990년대 이야기이니, 50대 이상의 기성세대는 학창시절에 컴퓨터를 만져본 적이 없습니다. 인터넷이 보급되어 정보를 검색하고, 전자메일을 주고받는 일이 일반화된 것은 2000년대 초반의 일입니다. 그리고 십년이 흐른 현재 스마트폰을 사용하지 않는 사람이 거의 없을 정도이고 SNS(social network service)로 소통하는 일이 흔해졌습니다. 전자정보기술은 우리에게 너무 많은 것을 주기도 하고 이 흐름에 편성하도록 우리에게 강요하기도 합니다.

21세기를 생명과 정보의 시대라고 이야기합니다. 컴퓨터정보기술의 급격한 발전이 우리의 정신을 몽땅 앗아갈 정도인 데 반해, 생명과학이 우리에게 미치는 영향은 미미하게 느껴집니다. 진정 21세기가 생명과학의 시대인지 회의가 들 정도이지요. 그러나 생명과학 또한 우리 생활 속 깊숙이 침투해 있습니다. 아침에 눈을 떠서 잠자리에 들 때까지 우리도 모르는 사이에 생명과학 기술을 접합니다.

## 건강 속의 생명공학

### 인터페론 이야기

유전공학을 이용한 최초의 약품 대량 생산 사례는 인터페론(interferon)입니다. 인터페론은 면역세포에서 만들어지는 단백질로, 항바이러스제이며 바이러스와 같은 7외부 침입자나 종양에 대응합니다. 1957년에 아이작스(Alick Isaacs)와 린든먼(Jean Lindenmann)이 처음 발견했습니다. 세포배양에서 얻은 인터페론이 암의 발생을 막거나 암세포의 성장을 억제할 수 있다는 사실이 1960년대에 밝혀졌지요. 1970년대에는 인간의 백혈구 인터페론이 바이러스 감염치료에 효과적이라는 것이 확인되었습니다. 당시 1%에 미치지 못하는 저순도 인터페론 1그램을 얻기 위해서는 9만 명이 헌혈에 참여해야 얻을 수 있는 양의 혈액이 필요했습니다. 1978년 저순도 인터페론을 주사하는 비용은 1회에 50,000달러였습니다(현재 환율로 환산하면 6천만 원 가량). 1980년대 초에는 DNA 재조합기술을 사용하여 인터페론을 대장균에서 생산할 수 있게 되었고 1980년 중반 고순도 인터페론 주사 비용은 1회에 1달러에 불과했습니다. 유전자 재조합기술의 쾌거이지요. 우리가 병원에서 맞는 백신이나 유사한 주사의 대부분은 유전자 재조합기술의 결과입니다.

### 인슐린 이야기

인슐린은 우리 몸의 혈당을 유지시키는 호르몬으로 췌장의 베타 세포에서 분비되고 혈액 속의 포도당 수치를 일정하게 유지시키는 역할을 합니다. 따라서 인슐린 분비에 이상이 생기면 포도당을 오줌으로 배출하는 당뇨병에 걸리게 됩니다. 인슐린은 21개의 아미노산을 가진 A사슬과 30개의 아미노산을 가진 B사슬이 두 개의 이황화결합(－Cys－S－S－Cys－)으로 연결되어 총 51개 아미노산으로 구성된 비교적 작은 단백질입니다. 아미노산 시스테인(cysteine)은 R그룹에 －SH기를 가지고 있습니다. 두 시스테인이 만나서 이황화결합(－S－S－)을 할 수 있습니다. 두 개의 이황화결합 중 하나는 A사슬의 6번째 시스테인과 B사슬의 7번째 시스테인의 결합이며, 다른 하나는 A사슬의 20번째 시스테인과 B사슬의 19번째 시스테인의 결합입니다. 대장균으로부터 사람 인슐린을 유전공학적으로 생산하는 기술을 개발하여 1982년에 산업화에 성공하였습니다. 유전공학기술 이전의 당뇨병은 부자들만의 병이라고 인식되었으나 이제는 1,000원으로 인슐린 주사를 맞을 수 있는 시대가 되었습니다.

### 흑염소 메디는 황금 우유를 내는 염소

백혈구 증식인자 중 하나인 G－CSF(Granulocyte Colony Stimulating Factor)는 골수세포로부터 호중구성 과립구 콜로니의 생성을 촉진하여 분화를 유도하고 백혈병 세포주의 증식을 억제하는 당단백질입니다. G－CSF는 암 치료용 백혈구 증강제로 항암제 투여 시 생기는 백혈구 감소를 막아주는 역할도 합니다. 이외에도 항암치료나 골수이식

후 백혈구가 정상 수준으로 회복되는 동안 발생할 수 있는 세균이나 곰팡이에 의해 감염되는 것을 막아줍니다.

G−CSF는 1그램에 9억 원에 달하는 고가 의약품이며 연간 세계 시장 규모가 1조7천억 원, 연간 국내 시장 규모도 150억 원에 이르는 아주 높은 가격의 단백질 의약품 중 하나입니다. 한 번 주사하는 데 300마이크로그램이 필요하며 비용은 34만 원정도 듭니다. 주로 사용되는 것은 대장균에서 발현시킨 것으로 효능은 있으나 사람의 G−CSF와는 구조가 조금 다릅니다.

1998년 4월에 KAIST 의과학연구센터, 한국생명공학연구원, 한미약품과 함께 우리나라의 토종흑염소에 사람 G−CSF 유전자를 주입하여 형질전환동물 메디(Meddy)를 탄생시켰는데, 메디의 젖에서 다량의 G−CSF가 생산되고 있음이 확인되었습니다. '황금알을 낳는 거위' 이야기처럼 황금 우유를 짤 수 있는 염소인 것이지요. 1999년 5월에는 메디가 낳은 새끼 또한 사람 G−CSF를 생산할 수 있습니다.

## 형질전환 돼지

형질전환 동물에는 돼지가 많습니다. 돼지는 그 장기가 사람의 것과 크기가 비슷하여 이종 간의 장기이식에 가장 적합한 가축입니다. 돼지와 사람이 질병에 대한 호환성이 높기 때문에 돼지고기는 반드시 익혀 먹도록 하는 것이지요. 돼지고기의 박테리아, 바이러스, 기생충은 사람에게도 치명적일 수 있습니다. 소와는 전혀 달라서 소고기는 육회로도 먹지만 돼지는 그럴 수 없습니다. 이러한 이유로 형질전환 가축에는 돼지가 많지만 돼지가 가지고 있는 물질 자체는 사람과 다르기 때문에 사람 면역세포가 이식한 돼지 장기를 공격하게 됩니다. 이를 면역 거부반응이라 하고 이와 같은 거부반응은 반응시간에 따라 세 가지로 나눌 수 있습니다. 초급성 거부반응은 이식 수술 도중이나 수술 후 수시간 내에 일어나는데 이식된 장기의 혈관 내피세포를 공격하기 때문에 장기의 혈전응고 기전이 활성화될 때 항응고제인 헤파린(heparin)을 투여하여 미세혈관의 혈전을 녹여주어야 성공확률이 높습니다. 급성 거부반응은 보통 이식 후 5일에서 6개월 사이에 일어나고 만성 거부반응은 이식 6개월 이후 발생하여 면역반응에 의해 기능이 저하됩니다. 이러한 거부반응을 치료하기 위해서 일반적으로 스테로이드 충격요법을 사용하지만 완치가 어렵고 지속적으로 약을 복용해야 하는 어려움이 있습니다.

### 지노

지노(Xeno)는 2009년 4월 농촌진흥청 축산과학원에서 태어난 국내 최초의 바이오 장기용 형질전환 복제 미니 돼지입니다. 지노는 면역 거부반응의 첫 단계인 초급성 항원을 만들어내는 '알파갈(Gal-T)' 유전자를 제거한(knock-out) 돼지이지요. 돼지 체세포에서 이 유전자를 제거하고 복제했기 때문에 지노의 장기를 사람에게 이식해도 초급성 거부반응이 일어나지 않습니다. 이후 인공수정을 통해 지노의 새끼가 20여 마리 태어났는데 지노의 새끼들도 대부분 지노처럼 알파갈 유전자가 제어된 상태로 태어났습니다.

## 믿음이

2010년 10월 태어난 믿음이는 초급성 거부반응뿐만 아니라 급성 거부반응으로부터도 자유로운 복제 돼지입니다. 지노처럼 초급성 거부반응 유전자(Gal-T)를 제거하고 동시에 급성 거부반응을 일으키지 않도록 MCP(Membrane Cofactor Protein, CD46)를 삽입(knock-in)하였습니다. 다시 말하면 지노에 MCP 유전자를 추가한 복제 돼지가 믿음이입니다. 믿음이는 초급성과 급성 거부반응을 모두 제어하도록 형질전환되었습니다.

## 혈우병 돼지 이야기

혈우병은 혈액이 응고되지 않는 병입니다. 선천적인 유전병으로 피가 잘 응고되지 않기 때문에 피를 흘리게 되면 보통 사람들에 비해 멎는 데 시간이 많이 걸립니다. 혈우병 치료제를 생산하는 형질전환 돼지는 혈액 응고 단백질(vWF: von Willebrand Factor)을 생산하는 유전자를 삽입하고 복제하여 태어났습니다. 혈우병 치료제는 주로 사람 혈액을 정제하여 사용하거나 세포를 배양하여 얻었지만 이제는 형질전환 돼지를 통해 더 적은 비용으로 많은 양의 치료제를 얻을 수 있게 되었습니다. vWF를 생산하는 돼지 1마리로부터 얻을 수 있는 수입은 200억 원 정도입니다. 전 세계 혈우병 치료제 시장은 4조 원 규모에 달합니다.

## 당뇨병을 앓고 있는 돼지

당뇨병 질환모델 돼지는 당뇨병을 유발하는 유전자를 유전자 재조합기술을 이용해 인위적으로 돼지에게 집어넣어 만들었습니다. 다시 말해 당뇨병을 앓는 돼지이지요. 당뇨병은 두 가지 형태가 있는데, 제1형은 췌장의 베타세포에서 인슐린이 분비되지 않기 때문에 생기고 제2형은 인슐린 분비저하와 인슐린 저항성에 의해 생깁니다. 우리나라 당뇨병 환자의 90%를 차지하는 것이 제2형입니다. 이 형질전환 돼지는 제2형 당뇨병을 유발되도록 조작됐으며 당뇨병 치료제의 효능과 안전성 검사에 이용할 수 있습니다.

## CSI 속의 생명과학

### 앤더슨의 사기극

러시아 혁명으로 몰락한 로마노프 왕조의 마지막 황제 니콜라스 2세와 황후 알렉산드라에게는 4명의 공주가 있었습니다. 1917년 2월에 혁명이 일어나 황제가 통치하는 왕조가 붕괴되면서 니콜라스 2세는 유폐 감금되었고 1918년 7월에는 일가족이 총살되고 시체는 비밀리에 암매장되었습니다. 그 후 많은 사람들이 황실가족의 살해와 매장에 대해 궁금증을 가졌으며 네 명 공주의 행방에 관해서도 관심이 많았습니다. 특히 막내공주 아나스타샤에 대한 관심이 특별했지요.

이러한 관심 때문에 스스로를 러시아 왕가의 후손이라 사칭하는 사람들이 여럿 나타났습니다. 안나 앤더슨이라는 여성은 자신이 황녀 아나스타샤라고 주장하였고 그 후 '아나스타샤 미스터리'의 주인공으로 여러 소설, 영화 등에 등장하면서 그 진위 여부에 대한 공방이 37년 동안 이어졌습니다. 안나 앤더슨은 1984년 82세의 나이로 세상을 떠나면서도 자신이 진짜 아나스타샤라고 맹세했습니다.

1998년 보리스 옐친 대통령은 황실 일가의 유골을 성 캐더린 성당과 성 피터 성당묘지에 안치했습니다. 이 때 4명의 공주 중 1명의 시신이 발견되지 않았기 때문에 세간의 관심은 안나 앤더슨에게로 모아졌지요. 영국과 러시아의 과학수사팀이 합류하여 유골에서 추출한 DNA를 분석하였습니다. 안장된 유골 5구가 암살된 러시아 황실 가족이라는 사실이 증명되었습니다. 수사팀은 가족관계를 증명하기 위해서 대조할 사람으로 영국 여왕 엘리자베스 2세의 남편인 필립공을 선택했습니다. 필립공의 외할머니와 러시아의 알렉산드라 황후가 자매지간이었기 때문이지요.

이제 자신이 아나스타샤라고 주장한 안나 앤더슨의 정체를 확인하는 일만 남았습니다. 문제는 앤더슨과 관련된 사람들이 어떤 흔적도 남기지 않겠다며 안나 앤더슨을 화장하여 그녀의 DNA가 남아 있지 않은 것이었습니다. 다행히도 앤더슨이 생전에 조직검사를 받기 위해 내장의 조직샘플을 떼어낸 적이 있다는 사실이 확인되었고 수사팀은 병원에서 얻은 앤더슨의 DNA 지문과 황실 가족의 DNA 지문과 비교해 서로 전혀 관계없다는 결론을 내렸습니다. 이후 앤더슨의 유품 중 빗질을 하면서 빠진 머리카락을 모아 담은 상자가 발견되었으며 그 머리카락에서 얻은 DNA 지문도 로마노프 황실 가족과는 아무런 관계가 없는 것으로 확인되었습니다. 현대 생명과학의 산물인 DNA 지문을 통해 37년 동안 미스터리로 남아 있던 사건이 앤더슨의 사기극으로 판명되었습니다.

## PCR

한 가닥의 머리카락으로 어떻게 DNA를 규명할 수 있을까요? 그 답은 DNA 증폭입니다. 생명체는 증식할 때 자신의 DNA를 복제하는데, 세포가 아닌 기계가 DNA를 증폭하도록 한 기술이 PCR(Polymerization Chain Reaction)입니다. 2가닥의 DNA를 복제하여 4가닥으로 복제하는 데 걸리는 시간은 십 분대입니다(DNA 크기에 따라 차이가 있습니다). PCR은 복제라고 하지 않고 증폭이라고 하는데 한 번 증폭하는 과정을 1사이클이라고 합니다. 이론상으로는 한 쌍의 DNA가 10사이클을 돌면 $2^{10}$ 즉 1,024쌍이 되고 20사이클을 돌면 100만 쌍이상, 30사이클을 돌면 10억 쌍 이상의 DNA가 만들어집니다. 10억쌍의 DNA를 증폭시키는 데 걸리는 시간은 2시간 정도에 불과합니다.

### 생각해 봅시다

증폭하기 위해서 두 가닥의 DNA을 분리하려면 섭씨 94도에서 처리하게 됩니다. 일반적으로 생명체에 있는 효소가 활동하기에 적절한 온도는 생체온도와 비슷한 섭씨 30도에서 섭씨 38도 사이이기 때문에 100도로 가열하면 대부분의 효소는 달걀의 흰자가 익으면 불투명하게 되는 것처럼 변성됩니다. 우리 몸속에 있는 DNA 중합효소가 활동하기 좋은 온도는 섭씨 35도입니다. 이 문제를 어떻게 해결하는 것이 좋을까요? PCR은 해저 화산 부근의 토양에서 채취한 호열세균에서 추출한 DNA 중합효소를 사용합니다. 이 효소의 적절한 활동 온도는 섭씨 72도이며 섭씨 100도에서도 변성되지 않습니다. PCR을 수행할 때 DNA 가닥을 합성하는 조건을 섭시 72도로 맞추어도 괜찮은 이유가 여기에 있습니다.

어떻게 증폭하는지 살펴볼까요? DNA를 두 가닥으로 분리하기 위해서 섭씨 94도에서 15~30초 동안 처리합니다. 분리된 가닥의 DNA에 프라이머(primer)를 붙이는 데는 섭씨 55도에서 30~60초가 소요됩니다. DNA 중합효소가 DNA 가닥을 합성하는 데 섭씨 72도에서 10초에서 10분 정도가 걸리니 두 시간이면 한 쌍의 DNA로부터 10억 쌍의 DNA를 만들 수 있습니다.

## DNA 지문감식

엄밀히 말하면 DNA(또는 유전자) 지문감식입니다. DNA 지문법은 1985년 영국 레스터 대학의 제프리(Alec Jeffrey)가 개발하였습니다. 일란성 쌍둥이를 제외하고는 모든 사람들의 DNA 특정 부위가 타인과 다르다는 것을 발견하였습니다. 각 사람마다 특정부위에 반복되는 다른 패턴을 가진다고 하여 DNA 지문이라고 명명하였습니다. 이 특정부위를 자르면 DNA 절편길이가 사람마다 다르기 때문에 이 기술을 제한효소길이다형성(RFLP: Restriction Fragment Length Polymorphism)이라고 칭했습니다. 이 특정 부위에는 반복되는 패턴이 있는데, 하나는 STR(Short Tandem Repeat)이고 다른 하나는 VNTR(Variable Number of Tandem Repeat)입니다. STR은 2~7개 염기가 한 단위로 연속적으로 반복되어 만들어지는 반복염기서열이며, VNTR은 14~70개 염기가 반복되어 만들어집니다. STR로 예를 들어 보겠습니다.

한 사람이 5’----AATCAATCGCA----3’을,
다른 한 사람이 5’----AATCGCA----3’을,
나머지 사람이 5’----AATCAATCAATCGCA----3’을 가지고 있습니다.

AATC와 GCA 사이를 특정한 부위를 자르는 제한효소로 자른다면 세 사람의 DNA가 잘려지는 길이가 다를 것입니다. 사람마다 STR의 반복 서열이 다르고 개수가 다르기 때문에 조각난 DNA 절편의 패턴이 다른 것이지요. 이 패턴은 자식에게도 유전되기 때문에 여러 개 DNA 절편 중에서 몇 개는 아버지로부터, 나머지는 어머니로부터 온 것입니다. 그렇기 때문에 친자 확인도 가능합니다.

### 서로 다른 DNA 조각 패턴의 확인

DNA 절편 길이를 확인하는 기술이 전기영동법입니다. DNA는 음전하를 띠고 있습니다. 우리가 젤(gel) 위에 DNA를 넣고 전기를 걸어주면 DNA는 (+)극 방향으로 이동할 것입니다. 이때 DNA 절편의 길이가 크면 천천히 이동하고 작으면 빠르게 이동하겠지요. 사람마다 DNA 절편 길이가 다르기 때문에 큰 절편부터 작은 절편으로 나열됩니다. 사람마다 일직선상에 나열된 DNA 절편의 패턴이 다르게 나타나는데, 우리는 이 패턴을 DNA 지문(DNA fingerprinting)이라고 합니다.

DNA 지문감식 기술은 1983년 영국에서 발생한 연쇄살인사건에 처음 적용되었습니다. 두 살인사건의 용의자로 추정하고 체포한 소년이 첫 번째 사건은 인정했으나 두 번째 사건은 부인하자 DNA지문을 분석하였고 그 소년이 두 번째 사건의 범인이 아님이 밝혀졌습니다. 두 번째 사건의 진범 또한 DNA 지문감식법으로 찾을 수 있었습니다. 미국 FBI가 1989년~1996년 사이에 발생한 1만여 건의 성폭행 사건을 수사하는 과정에서 지목한 최우선 용의자의 25%가

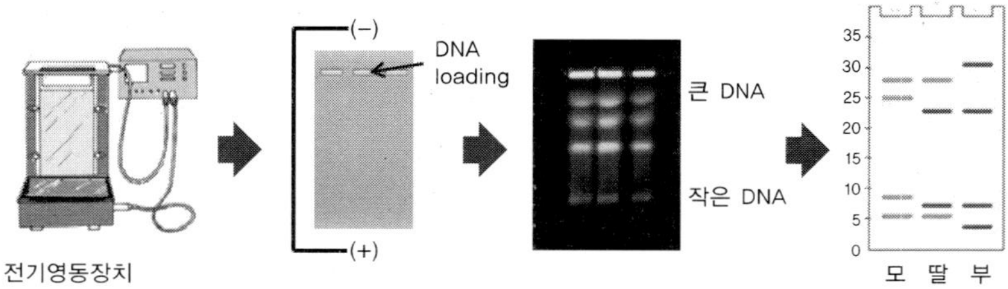


DNA 지문감식을 통해 범인이 아닌 것으로 밝혀졌습니다. DNA 지문감식 기술이 없었다면 25%의 용의자들은 억울한 누명을 쓰게 되었겠지요. 1954년 미국 오하이오 주 클리블랜드의 쉐퍼드는 임신한 아내를 살해한 죄로 종신형을 받고 복역하던 중 1997년 아들의 요청으로 DNA를 분석한 결과 무죄임이 밝혀졌습니다. 이처럼 DNA 지문감식은 범죄 수사에서 그 역할을 충실히 수행하고 있습니다.

## 농업과 생명과학

지구가 수용할 수 있는 인구는 얼마나 될까요? 모든 사람이 가축을 먹지 않고 채식만 한다면 경작만으로 100억 명이 살 수 있을 것이라고 합니다. 식물 광합성으로 합성된 에너지를 전부 식량에 이용한다면 160억 명이 살 수 있다고 보는 견해도 있습니다. 2011년 세계인구는 70억이 이미 넘어섰고 2025년에는 80억 명에 이를 것으로 전망하고 있습니다. 광합성으로 얻는 에너지를 모두 식량으로 전환할 때에 최대 수용인구가 160억이라면 거의 한계에 왔다고 할 수 있을 것입니다. 유엔식량농업기구에 의하면 2012년 현재 지구에는 약 10억 명이 굶주리고 있다고 합니다. 현재는 아시아와 아프리카 후진국에 집중되어 있지만 전 세계가 경제 위기에 직면하고 있는 현실을 감안하면 선진국이라고 안전을 확신할 수 없을 것입니다. 우리나라의 식량자급률은 채 30%가 되지 않습니다. 13억 인구의 중국이 95%라는 높은 자급률을 가진 것과 비교해 보면 이제 수입만으로 식량안보를 장담할 수 없다는 것이겠지요. 경제가 위기에 직면할수록 식량문제에 관심을 가져야 합니다.

## 스트레스 작물

작물은 환경 스트레스, 가뭄, 서리 등의 피해에 무방비로 노출되어 있습니다. 움직일 수 없는 식물의 원초적인 한계인 것이지요. 식물들은 치열한 경쟁에서 적자만이 살아남습니다. 우리가 살아가는 곳의 온도가 1도만 오르더라도 식물분포는 몇 미터 이상의 변화로 나타납니다. 식물생태계 학자들의 견해에 의하면 지구온난화가 이대로 지속된다면 향후 20년 이내에 우리나라 산에 있는 침엽수의 70%가 사라질 것으로 예측하였습니다. 자리를 이동하지 못하는 식물들은 태생적인 한계를 가질 수밖에 없으며 특히 민감한 작물의 경우는 환경으로부터 야기되는 스트레스가 생산량을 좌우하는 것은 당연할 것입니다.

식물도 동물과 마찬가지로 활성산소의 영향을 받게 됩니다. 가뭄, 서리와 같은 환경 스트레스는 활성산소종을 생성하고 결국 세포를 파괴할 것입니다. 현재는 활성산소종에 의해 스트레스를 받은 작물에게 항산화유전자를 도입하여 스트레스에 더욱 강력해진 GMO(Genetic Modified Organism) 작물을 생산하고 있습니다.

서리의 피해를 막기 위해 유전자가 조작된 박테리아를 도입하였습니다. 식물 잎에서 자라는 박테리아는 기온이 어는점 이하로 떨어지면 주변에 얼음 결정을 형성하도록 하는 단백질을 가지고 있습니다. 따라서 이 박테리아는 기온이 떨어지면 결빙형성단백질을 만들고 식물세포를 파괴하여 배출되는 영양분을 먹고 살아가는 녀석입니다. 우리가 흔히 이야기하는 서리 피해는 바로 이 박테리아에 의한 것입니다. 유전자를 조작하여 어는점 이하로 기온이 떨어지더라도 결빙형성단백질이 없는 유전자 변형 박테리아를 만듭니다. 이 박테리아를 대량으로 배양하여 작물 잎에 뿌리면 원래 생태계에 존재하는 박테리아와의 경쟁에서 승리함으로써 냉해를 방지할 수 있습니다. 경쟁에서의 승리를 어떻게 장담할 수 있을까요? 박테리아는 개체 수의 싸움입니다. 야생의 박테리아보다 그 수가 많기 때문에 항상 이기는 싸움입니다. 그러나 이 경우 문제가 없는 것은 아닙니다. 새롭게 추가한 유전자 조작 박테리아가 생태계를 어떻게 교란할지에 대한 추가적인 추적 작업이 반드시 필요합니다. 생태계를 교란하지 않도록 경계해야 하지요.

### Bt 유전자 도입 작물

바실러스 투린지엔시스(*Bacillus thuringiensis*) 박테리아는 Bt 물질을 합성합니다. 곤충이 이 박테리아를 먹으면 포자가 발아되고 Bt 독성물질을 내놓아 곤충을 죽입니다. 이 박테리아로부터 Bt 물질을 대량으로 생산하여 Bt 살충제로 사용하고 있습니다. Bt 살충제는 곤충만 죽일 뿐 사람이나 가축에게는 해롭지 않습니다. 사람이나 가축의 소화기관은 산성이고 곤충의 소화기관은 알칼리 환경인데, 이 Bt 살충제가 알칼리 환경에서만 독성을 나타내기 때문입니다. Bt 살충제는 자외선에 빠르게 변성되어 토양이나 대기 - 환경오염으로부터 자유롭다는 장점이 있습니다. 박테리아로부터 직접 Bt를 분리 정제하여 사용할 경우 비용이 많이 들기 때문에 박테리아 자체를 작물에 살포하는 것도 가능합니다.

1995년 세계적인 유전자조작 작물회사 몬산토(Monsanto)에서 Bt 유전자를 작물에 도입하였습니다. 바실러스 투린지엔시스가 내놓는 것을 사용하는 대신 Bt 유전자를 직접 작물에 심었습니다. 곤충이 유전자가 도입된 작물 잎을 먹는 순간 죽겠지요. 만약 한 농가가 Bt 유전자 도입 작물을 심고, 다른 한 농가는 일반 작물을 심는다면 그 피해는 고스란히 Bt 유전자를 도입하지 않은 작물을 재배하는 농가에게 돌아가게 될 겁니다.

Bt 유전자 조작 작물은 면화씨벌레 유충에도 저항성이 있습니다. 이 면화씨벌레로 인해 인도의 목화 농민들은 매년 수확된 작물의 절반 정도를 잃었는데 Bt 유전자 조작 작물을 도입한 2001년 이후 목화 생산량은 80% 이상 향상되었으며, 살충제 사용량은 70% 이하로 감소되었습니다. 유전자 변형 종자는 일반 목화 종자에 비해 4배 정도 가격이 비싸지만, 생산성은 5배 이상 늘어납니다. 그러나 유전자 조작 작물을 지속적으로 재배하게 되면 해충의 Bt 저항성도 커질 수밖에 없으며 더 강한 농약이나 더 강한 유전자 조작 작물을 다시 개발해야 하는 문제를 피할 수 없습니다. 남아프리카에서는 Bt 유전자 조작 옥수수를 재배하였음에도 해충의 피해를 고스란히 입는 사례가 발생하기도 하였습니다.

## 제초제 저항성 작물

지구상에 분포되어 있는 잡초는 약 3만여 종으로 알려져 있습니다. 미국에서 사용되는 농약의 60%가 잡초 제거를 목적으로 할 정도이지요. 작물과 잡초는 동일한 조건에서 서로 경쟁하는 사이이기 때문에 대부분 제초제는 잡초뿐만 아니라 작물에도 영향을 미칩니다.

필수 아미노산인 페닐알라닌과 트립토판을 합성하는 시키메이트(shikimate) 경로는 식물 성장에 매우 중요합니다. 에리트로오스－4－인산(erythrose-4-phosphate)과 포스포에놀피루브산(PEP: phophoenolpyruvate)이 결합하여 3－디옥시－D－아라비노－헵툴로소네이트－7－인산(DAHP: 3-deoxy-D-arabino-heptulosonate-7-phosphate)을 합성하고 이 DAHP는 시키메이트를 거쳐 다시 시키메이트－3－인산(SHKP: shikimate-3-phosphate)을 합성합니다. SHKP는 PEP와 결합하여 5－에놀피루빌시키메이트－3－인산(EPSP: 5-enolpyruvyl shikimate-3-phosphate)을 합성하는데 이때 이 과정을 촉매하는 효소가 EPSP 합성효소(EPSP synthase)입니다. 합성된 EPSP는 티로신, 페닐알라닌, 트립토판, 비타민 K와 D 등을 만드는 전구체로 작용합니다. 식물 성장에 있어서 EPSP의 합성과 이를 촉매하는 EPSP 합성효소는 필수적이지요.

EPSP 합성효소의 강력한 저해제인 글리포세이트(glyphosate)는 강력한 제초제 후보물질입니다. 그러나 이것을 제초제로 사용할 경우, 잡초뿐만 아니라 작물까지도 죽게 되지요. 2000년 몬산토는 EPSP 합성효소 유전자를 조작하여 EPSP는 합성하지만 글리포세이트에는 영향을 받지 않는 유전자를 조작한 유전자 재조합 작물을 만들었습니다. 몬산토는 글리포세이트를 'ROUNDUP'이라는 이름의 제초제

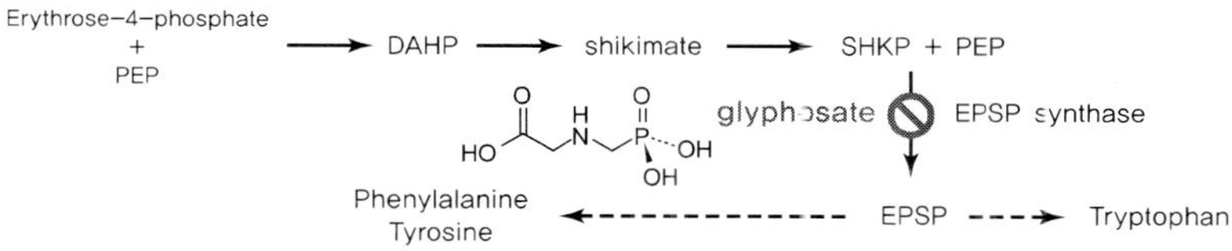


로 생산하여 판매하고 있으며 동시에 EPSP 합성효소 유전자 재조합 작물의 종자를 함께 판매합니다. 이를 계기로 제초제 사용에 관한 획기적인 전기를 마련하였습니다.

## 생물반응기로서 동물

EPO(Erythropoietin)는 적혈구 생산을 촉진하는 호르몬으로, 조혈촉진제이자 빈혈치료제로 사용됩니다. 사람의 EPO는 분자량이 34킬로달톤(kDa)의 크기를 가지고 있습니다. 이 호르몬은 신생혈관형성 작용도 하기 때문에 태아의 혈관형성에 도움을 주며 임산부에게 좋습니다. 그러나 이 호르몬을 사람으로부터 얻기는 쉽지 않습니다. 배양된 사람세포에서 미량의 EPO를 얻을 수 있습니다. 1998년 농촌진흥청 축산과학원에서 EPO를 생산하는 형질전환 돼지 '새롬이'를 탄생시켰습니다. 사람 EPO 유전자를 새롬이에게 도입시켰기 때문에 새롬이의 유즙(젖)에는 사람의 EPO가 들어 있습니다. 3세대를 이어오고 있는 새롬이 후손 40여 마리가 사람의 EPO를 꾸준히 생산하고 있습니다. 세포배양으로 얻어지는 조혈치료제가 1그램에 약 7억 원 정도인 것에 반해 새롬이 자녀 1마리가 일 년에 생산하는 EPO는 약 2.8그램입니다. 한 마리가 19억6천만 원을 벌어들이는 셈이지요. 새롬이는 생물반응기(bioreactor)로 역할을 수행하면서 조혈치료제를 생산하는 작은 바이오공장이라고 할 수 있습니다.

소의 성장호르몬(BGH: bovine growth hormone) 유전자를 박테리아에 도입시켜 대량으로 BGH를 생산하는 길은 1990년 초 미국에서 열렸습니다. 이 박테리아가 생산한 BGH를 가축사료에 첨가하였을 때 젖소의 산유량이 20%나 증가하였습니다. 그러나 인위적으로 산유량을 증가시켰을 때 사람의 건강에 미치는 영향에 대해 논란이 일기 시작했습니다. 1994년 미국 국립과학아카데미 농업부문 위원회에서 "BGH를 투여한 젖소에서 나온 우유의 주성분과 영양분은 BGH를 투여하지 않은 젖소와 근본적으로 동일하다."는 연구결과를 내놓았습니다. 그러나 여전히 문제점은 있습니다. 산유량이 20% 증가했을 때 젖소의 건강에는 문제가 없는지에 대한 의구심입니다. 젖소가 평생 생산할 수 있는 우유의 양이 있다면 20% 증가는 20% 빠른 단절을 의미합니다. 수은등 아래에 있는 나무는 밤에도 광합성을 하기 때문에 다른 나무에 비해 단풍이 빨리 듭니다. 식물과 동물의 경우 꼭 같다고 할 수는 없지만 생명체라는 점에서는 동일합니다. 경제적인 측면에서 살펴볼 때, 젖소의 산유량 증가의 경제 효과는 농가의 소득 증대로 이어질까요? 아니면 생명공학회사의 매출 증대로 이어질까요? 가축사료에 BGH를 첨가하여 산유량을 높이는 것도 젖소를 하나의 생물반응기로 보는 것 아닐까요?

## LMO와 GMO

GMO(Genetic Modified Organism)란 생명공학 기술을 이용하여 인공적으로 유전자를 분리, 삽입, 변형, 재조합함으로써 얻은 생명체 및 그 가공식품으로 정의할 수 있습니다. 여기에는 생식이나 번식이 불가능한 가공식품도 포함됩니다. 최근에는 LMO(Living Modified Organism) 개념을 도입하여 GMO와 구분하여 사용하고 있습니다. LMO는 의도적으로 생명공학 기술을 이용하여 얻어진 새로운 유전물질을 포함하는 모든 살아 있는 생물체를 의미합니다. 다시 말해 생식이나 번식이 가능한 것에 국한하는 것이지요. GMO 안에 LMO가 포함되는 형태라 할 수 있습니다.

20여 년 전부터 지금까지 GMO에 대한 논란은 매우 뜨겁습니다. 검증되지 않은 이야기들이 만연한 인터넷 때문이기도 하지요. 이제 전문적인 지식을 가지고 열린 마음으로 이야기할 때입니다.

**정리합시다**

- PCR(Polymerization Chain Reaction)에 대해 정리합시다.
- STR 및 VNTR에 대해 정리합시다.
- DNA(또는 유전자) 지문감식에 대해 정리합시다.
- DNA 단편의 분리에 이용되는 전기영동법을 정리합시다.
- 생물반응기에 대해 정리합시다.
- GMO와 LMO의 정의를 명확하게 정리합시다.
- 유전자 조작 작물을 얻는 과정을 정리합시다.

# PART X

# 태양계에 속한
# 거의 모든 것들의 어울림

## 베토벤 전원 교향곡
*Symphony No. 6 in F Major Op. 68, Pastorale*

사람보다 자연을 더 사랑했던 베토벤의 생각이 고스란히 담긴 교향곡입니다. 이보다 더 자연을 잘 표현한 곡은 없으리라 생각합니다. 생태계를 파괴하는 호모 사피언스가 아닌 자연과 더불어 사는 호모 사피언스였으면 합니다. 호모 사피언스는 자연의 법칙을 알려고 하면 할수록 우주의 변방으로 쫓겨나는 느낌이 듭니다. 자연을 있는 그대로 바라보면, 그 속에서 더불어 살아갈 수 있지 않을까요?

## 태양 에너지로 살아가는 지구 생명체들

지구에 살고 있는 모든 생명체는 태양으로부터 온 빛 에너지로 살아갑니다. 식물은 명반응이라는 과정을 통해 빛 에너지를 ATP라는 생체 에너지로 전환합니다. 또한 암반응이라는 과정을 통해 생체 에너지를 포도당이라는 화학 에너지로 저장합니다. 우리는 이 두 반응을 합하여 광합성이라고 합니다. 다행히도 식물은 자신이 필요한 에너지 외에 더 많은 빛 에너지를 받아들여, 열매나 뿌리에 화학 에너지로 저장합니다. 박테리아나 조류(algae) 중에도 일부는 광합성을 하지만, 거의 모든 빛 에너지는 식물이 모아 놓은 것입니다. 지구상에 살아가고 있는 생명체는 이 식물이 전환시켜 놓은 에너지를 먹거나, 그 에너지를 먹은 녀석을 먹거나, 그 에너지를 먹은 녀석을 또 먹은 녀석을 먹습니다. 이렇게 먹이 고리를 형성하면서 살아갑니다. 우리는 이것을 먹이

사슬이라고 부릅니다.

### 광합성 이야기

광합성과 생체 에너지 ATP에 대해 이야기하겠습니다. 광합성은 명반응과 암반응으로 구성되어 있습니다. 명반응은 빛 에너지를 생체 에너지인 ATP로 전환하는 과정이며, 암반응은 ATP를 화학 에너지로 저장하는 과정입니다.

식물의 엽록체(chloroplast)에 빛을 받아들일 수 있는 분자인 색소체가 많이 있습니다. 그중 엽록소(chlorophyll)가 대표적인 색소입니다. 빛이 이 엽록체에 있는 분자를 때리게 되면(이를 분자가 빛 에너지를 흡수했다고 합니다) 바닥상태(ground state)에 있는 전자가 빛을 받아 들뜬상태(excited state)가 됩니다. 들뜬상태에 있는 전자는 영원히 그곳에 머무는 것이 아니라 자신을 받아 줄 수 있는 다른 분자와 결합하고 에너지를 내놓게 됩니다. 이때 전자를 주거나 받는 과정을 화학에서는 산화-환원반응이라고 하지요. 식물에 있는 색소체가 빛을 받아 광시스템의 망간센터에 전달됩니다. 그리고 산화-환원반응이 연쇄적으로 일어나면서 전자가 전달되는데, 이를 전자전달계라고 합니다. 전자를 전달하기 가장 좋은 근원분자는 수소입니다. 수소(H)에 있는 전자($e^-$)를 떼어내면 양이온($H^+$)이 남습니다.

식물은 수소를 어디에서 얻을까요? 바로 물($H_2O$)입니다. 물에 있는 수소를 근원분자로 사용하지요. 광합성을 할 때 식물이 산소를 내놓는 이유가 여기에 있습니다. 다시 말해 물에서 수소분자를 광합성에 사용하고 산소를 내놓는 것이지요. 수소에 있는 전자는 망간센터에서 산화-환원반응을 통해 전자가 전달되고, 나머지 수소이온(양이온)은 광시스템에 있는 플라스토퀴논(plastoquinone: 산화된 형태인 Q)에 전달되어 퀴놀(platoquinol: 환원된 형태인 $QH_2$)을 만들면서 수소이온도 산화-환원반응에 참여합니다. 그리고 이러한 산화-환원반응을 거치는 동안 빛 에너지는 다시 전기 에너지로 바뀌게 되지요.

이때 전기 에너지는 생체 에너지인 ATP나 NADPH를 만드는 데 사용됩니다. 이 과정을 명반응이라고 합니다. 명반응을 쉽게 이해하기 위해서 다음과 같이 나눠서 생각해 봅시다. 태양으로부터 온 빛 에너지가 엽록체의 분자에 있는 전자를 들뜬상태로 만들어 전자전달계를 유도합니다. 식물의 광시스템은 물 분자에서 수소를 전자전달계의 근원분자로 사용하고 산소를 내놓게 됩니다. 수소분자에 있는 전자와 수소이온이 전자전달계를 거치며 산화-환원반응이 일어나면서 전기에너지로 전환됩니다. 이 전기에너지가 생체 에너지 분자인 ATP와 NADPH를 합성합니다.

반면, 암반응이란 명반응을 통해 만들어 놓은 생체에너지를 화학 에너지로 전환하여 저장하는 작업입니다. 먼저 5탄당인 리불로오스-1,5-이인산(ribulose-1,5-bisphosphate)에 공기 중에 있는 이산화탄소($CO_2$)를 붙여 3탄당인 글리세르산-3-인산(3-phosphoglycerate) 2분자를 만듭니다. 생체에너지인 ATP와 NADPH를 사용하여 여러 단계를 거쳐 글리세르알데히드-3-인산(glyceraldehyde-3-phosphate)를 만들게 되는데, 이 분자는 수크로오스(sucrose)를 만들기도 하고 녹말(starch)을 만듭니다. 나머지 글리세르알데히드-3-인산은 리불로오스-5-인산(ribulose-5-phosphate)을 거쳐 다시 리불로오스-1,5-이인산이 되면서 이 사이클은 계속 돌아가며 지속적으로 녹말을 합성하게 됩니다. 이 과정을 캘빈 사이클(Calvin cycle)이라고 합니다.

지구상에 존재하는 대부분의 생명체들은 식물이 만들어 놓은 녹말이나 수크로오스와 같은 당을 분해할 때 내놓는 에너지를 사용하면서 살아갑니다. 이 과정을 우리는 물질대사라고 이야기하지요. 생명체의 대사란 식물이 만들어 놓은 화학 에너지인 당을 분해하면서 이산화탄소로 분해하는 과정에서 나오는 생체 에너지인 ATP나 NADH를 만드는 과정을 말합니다. 식물의 광합성 과정의 반대 방향으로 진행된다고 생각하면 되지요. 광합성 과정에서 물과 이산화탄소를 사용하고 산소를 내놓는다면, 대사 과정은 산소를 사용하고 이산화탄소를 내놓는 과정입니다. 식물이 이산화탄소를 고정하고 산소를 내놓아 지구를 정화한다면, 다른 생명체들은 산소를 마시고 이산화탄소를 내놓아 지구를 오염시킨다고 해도 과언이 아닙니다. 지금까지 살펴본 광합성과 에너지 대사에 관한 화학공식은 다음과 같습니다.

$$\text{광합성: } CO_2 + H_2O \xrightarrow{\text{빛 에너지}} (CH_2O) + O_2$$

$$\text{에너지대사: } (CH_2O) + O_2 \xrightarrow[\text{생체 에너지}]{} CO_2 + H_2O$$

### 생각해 봅시다

생명체에는 수십만 종류의 생체분자들이 존재합니다. 왜 생명체는 ATP를 생체에너지 분자로 선택했을까요? ATP는 음전하를 띠고 있는 세 개의 인산기가 연이어 붙어 있습니다. 각각의 음전하 사이에는 엄청난 전기적 반발력이 생깁니다. AMP나 ADP에 인산기를 붙이기 위해서는 고에너지가 요구됩니다. 반면 붙어 있는 인산기를 가수분해를 통해 떼어내기란 무척 쉽습니다. 가령 강력한 자석 두 개를 같은 극끼리 붙이려고 손가락으로 누르고 있다고 생각해 봅시다. 자석을 잡고 있는 손에 힘을 약간만 빼도 순식간에 두 자석은 다른 극을 찾아 움직일 것입니다. 이처럼 ATP가 가수분해되어 ADP를 만들 때 많은 양의 에너지(7.3kcal/mol)를 방출하게 됩니다. 생명체는 생체 에너지 분자로 ATP를 선택한 것은 좁은 공간에 많은 에너지를 축적할 수 있고, 필요시 손쉽게 많은 에너지를 내놓을 수 있기 때문입니다.

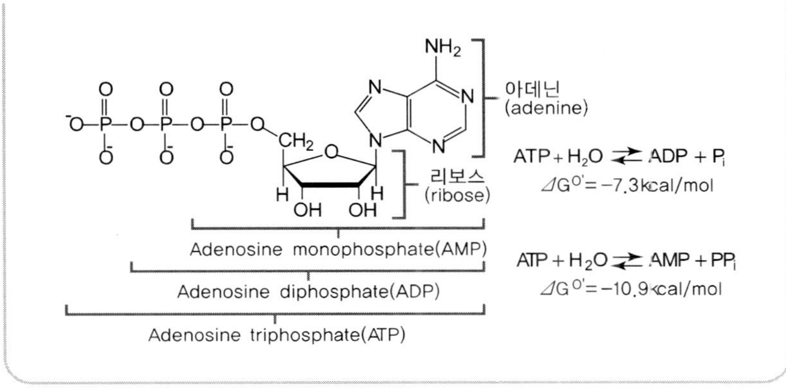


## 지구 생명체들의 탄생

지구의 역사는 45억 년이라고 합니다. 45억 년이라는 시간을 간단히 살펴보기에는 너무 긴 시간이기 때문에, 우리는 지금부터 지구시간을 24시간으로 줄여서 지구상에 살고 있는 생명체의 탄생을 시간별로 알아보겠습니다. 최초의 생명체가 탄생한 것은 3시 44분입니다. 우리는 이 생명체를 초기박테리아라고 합니다. 그리고 오전 11시 12분에 또 다른 박테리아인 시아노박테리아(cyanobacteria)가 탄생합니다. 시아노박테리아는 광합성을 통하여 빛 에너지를 사용하는 최초의 생명체입니다. 그리고 이 녀석이 바로 지구에 산소를 만들기 시작했지요. 지구 표면이 산소로 덮히기까지는 많은 세월이 필요했습니다. 산소로 다 덮히고 난 저녁 6시가 넘어서야 초기다세포생물이 탄생하는데, 그 시간이 오후 6시 40분입니다. 또 다시 밤 9시에는 생명체가 연속적으로 탄생하게 되었고, 해파리가 9시 00분, 초기척추동물이 9시 16분, 육상식물은 9시 28분, 어류는 9시 45분, 곤충은 9시 52분,

양서류는 10시 4분, 파충류는 10시 24분, 공룡은 10시 48분, 포유동물은 10시 56분, 조류는 11시 12분, 꽃은 11시 18분에 각각 지구에 모습을 드러냅니다.

여기서 식물인 꽃이 동물인 곤충보다도 한참이 지나서야 태어났다는 사실이 이상하지 않나요? 곤충이 식물에 있는 꽃가루를 옮길 수 있는 조건이 갖추어지고 나서야 꽃이 탄생했습니다. 밤 11시가 지나도록 아름다운 꽃이 없는 지구라니, 조금은 삭막했을 것입니다. 인간은 언제 태어났을까요? 호모 사피언스는 밤 11시 59분 57초에 태어났습니다. 그리고 지구는 뒤죽박죽으로 변하게 되지요. 가장 큰 변화 중 하나는 태양으로부터 온 에너지만으로는 살아가지 않고, 땅속에 있는 에너지원인 석탄과 석유를 파헤치기 시작했습니다. 물론 이 에너지도 처음에는 태양으로부터 온 에너지였지만 말입니다. 그뿐 아니라 호모 사피언스는 다른 생명체들을 무지막지하게 학살하기 시작합니다. 아마 지구상에 모든 생명체들은 '호모 사피언스만 사라진다면 지구는 다시 평온하고, 우리 모두는 기뻐하며 춤을 출 것이다.'라고 생각할지도 모릅니다.

## 지구 생명체들의 어울림

지구는 크고 복잡하기 때문에, 지구에 살고 있는 생명체나 지구 자체의 변화를 살펴보기란 쉬운 일이 아닙니다. 따라서 지금부터 우리는 '섬(island)'을 통하여 지구의 변화를 살펴보도록 하겠습니다. 우선 섬은 제한된 공간이란 특성과 독립된 격리 구조라는 특성을 가지고 있습니다. 따라서 섬들의 특성을 비교·조사하면 어떤 패턴(여기서는 진화 패턴)을 찾을 수 있고, 많은 정보를 알 수 있습니다. 먼저 섬의 격리라는 구조적 특성을 통해서 우리는 종의 분화 또는 종의 다양성에 대해 이해할 수 있습니다. 왜냐하면 격리 구조에서 종의 분화가 촉진되기 때문입니다. 다윈의 진화가 독특한 특성을 지닌 섬들의 집단인 갈라파고스제도에서 출발한 것은 결코 우연이 아닙니다.

특별한 조건에서 살아가는 생명체의 진화는 그에 알맞은 적응 능력을 만들어 내는데, 섬이 바로 특별한 조건을 제공하기 때문입니다. 고립된 섬에 갇힌 동물들은 먹을 것이 점차 줄어들기 때문에 왜소화 쪽으로 진화한 것으로 보기도 하지만, 이는 명확하지 않습니다. 왜냐하면 서식지 면적이 줄어드는 것과 동물의 몸 크기는 항상 비례하지 않기 때문입니다. 섬에 사는 생명체들은 두 집단으로 분류할 수 있는데, 하나는 점점 커지는 쪽으로 진화한 집단이고, 다른 하나는 작아지는 쪽으로 진화한 집단입니다. 여기서 포유류는 작아지는 쪽으로 진화했습니다.

시칠리아에 사는 피그미코끼리는 몸 크기가 3분의 1로 줄었고, 채널제도에 사는 4미터나 되는 매머드가 1.8미터로 줄었습니다. 이외에도 하마, 토끼, 사슴, 돼지, 여우, 미국너구리도 작아지는 쪽으로 진화했습니다. 반면 파충류는 커지는 쪽으로 진화했습니다. 갈라파고스제도에 서식하는 바다이구아나, 오스트레일리아와 카보베르데제도에 사는 스킹크 도마뱀, 채널제도에 사는 섬밤 도마뱀, 라운드섬에서 살고 있는 황금도마뱀붙이와 텔페어스킹크 도마뱀 등은 몸 크기가 커지는 경향을 보였습니다. 곤충도 커지는 쪽으로 진화했습니다. 오스트레일리아에 사는 바퀴벌레, 뉴기니 섬에 사는 아바나와 세인트헬레나집게벌레 등입니다. 곤충에도 작아진 사례가 있기는 합니다. 갈라파고스제도에 서식하는 박각시나방은 대륙에 사는 비슷한 종보다 훨씬 작다고 합니다. 그러나 명확한 이유는 아직까지 알 길이 없으며, 그 원인 또한 여전히 모호하기만 합니다.

섬이라는 공간적 특성과 격리라는 특수성이 획기적인 진화를 가져오기도 합니다. 작은 섬에 격리되어 사는 새들은 비행능력을 상실하는 쪽으로 진화하였습니다. 날지 못하기 때문에 인간을 만나면서 멸종으로 가는 비극을 맞이하기도 했습니다. 또는 제한된 공간에서 진화를 거듭하다가 결국 계속 살아남는 데 실패한 경우도 있습니다. 이제 지구상에서 존재하다가 영원히 사라진 생명체에 대해 이야기하겠습니다.

## 호모 사피언스를 만나면서 사라진 생명들

그 첫 번째 불행은 도도입니다. 모리셔스 섬에서 고립되어 오래 살아온 도도는 진화에 성공한 사례입니다. 도도는 모리셔스 섬의 환경에 잘 적응했습니다. 땅에 떨어진 열매를 먹고 살았기 때문에 몸집이 아주 비대해졌고, 빨리 뛰지도 못했으며 날개는 더 이상 커지지 않아서 날 수 없게 되었습니다. 비행능력이 상실되어도 걱정은 없었습니다. 모리셔스 섬에는 포식자가 존재하지 않았기 때문입니다. 1638년 모리셔스 섬에 네덜란드 선원이 난파한 후 도도는 멸종의 길을 걷게 됩니다. 한 마리 도도의 다리를 붙잡으면 큰 소리로 울게 되고 다른 도도들이 동료를 구하기 위해 몰려오는 습성 때문에, 모두 잡히고 마는 악순환이 반복되었습니다. 인간을 만난 지 약 50년 후인

1690년대 도도는 지구상에서 영원히 사라지게 됩니다.

카바리아 나무는 모리셔스 섬의 고유종입니다. 고유종이란 현재 그 종이 발견되는 섬에서 진화해 나타난 종을 말합니다. 1973년에 모리셔스 섬에는 늙어 죽어가는 카바리아 나무가 단 13그루 남았다고 합니다. 이 13그루 나무의 나이가 모두 300년이 넘었습니다. 젊은 나무가 존재하지 않는다는 것은 열매가 땅에 떨어져도 싹을 틔우지 못했다는 뜻입니다. 카바리아 나무 열매의 크기는 복숭아만하고 단단한 핵이 있습니다. 이 핵 속에는 씨가 오직 한 개만 들어 있습니다. 카바리아 나무 씨가 발아를 하지 못하는 이유는 단단한 핵 속에 들어있기 때문입니다. 도도가 자신의 열매를 지나치게 먹어치우는 것에 대응하여 단단한 핵을 발달시킨 것이지요. 왜냐하면 핵이 단단하지 못하면 씨가 도도의 모래주머니 속에서 부서지기 때문입니다. 어쨌든 도도로부터 씨를 보호하기 위해 단단한 핵을 만들었던 카바리아 나무도 결국, 도도의 멸종 때문에 사라지게 됩니다. 카바리아 나무는 스스로의 힘으로 번식할 수 없기 때문이지요. 도도가 카바리아 나무의 열매를 먹고, 배설물에 의해 씨앗이 땅에 묻히면 적절한 단비가 내린 후 발아하는 원리로 번식을 했습니다. 다시 말해 카바리아 나무가 번식하기 위해서는 도도가 꼭 필요한데, 인간이 도도를 멸종에 이르게 했기 때문에 함께 사라진 것이지요. 그 후 템플이라는 사람은 카바리아 나무의 싹을 틔우기 위해 도도 대신 칠면조에게 씨를 먹였습니다. 핵은 벗겨져 나갔지만 거의 온전한 상태로 배설되었고, 땅에 심었을 때 10개 중 3개가 싹을 틔웠습니다. 비록 이러한 연구결과가 있더라도 명확한 증거는 여전히 부족합니다.

도도는 인간에 의한 멸종의 한 예입니다. 이러한 예처럼 작은 섬에서 일어나는 멸종 가운데 가장 명확한 것이 조류의 멸종입니다. 생태학자 다이아몬드의 논문 <역사 시대의 멸종: 선사 시대 멸종의 이해를 돕는 로제타석>에는 1600년 이후에 멸종한 조류는 171종이며, 그중에서 155종이 섬에서 살다가 멸종했다고 적혀 있습니다. 지금까지 보고에 의하면 하와이 제도에서 24종이, 모리셔스 섬이 있는 마스카렌 제도에서 도도를 포함한 14종이, 서인도 제도에서 15종이, 바하 칼리포르니아 부근의 섬들에서 8종이 사라졌다고 합니다.

오스트레일리아 남쪽에 태즈메이니아 섬이 있습니다. 오스트레일리아 남동부에서 처음 이주하여 최소한 2만 년 전부터 사람이 살았다고 합니다. 영국인이 섬에 도착하고 수십 년이 지나기도 전에 목양업이 자연경관, 경제, 문화, 정치를 지배하기 시작했습니다. 한편 태즈메이니아 섬에는 주머니 늑대가 살고 있었고 이 늑대는 자신이 눈에 띄는 것을 싫어하는 야행성 동물이었습니다. 목양업이 성행한 태즈메이니아 섬에 있는 사람들은 주머니 늑대의 존재가 달갑지 않았고 점차 사람들은 주머니 늑대가 양을 잡아먹고 다니거나 양을 잡아먹을 가능성이 있다고 여기게 되었고, 결국 양을 방목하던 회사(반 디멘스 랜드)는 주머니 늑대에 포상금까지 거는 일이 발생했습니다. 사실 주머니 늑대가 양을 아주 잡아먹지 않은 것은 아니지만, 그렇다고 해서 사람들이 입은 피해가 전부 주머니 늑대 탓만은 아니었음에도 불구하고 회사는 그들이 소유한 사유지에 주머니 늑대를 잡는 사람까지 고용하기에 이릅니다. 그때부터 태즈메이니아 주머니 늑대는 사람들에 의해 무차별하게 죽음을 맞이하여 멸종 위기에 처해졌습니다. 또한 태즈메이니아 섬에 사는 사람들이 점점 증가하면서 동해안과 서해안을 잇는 도로가 건설되기 시작합니다. 이때 사람들의 편리함을 위해 원시림이 조각나서 많은 희귀종들이 빠른 속도로 감소하게 되었습니다. 동물들은 서식지를 상실했을 뿐만 아니라 외래종의 유입으로 살기 어려워지면서 멸종 위기에 이르게 되었습니다.

미국 대륙에는 나그네 비둘기가 살고 있었습니다. 200년 전만 해도 미국 대륙 전체를 뒤덮을 정도로 그 수가 많았지만, 200년이란 짧은 기간 동안 개체수가 30억 마리에서 0마리로 급격히 감소했습니다. 심지어 섬도 아닌데 말입니다. 나그네 비둘기의 멸종에는 이상한 점이 있습니다. 풍부한 단계에서 희귀한 단계를 거치지 않고, 곧바로 멸종으로 치달았다는 점입니다. 우리는 여기서 호모 사피언스의 탐욕스러운 학살을 한 번 더 확인할 수 있습니다. 나그네 비둘기는 환경에 적응하면서 과도할 정도로 큰 무리를 지어 사는 습성으로 진화했습니다. 무리를 지어 삶으로써 서로 위안을 얻고, 포식 동물의 기습에 대비하며 짝짓기도 쉽게 할 수 있기 때문입니다. 하지만 사람들은 이런 큰 무리를 좋아하지 않았습니다. 특히 농부들은 나그네 비둘기 무리가 지나가면 주요 숲이 황폐화되고, 운이 나쁜 경우 힘들게 일궈낸 밭이 사라져 버리는 일이 생깁니다. 따라서 사람들은 나그네 비둘기를 사냥하기 시작했습니다. 나그네 비둘기가 급격히 멸종에 이르게 된 주된 이유는 무리지어 다니는 습성 때문입니다. 사회적 응집 본능이 강한 나그네 비둘기는 옆에서 수천 마리가 죽더라도 도망가지 않습니다. 그래서 사람들이 나그네 비둘기를 사냥했다기보단 추수를 했다고 생각하는 편이 더 적절할 지도 모릅니다. 예를 들어 한 가족이 막대기로 때려 하룻밤 사이에 잡을 수 있는 나그네 비둘기의 수가 자그마치 1,200마리였다고 하니, 희귀한 단계를 거치지 않은 건 어찌 보면 당연한 일입니다. 어쨌든 나그네 비둘기가 멸종에 이르기까지는 산불, 전염병, 서식지 상실도 그 원인으로 작용했겠지만, 큰 무리를 지어 사는 습성도 무시할 수 없는 원인이었습니다. 또한 나그네 비둘기가 사람들을 만나서 사회생태학적인 특성과 맞물려 멸종하게 되었다는 것이 가장 큰 원인입니다.

하와이 제도는 매우 고립되어 있고 지난 천만 년 동안 고립상태를 유지해 왔기 때문에 이곳에 사는 종들은 외부 침입자가 일으킨 생태계의 교란에 매우 취약했습니다. 1778년 쿡 선장이 상륙한 후 유럽인 이주민과 선교사가 도착했습니다. 그들의 손에는 가축, 총, 도끼, 쟁기 그리고 성경도 들려 있었습니다. 불행하게도 외래종인 쿨렉스 모기도 함께 들어왔습니다. 쿨렉스 모기는 사람에게 뇌염을 옮기고, 개에게는 심장사상충을 옮기며, 가금류에게는 조류 수두라는 바이러스를 옮겼습니다. 이 모기는 하와이 제도의 서늘한 고지대에서는 서식하지 못하지만, 많은 토착새가 살고 있는 저지대에서는 잘 번식했습니다. 조류 말라리아는 사람이 걸리는 말라리아와 비슷합니다. 말라리아를 옮기는 열대열원충이 모기의 침을 통해서 질병이 걸린 조류에게서 다른 조류에게로 옮기게 됩니다. 따라서 이전에는 이 병에 단 한 번도 노출된 적이 없는 조류집단에게는 치명적일 수밖에 없습니다. 하와이 제도의 새들은 별다른 위협 없이 살다가 인간을 만나면서 조류 수두 바이러스를 만나고, 쿨렉스 모기를 만나면서 조류 말라리아에 의해서 멸종의 길을 걷게 됩니다. 그뿐 아니라 사람들의 사냥도 멸종의 큰 원인이 됩니다. 화려한 색의 깃털을 가진 하와이 제도의 새들은 사냥꾼의 표적이 됩니다. 특히 유럽 본토에서 이 희귀

종의 깃털이 인기를 끌었기 때문에 사냥이 무차별하게 이뤄졌습니다.

우리나라에서 동남쪽으로 약 3,200킬로미터 떨어진 곳에 괌(Guam)이라는 섬이 있습니다. 이 섬에서 조용하게 서식하던 조류 개체군들이 1983년에 대학살로 희생되었습니다. 1960년까지는 아무런 이상이 없었습니다. 면적이 약 550제곱킬로미터인 괌 섬은 순수한 화산섬이 아니라 북쪽에는 석회암 고원지대로 되어 있습니다. 오랜 세월 산호 시체가 쌓여 생긴 탄산칼슘으로 이루어졌습니다. 따라서 이 지대에는 울창한 숲이 형성되었고, 열대림이지만 개천이나 호수가 전혀 없는 지형적 특징이 있습니다. 석회암이 빗물을 빨아들이기 때문입니다. 섬의 남부는 용암으로 뒤덮여 있습니다. 또한 화산암이 침식을 받아 토양이 부드럽고, 남해안을 따라 흐르는 협곡에 숲이 늘어서 있습니다. 괌의 숲에는 11종의 조류가 서식하고 있으며 그중에서 5종은 고유종입니다. 1980년 중반에 괌의 숲에도 조류의 멸종이 나타났습니다. 괌 딱새, 마리아나동박새, 붉은부채꼬리딱새, 희목땅비둘기, 마리아나과일비둘기, 미크로네시아꿀빨이새 등 6종이 사라진 것입니다. 어쨌든 이러한 새의 멸종은 생태계의 큰 변화를 일으켰습니다. 우선 숲에는 점차 갈색나무뱀 개체군과 거미가 폭발적으로 증가했고, 도마뱀의 수는 감소했습니다. 사람들은 살충제 중독, 포식동물 유입, 외래질병 유입, 사람으로 인한 서식지 파괴, 태풍 등 여러 가설을 놓고 조사하기 시작했습니다. 하지만 이러한 가설은 그 원인이 아니었습니다. 어쨌든 뱀의 개체군이 늘어나면서 먹잇감이었던 새와 도마뱀은 점차 줄어들었고, 상대적으로 작은 거미는 먹잇감에서 제외되었기 때문에 뱀과 함께 증가하게 되었습니다. 그러나 이것

역시 추정이지 왜 갑자기 뱀이 새들을 먹어치웠는지에 대해서는 설명이 부족합니다. 아무튼 괌 섬의 결과만을 놓고 보면 멸종에는 먹이사슬(영양단계)의 연쇄반응도 적용될 수 있다는 것을 알 수 있습니다. 한 종의 멸종 사건이 부차적으로 한 영양단계에서 다음 영양단계로 계속 가지치기를 하며 이어지기 때문입니다.

바로 콜로라도 섬(Barro Colorado Island)은 파나마 운하 한복판에 위치한 면적이 15제곱킬로미터에 불과한 섬입니다. 1914년 운하가 만들어지면서 원래 산봉우리였다가 섬이 된 곳입니다. 열대우림의 정글을 이루고 있으며 1923년 미국 정부가 이곳을 자연보호구역으로 지정하였습니다. 큰 육식동물들이 살아가기에는 이 섬은 너무 좁기 때문에 가장 먼저 퓨마와 재규어가 사라졌습니다. 부채머리독수리도 더 이상 이 섬에서 둥지를 틀지 않았습니다. 큰 육식동물을 시작으로 45종의 조류도 이 섬에서 사라지게 되었습니다. 그렇다면 새들이 둥지를 틀지 않은 이유는 무엇일까요? 먹이사슬의 연쇄반응을 생각해 봅시다. 퓨마와 재규어가 사라진 자리에 중간 크기의 포유류가 증식할 가능성은 매우 높습니다. 실제 긴코너구리, 파카, 아구티, 주머니쥐, 아르마딜로 등과 같은 개체군이 비정상적으로 증가했다고 합니다. 그로 인해 나무나 땅 위에 둥지를 틀고 살아가는 새들은 타격을 받았습니다. 주머니쥐와 같은 녀석이 어린 새와 알을 먹어치웠기 때문입니다. 바로 콜로라도 섬의 동물이 멸종된 것은 파마나 운하에 의한 육지로부터의 격리가 그 첫 번째 원인이며, 한 먹이사슬에서 다음 먹이사슬로 이어지는 영양단계가 연쇄적으로 전달되면서 멸종되었다는 게 그 두 번째 원인으로 해석될 수 있습니다.

## 그 외에 우리 곁을 떠난 지구 종들

뉴질랜드에는 13종의 모아가 살고 있었습니다. 1600년 이후 3종이 멸종하였고 1800년대 이후에는 발견되지 않는다고 합니다. 뉴질랜드도 섬이다 보니 많은 종들이 사라졌습니다. 웃는 올빼미, 뉴질랜드 메추라기, 북섬덤불굴뚝새, 뉴질랜드빙어도 멸종했습니다. 남아프리카 사바나 지역에 살았던 쿠아가는 1652년 네덜란드의 식민지가 된 후 서서히 줄어들다가 1883년에 멸종했으며, 일본 늑대도 1905년 멸종했습니다. 카리브 해에서 멕시코 동부지역과 바하마에서 유칸다 반도에서 서식하던 카라비안몽크씰은 비공격적이며 예민한 동물인데, 콜럼버스의 아메리카 대륙 발견 이후 기름제조와 식용으로 잡혀 호모 사피언스의 상업적 이익에 희생양이 되어 1952년 이후 지구상에서 자취를 감추게 되었습니다. 이와 비슷하게 사라진 동물이 스텔라바다소입니다. 일본에서부터 캘리포니아 몬터레이만까지 북태평양 해변 전역에 분포되어 살던 이 녀석은 서로를 아끼는 성격이어서 하나를 찌르면 다른 녀석들이 몰려와 다친 녀석들을 보호하는 습성 탓에 멸종되었습니다. 또한 식량, 기름, 가죽을 노리는 호모 사피언스에 의해 1768년에 마지막으로 목격된 후 사라졌습니다. 이외에도 무수히 많은 종들이 지구를 떠났습니다. 면적이 넓을수록 더 많은 종들이 살고 면적의 제약이 격리된 동물의 종과 수를 제한한다고 합니다. 더욱이 인간의 개발이 지구에 사는 종들을 사라지게 하는 원인 중의 하나였습니다.

## 국립공원도 격리된 작은 섬

호모 사피언스가 만들어 놓은 국립공원에서 무슨 일이 일어났을까요? 국립공원은 자연보호라는 이름으로 격리된 섬과 같습니다. 옐로우스톤 국립공원(Yellowstone National Park)은 와이오밍 주(Wyoming), 몬태나 주(Montana), 아이다호 주(Idaho)에 걸쳐져 있는 미국 최대 국립공원입니다. 넓이가 약 8,990제곱킬로미터이며 1만여 개의 간헐온천에서 뜨거운 지하수를 내뿜고 있습니다. 황을 함유하고 있는 물 때문에 바위가 누렇게 되어 옐로우스톤이라고 합니다. 어쨌든 이러한 국립공원의 보호 하에 살아가더라도 멸종은 계속됩니다. 국립공원은 육교섬과 비슷하여 인간의 영향에 관해서는 바다에 갇힌 섬일 수 있다는 사실입니다. 예를 들면, 옐로우스톤 국립공원에 1916년에만 해도 존재했던 늑대가 1976년에는 사라졌습니다. 또한 유타 주(Utah) 남쪽에 있는 브라이스캐니언 국립공원(Bryce Canyon National Park)에서 살고 있던 붉은여우가 1961년에 사라졌으며, 얼룩스컹크와 흰꼬리잭토끼도 사라졌습니다. 워싱턴 주(Washington)에 있는 면적이 954제곱킬로미터인 레이니어산 국립공원(Mount Rainier National Park)에서 스라소니, 아메리카담비, 줄무늬스컹크가 사라졌습니다. 오리건 주(Oregon)의 크레이터호 국립공원(Crater Lake National Park)에서도 수달, 어민족제비, 밍크, 얼룩스컹크가 사라졌고, 캘리포니아 주(California)에 있는 세쿼이아 · 킹스캐니언 국립공원(Sequoia & Kings Canyon National Park)에서 붉은여우와 수달이 사라졌습니다. 많은 국립공원에서 종들이 사라진 이유는 공원의 크기가 작기 때문이라고 1987년 뉴욕 타임즈 지가 보도했습니다. 국립공원의 면적이 작을수록 종의 상실이 더 많이 일어나는데, 브라이스캐니언과 같은 작은 국립공원에서는 큰 포유류 종이 약 40% 사라진 반면, 옐로우스톤 국립공원에서는 늑대 이외에 사라진 종이 하나도 없다는 사실이 이를 증명합니다.

## 호모 사피언스가 헤집어 놓은 지구 에너지 문제

호모 사피언스가 파괴해 놓은 것은 단지 지구에 사는 생명체들만이 아닙니다. 더 큰 문제는 무생물의 파괴입니다. 지구에 존재하는 것은 태양계에 속하는 거의 모든 것들의 어울림인데, 생명체의 파괴에서 멈추지 않고 호모 사피언스는 무생물들을 파괴하기 시작했습니다.

지구생명체들은 식물이 만들어 놓은 에너지만으로 살아가기에 충분했습니다. 그러나 호모 사피언스는 기계와 자동차, 비행기를 만들고, 심지어 우주선을 만들었습니다. 이러한 것들을 움직이기 위해서는 동력에너지가 필요했습니다. 처음에는 땅을 파서 석탄으로 동력에너지를 만들었고, 점차 땅에 구멍을 뚫고 석유로 동력을 만들었습니다. 그리고 언제부터인가 우라늄을 땅 속에서 가져다가 에너지를 만들기 시작했습니다. 대부분은 우라늄-238이라는 녀석이지만 핵분열을 일으킨다는 이유로 우라늄-235단 사용하고 있습니다. 이것은 자연에 있는 우라늄 전체 중 고작 0.7%에 지나지 않습니다. 조만간 이 우라늄도 고갈될 것입니다. 1850년 이후 호모 사피언스의 수는 6.5배가 증가하였으나 사용하는 에너지는 20배가 늘었습니다. 지난 300년 동안 목초지가 600% 증가하였으며, 지구의 모든 것들이 부서지기 시작했습니다. 열대 우림지대가 파괴되고, 파푸아 뉴기니 남동지역의 플라이 강은 2,600제곱미터가 파괴되었으며, 카리브 해

부근, 하와이 저지대, 브라질 산악지대, 중부아프리카와 필리핀의 숲들이 모두 파괴되었습니다. 그뿐만 아니라 지구의 자연 파괴는 지금 이 순간에도 진행되고 있습니다.

## 하늘조차도

이제는 하늘까지도 파괴시킵니다. 질소산화물과 이산화황은 질산과 황산으로 변하여 산성비를 내리게 합니다. 호모 사피언스들은 더위를 피하기 위해 온도를 낮추는 기술을 개발했습니다. 참 똑똑한 종들이기도 하지요. 온도를 낮추기 위해 개발한 프레온(CFCs)은 여러 형태가 있기 때문에 대체로 Cs로 표현합니다. 프레온의 한 종류인 염화불화탄소화합물(CFCl) 또한 오존층을 파괴하는 주범입니다.

식물들이 광합성을 통해서 산소를 배출하다가 보니 하늘에 성층권이 만들어졌는데, 그 높이는 13~50킬로미터가 됩니다. 그러다 보니 약 5억 년 전부터 산소를 이용하는 생명체들이 지구와 바닷 속에서 살 수 있었습니다. 이 산소가 태양에서 오는 자외선을 받으면 오존($O_3$)이 됩니다. 프레온 가스는 안전하기 때문에 대기권에서는 분해되지 않으며 성층권까지 수송됩니다. 염화불화탄소화합물이 성층권에서 자외선을 만나면 분해되어 염소(Cl) 분자를 방출하게 됩니다. 이 염소가 오존과 결합하여 산화염소(ClO)와 산소를 만듭니다($Cl+O_3 \rightarrow ClO+O_2$). 염소는 오존을 파괴한 후 다시 염소로 재생되기 때문에 무한대로 오존과 결합하여 오존층을 파괴할 수 있습니다. 염소 한 분자는 수천에서 수십만 개의 오존을 파괴할 수가 있기 때문에 위험합니다. 오존량을 표시하는 단위는 돕슨(Dobson)입니다. 1돕슨은

1기압과 0도인 표준 상태에서 순수한 오존 100분의 1밀리미터 두께에 해당하는 양을 말합니다. 지구의 오존층 두께는 3밀리미터이고, 지구 전체의 오존량은 300돕슨이 됩니다. 비록 오존층이 3밀리리터이지만 우리 몸에 치명상을 주는 자외선(UV-B)이 오존층을 지나게 되면 99%가 차단됩니다.

우리에게 이처럼 소중한 오존층이 파괴되고 있습니다. 1979년 10월 봄에 지구 남반구는 250돕슨을 가지고 있었습니다. 하지만 1983년 이후 175돕슨으로 줄어들었는데, 1980년 말 결국 오존층에 구멍이 생겼습니다. 그 구멍의 크기가 1,550만 제곱킬로미터였습니다. 이 구멍은 점점 커져서 2000년에는 2,850만 제곱킬로미터나 되었습니다. 얼마나 큰지 감이 안 오신다고요? 이 크기는 미국의 3배이며, 남극대륙의 2배입니다. 다행히 2011년에는 2,600만 제곱킬로미터로 줄어들었습니다.

지구는 더 이상 호모 사피언스만이 사는 세상이 아닙니다. 지금까지 살펴보았듯이 지구를 구성하고 있는 자연 생태계는 인간뿐만 아니라 지구상의 모든 생명체들이 상호경쟁과 공생 그리고 기생관계를 유지하며 살아갑니다. 사회생물학자 최재천 교수는 우리가 인간은 물론 다른 생물 종들과 밀접한 관계를 유지하며 살아간다는 관점에서 호모 심비우스(*Homo Symbious*)라는 표현을 사용했습니다. 우리 인간이 호모 심비우스로서 겸손한 마음으로 다른 생명체들과 더불어 공생하면서 살아가기를 바랍니다.

## 미래에너지

태양으로부터 오는 빛 에너지를 제외하고는 이제 지구에 존재하는 거의 모든 에너지는 고갈에 가까워지고 있습니다. 3억 년을 통해서 지구가 모아 놓은 화석 연료를 호모 사피언스가 200년 만에 다 써버리는 지경에 이르렀습니다. 이들은 이제 대체에너지를 찾고 있습니다. 그나마 다행인 것은 이들이 지난 200년을 교훈 삼아 자연에서 에너지를 찾으려 한다는 점입니다. 태양 에너지, 파도가 만드는 깨끗한 전기 에너지, 선박을 끄는 하이테크 연(kite), 풍력 에너지, 수소 에너지, 바이오에너지가 대체에너지로 떠오르고 있습니다. 하지만 이 에너지들은 부분적인 대체에너지일 뿐 근본적인 해결책은 아닙니다. 설령 획기적인 대체에너지를 마련하더라도 지금까지 사용하고 있는 모든 동력기계들을 전부 바꿔야 하는 문제와도 연결되어 있습니다. 하지만 대체에너지에 대한 연구를 게을리 해서는 안 될 것입니다.

대체에너지 중 바이오에너지에 대해서 자세히 살펴봅시다. 바이오에너지 생산은 미국과 브라질이 주도하고 있습니다. 2007년 국가별 바이오 연료 생산량을 보면 미국이 28,188백만 리터이며 브라질이 19,227백만 리터였습니다. 이것은 전 세계 바이오 생산량(62,213백만 리터)의 76%에 해당하는 양입니다. 미국과 브라질은 바이오에탄올을 주로 생산하는데, 유럽연합은 바이오디젤의 비중이 더 큽니다. 전 세계 바이오디젤 생산량(10,204백만 리터)의 60%를 유럽연합에서 생산하고 있습니다. 독일 코렌 사가 개발한 바이오디젤의 경우 일반 디젤에 비해 이산화탄소 발생량이 90% 감소하였다고 합니다.

바이오에탄올은 당을 발효하여 에탄올을 만들고 농축시켜 만듭니다. 감자, 옥수수, 고구마 같은 전분질 계통의 원료는 먼저 당화 과정을 거쳐 당을 만듭니다. 볏짚, 나무 폐지와 같은 목질 계통의 원료는 전처리 과정을 거쳐 셀룰로스를 만들고 효소 셀룰라아제(cellulase)로 당을 만듭니다. 당으로 전환된 이들은 효모 발효 과정을 거쳐 바이오에탄올을 만들게 되는데, 이때 농도는 약 5~10% 정도입니다. 연료로 사용하기 위해서는 농도가 너무 낮기 때문에 농축하여 사용합니다. 사탕수수나 사탕무는 당질 계통의 원료이기 때문에 곧 바로 효모 발효를 시켜 바이오에탄올을 만듭니다. 미국은 옥수수로부터, 브라질은 사탕수수로부터 주로 바이오에탄올을 만듭니다. 바이오디젤은 아메리카 지역보다는 유럽연합에서 주로 생산하는데, 유채나 콩과 같은 유지작물로부터 오일(유채유)을 만들어서 에스테르화 과정을 거치면 바이오디젤이 됩니다.

그렇다면 바이오에너지는 과연 생산성이 있는 것일까요? 10억 와트의 전기를 생산하는 데에는 태양광 전지는 약 50제곱킬로미터의 면적이, 풍력은 70제곱킬로미터의 면적이 필요합니다. 같은 양의 전기를 바이오연료로 생산하려면 자그마치 6,500제곱킬로미터가 필요합니다. 하지만 땅이 협소한 우리나라에서는 너무 먼 나라 이야기입니다. 해조류는 그나마 나은 편입니다. 해조류는 40제곱킬로미터에서 15,000리터가 생산되고, 10억 와트의 전기를 생산하려면 약 83제곱킬로미터가 필요한데, 바다를 이용하기 때문에 매우 유리합니다. 하지만 이것 역시 우리나라에서는 비현실적입니다. 삼면이 바다인데 왜 비현실적이냐고요? 바이오디젤을 생산할 수 있는 해조류가 살기에는 우리나라 해수의 온도가 너무 낮기 대문입니다. 그리고 바이오디젤을 생산하는 데에는 높은 비용이 필요하여 채산성이 없다는 문제도 있습니다.

《대중의 직관》과 《X-Events》의 저자인 캐스티(John Casti)는 복잡계 과학을 통해 미래를 예측하는 방정식을 제시한 연구자입니다. 그는 사회적 분위기가 탈출속도(분야에 따라 티핑 포인트나 문턱주파수로 대치가능)를 넘어서면 대중의 선택이 이루어지고, 이것을 분석함으로써 미래를 예측할 수 있다는 이론을 제시한 이 분야의 권위자이지요. 핀란드 미래학자 일몰라(Leena Ilmola)와 캐스티는 향후 에너지 가격이 현재의 10% 수준으로 폭락할 것이라고 예측했습니다. 그 근거는 무엇일까요? 21세기 최대의 천연가스 혁명이 미국에서 일어나고 있습니다. 셰일가스(shale gas)가 바로 그 주인공입니다. 셰일가스는 진흙이 쌓여 만들어진 퇴적암층인 '셰일층'에 있는 천연가스입니다. 셰일층은 투과하지 못하는 암석층 밑에 있어서, 이곳에 있는 셰일가스는 셰일층에만 존재했던 것입니다. 하지만 최근에 불투과 암석층을 뚫는 채굴 기술을 확보하여, 이 가스를 생산하게 되었습니다. 2012년 버락 오바마는 '미국은 향후 100년간 사용할 수 있는 가스자원이 있다.'고 하였으며, 세계에너지기구는 셰일가스 개발로 '가스황금시대'가 도래할 것으로 전망했습니다. 그 양은 전 세계에서 향후 약 60년간 사용할 수 있는 막대한 양이라고 하며 매장량이 가장 많은 국가가 미국과 중국입니다. 셰일가스가 향후 세계의 판도를 바꿀 수 있는 대체에너지가 될 가능성은 충분합니다.

### 정리합시다

- 광합성과 에너지 대사 과정은 가역관계입ㄴ 다. 에너지 흐름과 연관 지어 정리합시다.
- 왜 생명체는 ATP 분자를 생체 에너지로 선택했는지에 대해 정리합시다.
- 생명체의 멸종이 주로 섬에서 일어나는 원인에 대해 정리합시다.
- 셰일가스에 대해 정리합시다.

### □ 더 읽어야 할 문헌

- 도도의 노래, 데이비드 콰멘, 이충호 옮김 김영사, 2012년.

PART XI

# 과연 DNA는 생명체의 주인인가?

## 드보르작 신세계 교향곡

*Symphony No. 9 in E minor Op. 95 B. 178, From the New World*

드보르작은 신세계 교향곡에서 흑인과 인디언의 음악을 바탕으로 민요에 가까운 미국 음악 정신을 표현하였습니다. 이 교향곡은 향수를 느끼게 하는 재래 음악의 세계와 다른 새로운 세계의 소식을 전하고자 하는 강한 열망이 내재되어 있습니다. 20세기 생명과학의 화두가 유전학이었다면 21세기는 후성유전학의 시대입니다. 이제 생명과학은 이 두 분야를 접목시켜 미래로 나아가야 할 것입니다.

## 유전자일까, 환경일까?

일란성 쌍둥이 중 한 명이 당뇨병을 앓게 되면 다른 한 명도 같은 병을 앓게 될까요? DNA가 100% 일치하는 두 일란성 쌍둥이는 서로의 건강이나 수명, 기타 질병에 관해서 상호 예측가능한 관계일까요? 다시 말해 DNA가 100% 일치하는 일란성 쌍둥이는 유사한 질병과 건강 상태를 공유하면서, 유사한 수명으로 살아갈 수 있을까요? 경험에 의하면 그렇지 않습니다. DNA가

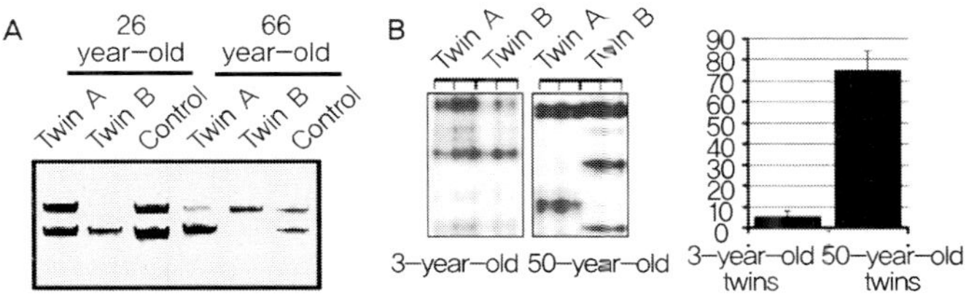


• 출처 PNAS (2005) 102, 10604

100% 일치하는데 어떻게 서로 다를 수 있을까요? 아마도 DNA 이외에 다른 원인이 있다는 것을 의미하는 것이겠지요.

그림 A는 각각 26세와 66세의 일란성 쌍둥이 4명의 X 염색체에서 발현되는 유전자의 비활성을 조사한 것입니다. 26세 쌍둥이 A는 두 개 밴드를 가지고 있는 데 반해, 다른 쌍둥이 B는 오직 한 개 밴드만을 가지고 있었습니다. 66세 쌍둥이 A는 두 개의 밴드를 가지고는 있지만 위에 있는 밴드 양이 적었고 66세 쌍둥이 B는 오히려 위에 있는 밴드 하나만을 가지고 있습니다. 일란성 쌍둥이들이 유전자 발현 양상을 다르게 보여줄 뿐만 아니라 나이가 들어감에 따라 발현 양상도 변한다는 것을 보여주고 있습니다. 그림 B를 보면 더 명확하게 알 수 있습니다. 3세 일란성 쌍둥이와 50세 일란성 쌍둥이의 유전자 발현 양상을 비교 분석한 것입니다. 3살 때에는 두 쌍둥이 사이의 유전자 발현 양상에서는 차이가 미미했습니다. 그러나 50세가 되면 두 쌍둥이 사이의 유전자 발현 양상이 급격히 변하는 것을 볼 수 있습니다. 일란성 쌍둥이가 100% 일치하는 DNA를 가지더라도 유전자 발현 양상에서는 차이를 보이는데, 나이가 들면 들수록 그 차이의 폭이 커집니다. 이는 환경의 차이가 가져온 결과라고 할 수 있겠지요. 환경의 차이에는 기후, 음식, 생활습관, 스트레스 정도 등 우리 생활의 거의 모든 인자들이 영향을 미칩니다.

집단생활을 하는 벌들은 한 마리의 여왕벌, 90%의 일벌과 약 10%의 수벌로 구성되어 있습니다. 암벌인 여왕벌과 일벌은 알에서 깨어날 때부터 구별되는 것은 아닙니다. 여왕벌과 일벌은 유전적으로 일란성 쌍둥이입니다. 다시 말해 모든 암컷 유충들은 여왕벌이 될 잠재

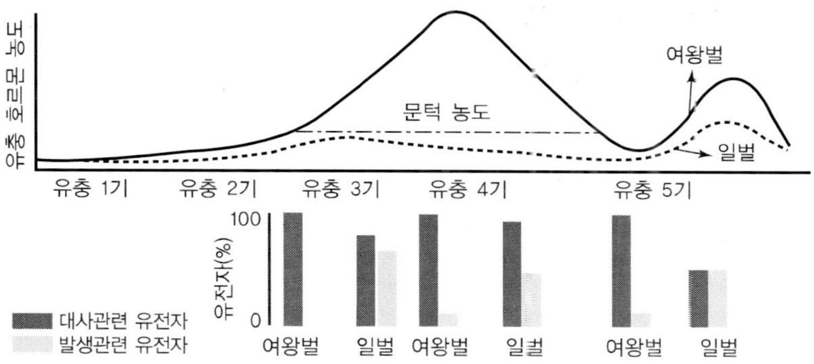


력을 가지고 있습니다. 유충들이 알에서 깨어난 후 3일이 지나고 유모 벌들이 어떤 먹이를 제공하는지에 따라 운명이 결정됩니다. 유모벌이 단 하나의 암컷 유충에게만 로열젤리를 먹이고 다른 암컷 유충들에게는 꽃가루나 꿀을 먹이게 되는데, 로열젤리는 여왕벌을 만들고 꽃가루나 꿀은 일벌을 만드는 셈입니다. DNA는 100% 동일하지만 먹이가 운명을 결정하는 것이지요.

먹이에 따라 여왕벌과 일벌의 유충호르몬이 시기별로 어떻게 변화하고 각 유충 단계에서 유전자 발현 양상이 어떻게 달라지는지에 대한 연구 결과를 요약한 그림입니다(하트펠더(Hartfelder)[Curr. Top. Dev. Biol. (1998) 40, 45]와 바르척(Angel Barchuk)[BMC Dev. Biol. (2007) 7, 70]).

하트펠더 등은 단계별로 분비되는 유충호르몬 농도를 측정하였는데, 로열젤리를 먹은 여왕벌 유충의 호르몬 농도가 초기에는 변화가 없었으나 3기를 지나 4기 때 최대에 도달한 후 감소하다가 5기 이후 다시 증가하는 양상을 보인다는 사실을 발견하였습니다. 일벌의 유충도 비슷한 호르몬 분비 양상을 보이지만 유충 3기에서 문턱 농도를 넘지 못했습니다. 이를 바탕으로 바르척 등은 두 유충 사이에서 발현되는 대사 및 발생 관련 유전자 양상을 비교 분석하였습니다. 각 단계별, 두 유충별, 유전자 기능(대사 또는 발생)에 따라 서로 다른 양상으로 발현되는 것이지요. 일란성 쌍둥이와 마찬가지로 여왕벌과 일벌의 DNA는 일치함에도 불구하고 환경이나 습취하는 음식에 따라 유전자 발현의 양상이 다른 것으로 나타났습니다. 생명활동을 관장하여 생명체 청사진으로 불리는 DNA가 동일한데 어떻게 이런 일이 가능할까요? 지금부터 또 다른 DNA의 세계로 들어가도록 하겠습니다.

Part Ⅲ를 맺으면서 "DNA는 생명체의 주인인가?"라는 질문을 던졌습니다. 이제 그 질문에 대해 이야기해 봅시다. 생명체가 가지는 유전자는 매우 중요합니다. 생명현상에 직접적으로 관여하는 단백질을 합성하기 때문입니다. 다시 말해 단백질은 이 유전자 정보에 의존한다는 것입니다. 그렇다면 생명체의 유전자 수는 생명체의 질에 비례할까요? 그렇지 않습니다. 20세기 생명과학에는 '하나의 유전자에 하나의 단백질, 하나의 단백질에 하나의 생명현상'이라는 전제가 있었습니다. 그러나 게놈 프로젝트가 완성되면서 21세기 생명과학에서는 '하나의 유전자에 여러 mRNA, 여러 mRNA에 여러 단백질'이라는 가설이 성립됩니다. 그림에서 보는 바와 같이 원시세포나 박테리아와 같은 하등 생명체는 유전자 수가 곧 생명체의 질이라는 관계가 성립됩니다. 왜냐하면 유전자 수가 많을수록 진화된 생명체이기 때문입니다.

그러나 고등생명체는 이 관계가 성립되지 않습니다. 벼, 아기장대,

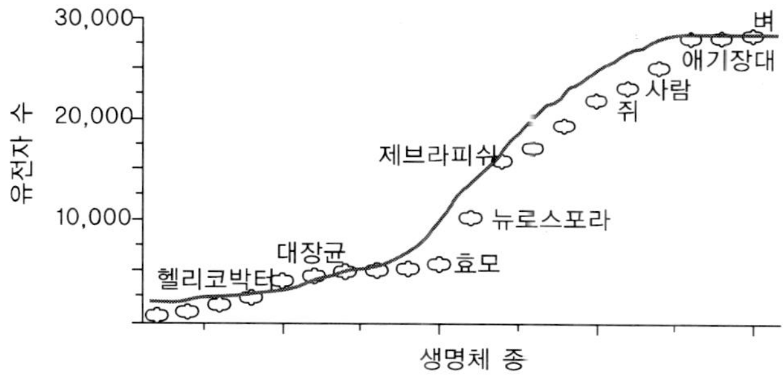


사람의 유전자 수는 비슷합니다. 그런데 왜 사람이라는 생명체는 이들보다 우위에 있을까요? 다시 말해 진화한 고등생명체에서는 생명의 질이 곧 유전자 수에 비례하는 관계가 더 이상 성립되지 않습니다. 유전자 수가 제한된 고등생명체는 어떻게 생명의 질을 더 높이는 걸까요? 그에 대한 답은 복잡성입니다. 하등생명체는 단백질 사이의 상관관계가 비교적 단순하고 적지만, 반면에 고등생명체는 구성하고 있는 단백질들이 복잡하게 얽혀서 생명활동을 영위합니다. 앞에서 언급한 일란성 쌍둥이와 여왕벌 · 일벌에서 일어난 유전자 발현의 차이를 염두에 두면서 복잡성의 세계로 들어가 봅시다.

이제 더 이상 유전자는 운명이 아닙니다. 영양 공급, 스트레스, 감

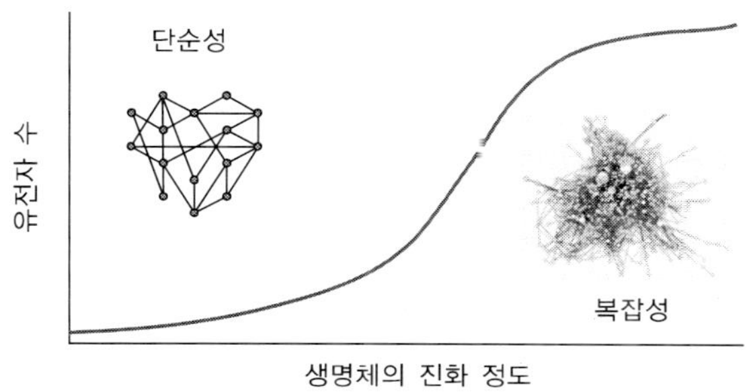

정과 같은 환경적인 영향이 유전자를 바꾸지 않고도 복잡한 연결고리를 만들고, 변화시키며, 삭제 혹은 추가하여 복잡한 생명현상을 영위하도록 생명체를 복잡계 세계로 몰아넣고 있습니다. 유전자 또는 DNA 염기서열을 전혀 건드리지 않고도 유전자 발현이나 유전형질의 변화와 같은 일이 일어나는 것을 후성유전이라 하며, 이것을 연구하는 학문을 '후성유전학(epigenetics)'이라고 합니다. 다시 정의하자면 DNA 염기서열을 바꾸지 않고 다른 기작을 통해서 유전자 발현과 세포반응과 같은 유전적 변화를 연구하는 분야입니다. '염기서열을 넘어서(beyond the sequence)'가 가장 적절한 슬로건이 될 것입니다.

• 출처 Molecular Cell Biology (2003) 23, 5293

## 후성유전자에 대해서

사진에는 노란 털을 가진 뚱뚱한 쥐와 갈색 털을 가진 날씬한 쥐가 있습니다. 이 쥐들은 같은 종일까요? 아니면 다른 종일까요? 물론 여러분들은 '같은 종'이라고 답할 것입니다. 맞습니다. 다른 종이었다면 여러분들에게 묻지 않았겠지요. 전혀 달라 보이는 이 두 마리 쥐는 모두 아구티(agouti)라는 종입니다. 아구티를 두 그룹으로 나누어 한 그룹에는 정상 먹이를, 다른 한 그룹에는 엽산, 비타민 B12, 베타인, 콜린을 함유하고 메틸기(methyl group)가 많은 먹이를 주었습니다. 이 쥐들이 새끼를 낳자, 정상적인 먹이를 먹은 쥐는 사진과 같이 노랗고 비만인 자신과 같은 아구티를 낳은 데 반해, 메틸기가 많이 첨가된 먹이를 먹은 쥐는 자신과 전혀 닮지 않은 갈색 털을 가진 날씬한 새끼를 낳았습니다. 먹이가 유전자를 이겼다고 할 수 있겠지요. 동시에 획득형질도 유전된다는 가설이 처음으로 증명된 순간이기도 합니다. 미국 듀크 대학교의 워틀랜드(Robert Waterland)와 저틀(Randy Jirtle)이 2003년 분자세포생물학 저널에 실은 연구 결과입니다. 획득형질도 유전된다고 주장한 라마르크가 떠오르지 않나요? '용불용설'을 주장한 라마르크뿐만 아니라 다윈도 그의 저서 ≪종의 기원≫에서 적자생존을 이야기하면서 획득형질도 유전된다고 하였습니다.

이해를 돕기 위해 일란성 쌍둥이와 여왕벌 · 일벌의 예 이외에 후성유전학 현상 몇 가지를 추가로 소개하겠습니다. 1978년 미국에서 제작한 'The Deer Hunter'는 베트남 전쟁에 참전하여 전쟁 포로로 고통 받은 병사들이 정상적으로 사회에 복귀하지 못하는 전쟁 후유증을 다룬 영화입니다. 펜실베이니아 작은 마을에서 함께 자라고 베트남 전쟁에도 같이 자원입대한 스티븐, 닉, 마이클은 전쟁 포로가 되면서 같은 스트레스를 받았지만 정신적 증상은 서로 다르게 나타납니다. 같은 상황에서도 개인이 받는 심리적인 압박이 다른 것이지요. 스트레스를 받으면 시상하부(hypothalamus)에서 부신피질자극호르몬방출호르몬(CRH: Corticotropin Releasing Hormone)이 생성되고 뇌하수체전엽(anterior pituitary)에서 부신피질자극호르몬(adrenocorticotropin) 분비를 자극하면 아드레날 코텍스(adrenal cortex)에서 코티졸(cortisol)이 합성됩니다. 이 코티졸을 스트레스 호르몬이라고 합니다. 스트레스를 받았을 때 모든 사람은 이와 같은 과정을 거쳐 코티졸을 분비하는데 사람마다 스트레스에 대한 반응은 다르게 나타납니다. 이러한 개인적인 차이는 어머니 자궁에서 결정됩니다.

절약유전자(thrifty gene)에 대해 이야기해 봅시다. 1962년 닐(James Neel)이 절약유전자 가설을 제안하였을 때는 아무도 믿지 않았습니다. 절약유전자란 음식이 모자랄 때 위기 상황에 대처하기 위하여 에너지 대사를 최소화하는 과정에서 발현되는 유전자입니다. 다시 말해 위기 때를 대비하여 에너지 대사를 줄임으로써 에너지를 축적하려는 기작입니다. 이 현상 또한 어머니 자궁에서 결정됩니다. 임신 중 산모가 입덧이 심하거나 가난 등의 이유로 충분히 먹지 못할 경우 태아에게 영양분의 공급이 낮아지고 절약유전자가 발현되어 에너지 대사를 줄이게 됩니다. 이러한 형질은 어머니로부터 받은 후성유전자입니다. 전쟁 중에 굶주린 산모에게 태어난 태국의 아이들이 그렇지 않은 아이들에 비해 비만이 더 많은 것으로 나타난 것이 절약유전자 때문이라고 밝혀졌습니다. 여러분들 중에서도 아무리 먹어도 살이 찌지 않는 사람이 있는 반면, 조금만 먹어도 살이 찌는 사람이 있습니다. 조금만 먹어도 살이 찌는 사람은 어머니로부터 절약유전자를 물려 받았을 수도 있으니 어머니께 여쭤보기 바랍니다. 굶으면서 다이어트를 하는 경우도 마찬가지입니다. 굶을 당시에는 살이 빠지는 듯하지만, 그동안 절약유전자가 발현되어 기초대사량을 감소시키며 다이어트를 마친 후에는 조금만 먹어도 살이 찌는 요요현상이 나타납니다.

Part Ⅲ에서 소개한 피라미와 포식자 이야기에 대해 다시 생각해 봅시다. 포식자가 있는 어항에서 사는 피라미의 피부색이 바뀌었을 때 DNA 염기서열을 바꾼 것인지 아니면 또 다른 어떤 기작이 있었던 것인지 물은 적이 있습니다. 단시간 내에 DNA 염기서열이 바뀐 것이 아니라 후성유전학적 발현이 변화된 것이지요. 이 고기의 피부색이 갈색이었는데, 어항 바닥의 모래가 하얀색이라고 가정해 봅시다. 갈색 색소를 만드는 단백질의 유전자 발현을 억제하면 되지 않을까요?

DNA 염기서열을 바꾸지 않고 어떻게 유전자 발현을 억제하거나 조절하는 걸까요? 그 방법으로는 세 가지 조절 기작이 있습니다. DNA 메틸화(DNA methylation), 히스톤 변형(histone modification), 논-코딩(non-coding) RNA에 의한 조절이 그것입니다.

## DNA 메틸화

DNA 메틸화(DNA methylation)는 시토신 염기의 5번째 탄소에 있는 수소이온 대신 메틸기($-CH_3$, methyl group)가 결합하도록 합니다. 시토신에 메틸기를 붙여주는 효소를 DNA 메틸전달효소(DNMT: DNA methyltransferase)라고 합니다. 이 과정이 모든 시토신에서 일어나는 것은 아닙니다. 시토신 다음에는 반드시 구아닌이 와야 합니다. 다시 말해 5'－CpG－3'에서 메틸화가 생깁니다. 여기서 CG 대신 CpG라고 하는 이유는 G≡C가 쌍을 이루고 있는 것과 구분하기 위해서입니다. 이미 오래 전부터 GC 또는 CG가 쌍을 이루고 있는 경우, GC라고 표현하였습니다. CpG의 의미는 쌍이 아니라 C 다음에 G가 온

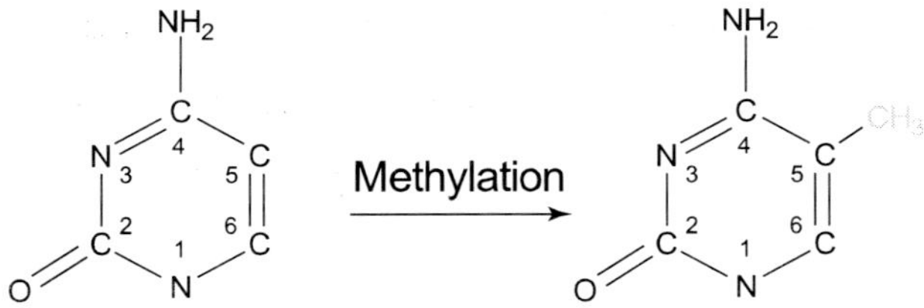


다는 뜻으로 C와 G 사이가 인산기로 이어졌다는 의미입니다. 두 개의 뉴클레오티드(nucleotide)의 조합은 16개입니다. 그 중에서 CpG가 나올 확률은 6.25%(1/16)입니다. 그렇다면 인간 게놈에는 얼마나 많은 CpG가 존재할까요? 인간 게놈의 98% 중 CpG는 단지 1~2%에 불과합니다. 평균 확률보다도 3~6배나 적게 존재합니다. 이러한 현상을 우리는 CpG 억압(CpG suppression)이라고 합니다. 나머지 인간 게놈 2%에는 CpG가 약 10% 정도 있습니다. 평균 확률보다도 1.6배 많은 것이지요. 게놈 전체에는 적지만 나머지 부분에서는 CpG가 집중적으로 나타나기 때문에 우리는 이를 CpG 섬(CpG island)이라고 합니다. 인간 게놈의 98%에서는 G≡C쌍이 42%인데 반해, CpG 섬에서는 G≡C쌍이 64%나 됩니다. 비록 CpG의 C에서 메틸화가 일어나기는 하지만 이 섬에서의 메틸화 정도는 낮은 편입니다. 유전자 발현의 조절이 필요할 때 메틸화가 자유롭게 일어나야 하기 때문입니다. 구조적으로 볼 때 크로마틴(chromatin)에는 유전자 전사가 활발한 개방 구조인 유크로마틴(euchromatin: 열린 구조)과 전사가 침묵 상태인 헤테로크로마틴(heterochromatin: 닫힌 구조)이 있습니다. CpG 섬은 유크로마틴에 많이 존재하고 CpG 섬에 메틸화가 일어나면 반드시 유전자 발현이 억제됩니다. 왜 CpG 섬의 메틸화가 유전자 발현을 억제할까요? 그 이유로는 두 가지가 있습니다. 한 가지 이유는 시토신의 5번 탄소가 이중나선구조의 대홈(major groove)을 향하고 있어서 전사인자가 결합하는 것을 방해하기 때문이며 또 다른 이유는 DNA 메틸화가 일어나면 CpG 결합 단백질이 결합하여 전사 억제의 연결고리를 만들고 히스톤 위치를 변동시켜 전사인자의 접근을 방해하기 때문입니다.

암 유전자도 DNA 메틸화와 밀접한 관계가 있습니다. 암을 유발하는 유전자(oncogene)에서는 DNA 메틸화가 억제되어 유전자 발현이 잘 되지만 암을 억제하는 유전자(tumor suppress gene)는 DNA 메틸화가 진행되어 유전자 발현이 억제됩니다. 암을 유발하는 유전자는 발현되고 암을 억제하는 유전자는 발현되지 않기 때문에 암 세포가 급속도로 성장할 수 있는 것이지요.

## 히스톤 변형

Part Ⅱ에서 살펴본 바와 같이, H2A 호모다이머(homodimer)와 H2B 호모다이머가 결합하여 테트라머(tetramer)를 만들고 H3－H4 헤테로다이머(heterodimer)가 결합하여 테트라머를 만듭니다. 이 두 테트라머가 결합하여 옥타머(octamer)인 복합히스톤을 만들지요. 이 복합히스톤에 결합할 수 있는 DNA 길이는 147염기입니다. 하나의 복합히스톤과 그 다음 복합히스톤 사이에는 링크히스톤(linker histone) H1이 있는데 이를 포함하면 그 길이가 200염기입니다. 한번 계산해 볼까요? 사람 DNA 염기 수는 30억 개입니다. 약 1천5백만 개의 히스톤 복합체와 같은 수의 H1에 DNA가 감겨 있다는 뜻입니다. H2A는 129개 아미노산, H2B는 125개 아미노산, H3는 135개 아미노산, H4는 102

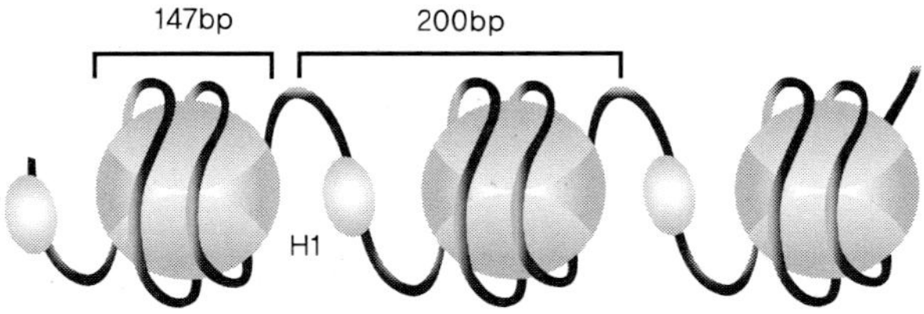


개 아미노산으로 이루어져 있습니다.

아미노산의 R그룹에서 아세틸화(acetylation), 메틸화(methylation), 유비퀴틴화(ubiquitination), 인산화(phosphorylation)가 일어납니다. DNA 메틸화는 100% 유전자 발현이 억제되는 데 반해 히스톤 변형(histone modification)은 경우에 따라 유전자 발현이 억제될 수도 있고 활성화될 수도 있기 때문에 매우 복잡한 양상으로 나타납니다. 히스톤의 아세틸화는 아세틸라제(acetylase)에 의해 아미노산 라이신(lysine)의 아미노기에 아세틸기가 결합하여 이루어집니다($-NH_3^+ \rightarrow -NH-CO-CH_3$). R그룹에 아미노그룹을 가지고 있는 다른 아미노산인 알지닌(arginine)에서도 일어납니다. 히스톤에 아세틸화가 일어나면 닫힌 크로마틴 구조가 열린 크로마틴 구조로 변하여 전사가 활성화되고 탈아세틸화가 일어나면 열린 크로마틴 구조가 닫힌 크로마틴 구조가 되어 전사가 억제됩니다. 히스톤 메틸화도 라이신이나 알지닌에서 일어납니다. 이 두 아미노산의 R그룹에는 앞에서 언급한 바와 같이 아미노그룹($-NH_3^+$)이 있습니다. 수소이온이 하나씩 떨어지고 하나의 메틸기가 결합하게 되는데, 최대 3개의 메틸기가 결합할 수 있습니다. 유비퀴틴(ubiquitin)은 76개 아미노산을 가지고 있는 비교적 작은(분자량: 8.5kDa) 단백질입니다. 유비퀴틴이 다른 단백질에 결합하면 프로테아좀(proteasome)이 그 단백질을 분해해버립니다. 유비퀴틴이 단백질 분해 신호인 것이지요. 히스톤의 유비퀴틴화는 히스톤을 분해하기 위함이 아니라 히스톤의 다른 아미노산의 메틸화를 촉진시키는 일을 하는 것으로 알려져 있습니다. 결국 열린 크로마틴을 닫힌 크로마틴으로 만들어 유전자 발현을 억제하게 됩니다. 진핵세포의 인산화는 아미노산의 R그룹에 있는 수산기(-OH)에서 인산화가 일어나기 때문에 세린(serine), 트레오닌(threonine)과 타이로신(tyrosine)에서 일어납니다. 주로 히스톤 인산화는 닫힌 크로마틴을 만들기 위함입니다. 이처럼 히스톤을 구성하고 있는 여러 아미노산을 다양하게 변형시킴으로써 유전자 발현을 조절하는 기작 또한 후성유전적 조절의 한 예라고 할 수 있습니다.

## 논-코딩 RNA 이야기

논-코딩 RNA(ncRNA: non-coding RNA)는 단백질을 만드는 데 관여하지 않는 RNA의 총칭입니다. 단백질을 만들기 위해서는 암호화된 mRNA가 필요하고 아미노산을 가져오는 tRNA가 있어야 합니다. 이 tRNA는 단백질을 합성하는 기구인 리보솜(ribosome)에 아미노산을 전달해 줍니다. 최근에는 이외에도 단백질 합성에 관여하지 않는 여러 종류의 RNA가 발견되었습니다. 이들을 논-코딩 RNA라고 합니다. 여기에서는 후성유전학적 조절과 연관이 있는 miRNA(micro RNA)와 siRNA(small interfering RNA)를 소개하고자 합니다.

miRNA는 21~25개 정도의 뉴클레오티드(nucleotide)로 이루어진 단일염기가닥으로 진핵세포의 유전자 발현을 조절하는 논-코딩 RNA

입니다. 식물, 동물, 사람 세포에 들어 있는데, 현재 사람 세포에는 1천여 개 이상의 miRNA가 존재하는 것으로 확인되었습니다. miRNA가 생명체에 존재한다는 사실은 1993년 하버드 대학교의 앰버로스(Victor Ambros) 연구팀이 꼬마선충으로부터 확인하였습니다. siRNA는 1999년 영국 세인스버리(Sainsbury) 연구소의 바울컴(David Baulcombe) 연구팀이 식물에서 처음 확인하였습니다. 두 RNA 모두 유전자 발현을 억제하지만 그 역할에서는 크게 차이가 납니다. miRNA는 조절자(regulator)인 데 반해 siRNA는 방어자(defender)입니다. miRNA는 세포 내 유전자 발현의 조절이 필요할 때 자신의 게놈으로부터 dsRNA(double strand RNA)를 만들고 다시 miRNA를 만들어 발현된 miRNA에 상보적으로 결합하여 분해하거나 작용을 억제합니다. siRNA는 식물에서 처음 발견되었으며 면역시스템이 별도로 존재하지 않는 식물 세포가 스스로 면역 기능을 수행하도록 돕습니다. 외부에서 바이러스나 박테리아가 침입하면 이들이 가지고 있는 RNA로 상보적인 siRNA를 만들고 결합하여 분해함으로써 그들로부터 자신을 방어하는 역할을 합니다. 물론 식물뿐만 아니라 동물에서도 siRNA가 존재하며 유전자 발현을 억제합니다.

miRNA와 siRNA는, 특이적인 엔도뉴클레이즈(endonuclease)인 RNase Ⅲ 그룹에 속하는 Dicer 효소가 dsRNA 전구체를 잘라내는 과정에서 생성됩니다. 생성된 siRNA는 RISC(RNA-induced silencing complex)를 통해 RNA의 분해를 유도하여 유전자 기능을 억제합니다. 생성된 miRNA는 miRISC를 통해 유전자 기능을 억제하지요. 이 두 RNA는 mRNA를 분해하여 유전자의 활성을 억제하기도 하고 번역(translation) 과정을 방해하여 단백질 생성을 막음으로써 유전자 활성을 제어하기도 합니다.

## 자기조절시스템을 찾아서

신호 A가 들어오면 유전자 A가 발현되고 단백질 A가 만들어지며 세포반응 A를 수행하고, 신호 B가 들어오면 유전자 B가 발현되어 단백질 B가 만들어지며 세포반응 B를 수행하는 과정이 있다고 가정합시다. 또한 이 두 과정이 서로 반대로 작용한다고 가정하겠습니다. 먼저 신호 A가 세포에 들어왔습니다. 당연히 유전자 A의 발현을 거쳐 단백질 A가 만들어지고 세포반응 A를 수행하게 됩니다. 이때 유전자 A가 만들어지는 양은 신호 A의 양이 비례할 것이며 이에 대한 정보는 유전자 A를 조절하는 DNA 어디엔가 있을 것입니다. 만들어진 mRNA A의 양은 결국 말단부위에 있는 폴리 A 꼬리의 길이(그림에서 n의 크기)에 비례합니다. 다시 말해 n의 수가 클수록 많은 양의 mRNA가 만들어집니다. 신호 B가 세포에 들어오면 같은 방법으로 mRNA B가 만들어집니다. 이 두 반응은 반대로 작용합니다. A 반응이 진행되는 동안에는 B 반응은 중단되어야 하며 그 역도 성립합니다.

자! 지금 신호 A가 세포로 들어왔습니다. 유전자 A가 발현되어 mRNA A가 많이 만들어졌으며 단백질 A도 합성되었습니다. 그런데, 갑작스런 돌발상황이 생겼습니다. 신호 A가 차단되고 신호 B가

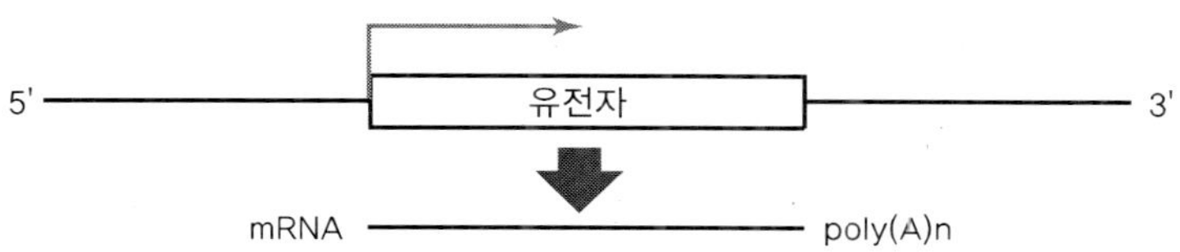

들어왔습니다. 이 세포는 반응 A를 차단하고 반응 B 경로를 활성화시켜야 합니다. 반응 A를 차단할 수 있는 모든 경우를 생각해 봅시다. 첫째, 유전자 A의 전사를 막아 mRNA A의 합성을 차단해야 합니다. 둘째, 이미 만들어져 있는 mRNA A를 분해해야 합니다. 셋째, 합성된 단백질 A를 분해해야 합니다. 단백질의 분해는 분해하려는 단백질에 분해신호 단백질인 유비퀴틴(ubiquitin: 76개 아미노산으로 구성된 단백질)이 붙으면 프로테아좀(proteasome)이라는 거대한 단백질 집단이 유비퀴틴을 인지하여 분해합니다. 먼저, mRNA A의 합성을 차단하는 경우입니다. 유전자 A의 프로모터 영역에 전사인자와 RNA 합성효소와 같은 전사 관련 단백질이 붙지 않도록 단백질을 변형시켜 mRNA A의 합성을 조절할 수 있습니다. 프로모터 영역에 있는 CpG에 메틸기(methyl group)를 붙여서 발현을 차단하는 후성유전학적 조절방법도 있습니다. 다음으로 현재 활동 중인 mRNA A를 분해하는 작업이 필요합니다. 이를 위해 세포는 Dicer 효소와 miRISC 시스템을 통해 miRNA를 합성하고 mRNA A에 결합함으로써 분해할 것입니다. 이러한 방법으로 세포반응 A를 차단할 수 있는 모든 것을 제거했습니다. 이제 신호 B에 작용하는 유전자 B 발현을 통한 mRNA B 합성, 단백질 B의 합성이 일어날 것입니다. 신호 B가 중단되고 신호 A가 들어오면 같은 일이 세포반응 B에서 일어나겠지요. 지금까지 우리는 분자생물학적 관점과 후성유전학적 관점 모두에서 자기조절시스템을 살펴보았습니다.

이와 유사한 조절 시스템이 실제로 존재합니다. 사람의 몸은 혈당을 적절하게 유지하는 시스템을 가지고 있는데 혈당을 조절하는 시스템이 바로 그것이지요. 이 시스템을 조절하는 호르몬은 글루카곤

(glucagon)과 인슐린(insulin)으로, 글루카곤은 췌장의 알파세포에서 인슐린은 췌장의 베타세포에서 각각 분비됩니다. 글루카곤은 혈당이 낮을 때 분비되고 인슐린은 혈당이 높을 때 분비됩니다. 글루카곤은 글리코겐 합성효소(glycogen synthase)를 저해하여 글리코겐을 분해하고 글루코스를 만듭니다. 인슐린은 이 효소를 활성화시켜 글루카곤을 합성합니다. 이 두 호르몬은 서로 반대로 작용하여 혈당을 일정하게 유지시킵니다. 이 자기조절시스템이 무너져 혈당이 높아지는 질병이 당뇨병입니다.

생명체가 DNA의 변이나 돌연변이에 의해서만 적응하고 진화하는 것은 아닙니다. 지금까지 살펴본 것처럼 후성유전학적 변형에 의해서도 진화가 일어날 수 있습니다. 다른 종류의 먹이를 먹은 아구티의 자손들이 서로 다른 표현형으로 나타나는 것을 볼 때 획득형질도 유전된다고 볼 수 있는 것이지요. 21세기에 들어서면서 진화에도 혁신의 바람이 불고 있습니다. DNA 자체의 변화뿐만 아니라 후천적으로 변형된 인자도 진화에 영향을 미칩니다. 이는 단 시간 내에 진화가 일어나는 것이 가능하다는 의미이지요. Part Ⅲ에서 살펴본 핀치의 부리가 아주 좋은 예입니다. 수천만 년 동안 서서히 진행되었을 진화가 대홍수에 의해 아주 단시간에 일어났습니다. 비록 분자 수준에서의 결과가 많지는 않지만, 후성유전학적 변형이 단시간에 발생하는 진화에 기여할 것으로 예상됩니다. 후성유전학은 진화 분야에도 새로운 패러다임을 제공하고 있습니다. 이제는 홀데인이 제시한 1다윈(1다윈은 100만 년당 1%의 변화)의 정의가 바뀌어야 할 때인지도 모르겠습니다.

### 정리합시다

- 후성유전학에 대해 정리합시다.
- 후성유전학에 의해 조절되는 기작 3가지를 나열하고 간략하게 정리합시다.
- CpG 섬에 대해 정리합시다.
- miRNA와 siRNA를 비교하여 정리합시다.

### □ 더 읽어야 할 문헌

- 인간은 유전자를 어떻게 조종할 수 있을까, 페터 슈포르크, 유영미 옮김, 갈매나무, 2013년.

PART XII

# 나에게 맞는 음식을 찾아서

지금까지 11개의 교향곡과 1개의 서곡을 소개했습니다. 음식은 인간이 살아가는 데 필요한 에너지를 공급하는 원천입니다. 언젠가 음식에 등장했던 웰빙이라는 개념이 이제는 힐링으로 바뀌었습니다. 힐링으로써 음식은 개인에게 가장 적절한 맞춤형의 트렌드를 의미합니다. 개인 맞춤형 식품시대가 열리고 있습니다. Part XII는 개인적으로 좋아하는 자신만의 교향곡으로 채워 보기 바랍니다.

## 개인맞춤형 식품시대, 에피푸드

● 일본 사회의 노령화는 잘 알려져 있습니다. 일본은 1990년대 초 버블붕괴 이후 장기불황과 고령화가 진행되면서 지출증대가 확산되었고 결국 재정 악화에 이르게 되었습니다. 의식주를 스스로 해결하지 못하는 노인들은 증가하고 생산 가능 인구는 감소되면서 생활의 패턴이 바뀌고 있는 것이지요. 우리나라도 고령화에서 자유롭지 못한 만큼 일본을 거울삼아 적극적이고 실천 가능한 대책을 마련해야 할 것입니다.

일본의 고령화는 식생활에도 변화를 야기하고 있습니다. 혼자 사는 사람과 노부부 단위의 거주 형태가 증가하면서 도시락 시장이 발달한 일본에서는 두 명의 식사를 직접 준비하는 것보다 도시락으로 해결하는 것이 더욱 저렴합니다. 요즘에는 개인 맞춤형 도시락이 주목받고 있습니다. 당뇨병을 앓는 환자나 간이 좋지 않은 환자에게 맞춤형 도시락을 제공하는 것이지요. 우리가 우리 몸에 대해 알고 있다면 자신에게 적절한 음식은 취하고 자신에게 좋지 않은 재료를 피할 수 있습니다. 어떤 사람에게 좋은 음식이 나에게도 항상 좋은 것이 아니며 어떤 사람에게 나쁜 음식이 나에게 항상 나쁜 것은 아닙니다. 자신에게 맞는 음식을 알고 섭취하는 것이 건강을 유지하는 방법입니다. 이제 개인 맞춤형 음식의 세계로 여행을 떠나봅시다.

## 지방에 대한 불편한 진실

지방이 비만의 주범으로 지목된 것은 이미 오래 전 일입니다. 이제는 지방이 정말 비만을 야기하는지에 대해 다시 한 번 생각해 볼 때가 되었습니다. 우리가 건강이나 식품에 관한 잘못된 정보를 너무나 무분별하게 받아들여 오히려 건강을 해치는 일이 일어나고 있기 때문입니다.

우리 몸에 지방이 존재하는 이유부터 먼저 알아보도록 합시다. 미국의 금물떼새는 캐나다나 미국의 알라스카 지역에서 둥지를 틀고 살다가 추운 겨울이 오면 중아메리카를 거쳐 남아메리카 대륙의 남쪽 끝까지 37,000킬로미터를 이동합니다. 쉴 수도 없고 먹을 수도 없이 바다를 건너야 하는 거리가 자그마치 3,800킬로미터에 달합니다. 이것이 어떻게 가능할까요? 이 기간 동안 새가 사용하는 에너지원은 체내에 축적된 지방입니다. 이처럼 지방은 위기상황 때 사용하는 에너지입니다.

물론 탄수화물도 일시적으로는 글리코겐으로 저장됩니다. 우리 몸의 약 70~90%는 물로 이루어지며 1그램의 글리코겐에 결합할 수 있는 물은 약 2그램입니다. 지방은 우리 몸속에 트리아실글리세롤(중성지방) 형태로 장기간 저장됩니다. 만약 글리코겐이 아닌 트리아실글리세롤로 에너지로 저장한다면 6.75배 만큼 더 저장할 수 있습니다. 몸무게가 70킬로그램인 남자는 약 11킬로그램의 트리아실글리세롤을 가지는데, 같은 양의 에너지를 글리코겐으로 저장한다면 64킬로그램이 더 필요하게 됩니다. 같은 양의 에너지를 지방 대신 탄수화물로만 저장한다면 70킬로그램이었던 몸무게가 134킬로그램으로 늘어나게 되는 것이지요. 2011년 미국 퍼듀 대학교 연구팀이 행동신경과학(Behavioral Neuroscience) 저널에 발표한 논문에 의하면 지방을 줄이면 오히려 비만이 오게 될 수도 있다고 합니다. 저장되어 있어야 할 곳에 지방이 저장되지 않고 탄수화물이 대신한다면 몸무게가 더 늘 수 있다는 이론과 임상실험이 일치하는 결과입니다. 최근 미국에서 저칼로리 음식과 음료 시장이 가파르게 성장하고 있지만 비만 인구는 매년 3%씩 늘고 있다는 사실을 주지하기 바랍니다.

지금까지 우리가 사용하는 음식의 칼로리 계산법은 100년 전 농화학자 애트워터(Wilbur Olin Atwater)가 만든 것입니다. 이 계산법에 의하면 탄수화물이나 단백질은 1그램당 4킬로칼로리의 에너지를 만들고 1그램의 지방은 9킬로칼로리의 에너지를 만듭니다. 우리는 지금도 이 계산법으로 칼로리를 계산하고 다이어트에 적용하고 있지요. 그러나 이 계산법에는 이들 영양소가 가지는 에너지의 양보다 우리 몸속에 흡수되는 양이 더 중요하다는 것이 간과되었습니다. 우리가 탄수화물을 먹으면 위에서 소화되고 잘게 부수어져 포도당으로 장에서 흡수됩니다. 우리의 대장에는 다양한 포도당 흡수 시스템이 발달되어 있는 반면 지방 흡수 시스템은 잘 발달되어 있지 않습니다. 앞에서 언급한 바와 같이 비축용으로는 탄수화물(글리코겐)보다는 지방(트리아실글리세롤)이 훨씬 더 효율적입니다. 쓰고 남은 포도당이 비축용 지방으로 전환되어 저장되기 때문에 실제로는 우리가 섭취한 지방보다 많이 먹은 탄수화물이 문제입니다. 그렇기 때문에 다이어트를 하려면 탄수화물을 줄이고 지방과 단백질을 더 보충해야 하는 것이지요.

## 욕심이 비만을 부른다

사회과학 특히, 비즈니스 분야에서는 80:20 법칙이 세계를 지배하는 자연법칙으로 받아들여지고 있습니다. 이 법칙을 파레토 법칙(Pareto's law)이라고도 합니다. 이 법칙은 무엇에 관한 것이든 상위 20%가 약 80%의 힘과 영향력을 담당한다는 의미입니다. 예를 들면, 가장 인기 있는 상위 20% 제품이 80%의 판매를 담당하고 구매력이 큰 고객 상위 20%가 80%의 이익을 내는 데 기여합니다. 이는 범죄 상황에서도 마찬가지로 범죄의 80%는 20%의 범죄자에 의해 저질러지고 80%의 교통사고는 20%의 운전자에 의한 일어납니다.

이 80:20 법칙은 비즈니스 세계에서도 잘 나타납니다. 2010년 4월 포브스 지가 세계 2000대 기업의 2009년 순이익을 발표하였습니다. 상위 20%에 해당하는 회사의 순이익이 전체 회사 순이익의 80%를 차지하였습니다. 또한 같은 해 미국의 상위 500개 기업 중에서 상위 20%에 해당하는 회사의 순이익이 500개 기업 전체 순이익의 80%를 차지하였는데 이 또한 같은 맥락으로 해석이 됩니다.

그렇다면 생명체에서도 이 법칙이 적용될까요? 6,000여 개의 효모 단백질과 다른 단백질들 사이의 상호연관성을 조사하였는데, 다른 단백질들과의 상호작용이 활발한 상위 30%의 단백질이 전체 상호작용의 70%를 차지하였습니다. 식물인 애기장대에서도 같은 비율의 현상이 나타났으며 사람 세포의 단백질도 같은 비율로 나타났습니다(주: 이 80:20 법칙은 자본주의의 최대 맹점인 빈익빈 부익부에 의해서 무너지기 시작했습니다. 2005년도 통계 자료에 의하면 세계 상위 10%의 부자들이 세계 부의 85%를 소유하고 있습니다. 종교는 어떨까요? 전 세계에 존재하는 약 4천 개의 종교 중 이슬람교와 기독교의 신자만 20억 명에 이릅니다. 두 종교의 신자 수를 합하면 전 세계 인구의 30%를 차지하는 것이지요. 군사력에 대해서는, 세계 인구의 12%를 차지하는 미국과 나토 동맹국들이 전 세계 군사 지출액의 80% 이상을 담당합니다. 또한 세계 인구의 10%에 불과한 미국과 러시아가 보유하고 있는 핵무기는 전체의 90%를 넘어섭니다.). 생명체는 70:30 법칙을 유지하는 데 반해, 인간의 욕망은 80:20 또는 그 이상의 편중을 야기하고 있습니다.

비만의 원인은 결국 인간의 욕망입니다. 동물들은 자신이 소화시킬 수 있는 만큼만 먹습니다. 고기를 취하기 위해서 가축들을 밀집 사육하는 경우가 있지만 단 시간에 체중이 불어난 것은 운동량을 고려하지 않은 탓이지, 가축들이 필요 이상의 음식을 섭취한 것과는 다릅니다. 동물들 중에서 유일하게 인간만이 필요 이상을 섭취합니다. 이것이 비만을 야기하지요. 비만은 욕심의 결과입니다.

현실적으로 음식을 절제하는 것이 쉬운 일은 아닙니다. 먹고 싶다면 먹을 것을 권합니다. 일반적으로 우리가 먹은 음식은 에너지로 전환되고 남은 에너지는 글리코겐 형태로 우리 몸에 저장됩니다. 글리코겐은 24시간 이내 음식물이 들어오지 않을 경우를 대비하여 일시적으로 저장되는 형태입니다. 만약 에너지원이 들어오지 않으면 에너지로 전환되어 소모하게 되며, 24시간 이내에 다른 에너지원이 들어오면 글리코겐은 지방으로 전환되어 장기적으로 저장됩니다. 지방으로 저장된 이후에는 이를 소모하기 매우 어렵습니다. 따라서 지방으로 전환되기 이전에 소모하는 것이 비만을 예방하는 방법입니다. 먹고 싶으면 마음껏 먹으세요. 그리고 24시간 이내에 반드시 소모하세요. 그 방법은 운동입니다.

평소 음식을 먹을 때는 약간 부족하다는 느낌이 들 때 숟가락을 놓아야 합니다. 이것이 지켜지지 못하면 운동을 통해서 24시간 이내에 글리코겐을 소모해야 합니다. 얼마만큼 운동하는 게 좋을까요? 배가 편해질 때까지 하면 됩니다. 이미 위가 커져 있어 줄이기 곤란하다면 탄수화물의 양을 절반으로 줄이세요. 허기진 배를 단백질이나 지방 혹은 너무 짜거나 맵지 않은 채소로 채우는 것이 좋습니다. 욕심을 버리는 것이 비만을 없애는 유일한 방법입니다. 그리고 운동하세요.

이미 찐 살을 운동으로 빼기란 쉽지 않습니다. 60킬로그램인 남자가 시속 4킬로미터의 속도로 1시간을 걸으면 176킬로칼로리가 소모됩니다. 살 1그램이 7킬로칼로리에 해당하기 때문에 약 25그램의 살이 빠지겠지요. 한 달 동안 매일 1시간씩 이렇게 운동하면 약 750그램의 살이 빠집니다. 5킬로그램의 살을 빼겠다는 목표를 정했다면 매일 하루 1시간 동안 시속 4킬로미터 속도로 6개월 이상을 걷는 운동을 해야 합니다. 결코 쉬운 일은 아닙니다. 어느 날 과식하여 밥 반 공기(200그램)를 더 먹었다면 이는 800킬로칼로리입니다. 그렇다면 같은 운동을 최소한 4~5일을 더 해야겠지요. 다이어트로부터 자유로우려면 먹는 양을 줄이는 것보다도 더 좋은 것은 없습니다.

우리나라 사람에게 희소식이 있습니다. BMI(Body Mass Index)지수는 성인의 키와 체중을 이용하여 지방의 양을 측정하는 공식으로 체지방율 또는 건강의 위험도를 반영하는 지표로 사용되고 있습니다. 미국인을 기준으로 BMI 지수가 22.6~27.5 사이일 때 장수할 확률이 가장 높다고 합니다. 상대적으로 지수가 높아 비만으로 분류되는 사람들은 그만큼 사망확률이 높겠지요. 국내 한 연구진이 한국을 비롯한 아시아인들의 경우 BMI 지수가 25.1~27.5일 때 오러 살 확률이 가장 높다는 결과를 발표하였습니다. 이 BMI 수치는 경도비만 구간에 해당합니다. 극심한 저체중 즉 BMI 지수가 15 이하인 사람이 정상인에 비해 사망 위험이 2.8배가 높았다는 연구 결과도 있습니다. 적당히 통통한 사람이 더 오래살 수 있을지도 모르니 다이어트에 너무 애쓰지 않기를 바랍니다. 미인의 기준은 역사와 문화에 따라 바뀝니다. 당나라의 최고 미인 양귀비 대한 두 가지 설이 있습니다. 하나는 키 164센티미터에 몸무게 69킬로그램이라는 설과 다른 하나는 키 160센티미터에 몸무게 60킬로그램이라는 설입니다. 풍만한 체구인 것은 확실하다고 할 수 있겠지요.

## 현미 이야기

논에서 수확한 벼에서 사람이 소화할 수 없는 겉껍질을 제거해 쌀로 만드는 것을 정미과정이라고 합니다. 쌀에는 현미와 백미가 있는데, 벼에서 겉껍질(왕겨)만 제거하여 씨눈과 쌀겨가 그대로 남아 있는 것을 현미라고 하고, 씨눈과 쌀겨까지 제거한 것을 백미라고 합니다. 씨눈과 쌀겨에 영양분이 많다 보니 당연히 백미보다 현미가 영양 면에서 월등하다고 말할 수 있습니다. 인터넷이나 서적에서 현미 찬양 일색인 것도 이러한 이유 때문입니다.

이제 현미와 백미에 대해서 자세히 이야기해 볼까요? 우리나라에서 백미를 먹기 시작한 것은 조선시대 중엽입니다. 당시에는 정미 기술이 발달하지 못했기 때문에 가정에서 절구에 찧거나 연자 맷돌로 갈아서 만드는 현미가 전부였을 것입니다. 이러한 시기에 국왕을 비롯한 지위 높은 사대부들만 백미를 먹는 사치를 부릴 수 있었습니다. 일반 백성들은 백미를 먹는 것은 꿈도 꿀 수 없었지요. 이렇다 보니 영양가 높은 현미를 버리고 백미를 선호하는 일부 사람들의 행태가 다른 시각에서는 어리석은 일처럼 보이기도 했을 겁니다.

여기서 잠시 현미와 백미의 성분을 비교해 봅시다. 현미가 백미에 비해 단백질은 1.3배, 지방은 2.8배, 당분은 1.1배, 섬유질은 3배, 칼슘은 1.2배, 인은 1.8배, 마그네슘은 1.3배 더 많습니다. 기타 비타민 및 미네랄 성분에서도 적게는 1.3배에서 많게는 10배 이상 차이가 납니다. 영양적인 측면에서도 차이가 크겠지요.

러일전쟁 당시 일본 해군에 늑막염환자가 속출하여 조사한 결과 원인이 백미에 있다는 것이 밝혀져 해군의 식사를 현미로 대치한 이후, 채 1년이 지나기 전에 늑막염 환자가 사라졌다는 기록이 있습니다. 비타민 B 함유량이 높아 비타민 B를 충분히 공급한 현미 덕분이었겠지요.

여기서 우리는 생각을 달리했으면 합니다. 조선시대 중기부터, 왜 왕을 비롯한 사대부 양반들은 현미를 버리고 백미를 먹기 시작했을까요? 물론 이러한 전환에는 분명히 사치를 부리던 가진 자의 허영도 있었겠지만, 현미를 먹으면 소화가 되지 않는 위장 기능이 약한 사람들이 있었습니다. 아무리 좋은 음식이라도 소화를 시키지 못한다면 아무런 의미가 없지요. 현미의 거친 쌀겨를 소화시키지 못하는 사람에게는 현미는 그림의 떡일 뿐입니다.

지금도 백미로 인한 피해 사례가 있을까요? 러일전쟁 당시에는 비타민 B를 식품이 아닌 영양제로 섭취하는 것이 어려웠습니다. 지금은 어떻습니까? 우리는 언제 어디서나 비타민제를 구입할 수 있을 뿐만 아니라 비타민과 미네랄이 풍부한 식품을 마음껏 섭취할 수 있습니다. 얼마 전 인터넷에서 현미를 찬양하는 내용의 황당한 글을 읽었습니다. 현미와 백미를 물에 담가 놓으면 현미는 싹을 틔우고 뿌리 내리는 것에 반해 백미는 시간이 지날수록 부패하기 때문에, 현미는 생명이 수반되는 자연식품이며 백미는 위험한 부자연식품으로 보아야 한다는 것이었습니다. 씨눈이 없는 백미와는 달리, 씨눈이 있는 현미에서 뿌리가 나고 싹이 트는 것은 너무나 당연한 사실입니다. 백미에서 싹이나 뿌리가 나지 않고 부패하였다고 해서 부자연식품으로 여기는 것은 몰상식한 일입니다. 유기농 상추를 물에 담가

놓는다면 며칠은커녕 곧 썩어버리고 말 겁니다. 그렇다면 상추는 부자연식품일까요? 싹이 나지 않고 썩는 것은 뿌리가 없기 때문입니다. 현미의 씨눈은 상추의 뿌리에 해당됩니다. 모두가 현미를 소화시키기 쉬운 것은 아닙니다. 현미는 쌀겨가 있어서 반드시 꼭꼭 씹어먹어야 하지요. 모든 사람에게 다 좋은 음식은 세상에 없습니다. 자신에게 맞는 것을 찾는 것이 중요하지요. 개인 맞춤형 식품의 시대로 나아가고 있는 것도 이 때문입니다.

## 음식에 대한 불편한 진실

### 자일리톨 이야기

자일리톨(xylitol)은 알코올 계통의 당이지만 충치의 주요원인균인 뮤탄스균(*S. mutans*)이 자일리톨을 발효시키지 못해 산이 생성되지 않기 때문에 치아를 보호하는 데 도움이 됩니다. 인슐린에 문제가 있는 당뇨병 환자들에게 설탕 대용으로 사용되기도 하지요. 많은 사람들이 자일리톨 껌이 충치를 예방한다고 생각하지만 얼마나 씹어야 효과가 있는지에 대해서는 알지 못합니다. 식품의약품안정처는 하루 10~25그램의 자일리톨을 섭취하여야 충치 예방 효과가 있다고 발표하였습니다. 껌 하나에 들어 있는 자일리톨의 양이 1.5그램이니 하루에 적게는 7개에서 많게는 16개의 자일리톨 껌을 씹어야 합니다. 자일리톨이 함유된 껌을 씹는 것이 그렇지 않은 껌을 씹는 것보다는 심리적으로 도움은 되겠지만 충치 예방 효과를 보기 위해 많은 양을 씹다 보면 이가 아파 치과에 가는 일이 생길지도 모릅니다.

### 옥수수수염차 이야기

옥수수수염에는 지방유, 정유, 교질, 수지, 배당체, 사포닌, 알칼로이드, 비타민 C, 판토텐산, 비타민 K, 시토스테롤, 말릭산, 레몬산, 타르산 등 많은 성분들이 들어 있습니다. 이 성분들은 이뇨 작용, 혈당을 낮추는 작용, 담즙 배출 촉진, 지혈 작용 등 약리적으로도 중요합니다. 한방에서는 하루 37.5~75그램의 옥수수수염을 달여서 복용하면 이러한 효과가 있다고 합니다. 시중에 판매되는 옥수수수염차 350밀리리터에는 0.51그램의 옥수수수염 추출물이 들어 있으며 이것은 한방에서 말하는 약리 효과를 보이기 위해서 적게는 74병에서 많게는 147병의 옥수수수염차를 마셔야 한다는 뜻입니다. 이뇨 작용이나 혈당을 낮추기 위해서 이렇게 많은 양의 옥수수수염차를 마시는 사람은 없겠지요.

이번에는 시중에서 판매하는 옥수수수염차 성분들을 한 번 살펴봅시다. 현미농축액 고형분 48%, 옥수수추출액 0.28%, 옥수수수염 추출액 0.07%로 표시되어 있습니다. 어느 목장에서 한우 4,800마리, 돼지 28마리, 개 7마리를 키우고 있습니다. 이 목장은 한우 목장이라고 해야 하지 않을까요? 우리가 옥수수수염차라고 사 마시는 음료는 엄밀히 현미차라고 하는 것이 맞을 겁니다. 그러나 현미차 혹은 옥수수차라고 이름을 붙인다면 사 마시는 사람이 훨씬 적겠지요. 옥수수수염차라는 이름 덕분에 불티나게 팔리는 것이니까요. 속임수로 여길 것이 아니라 식품산업계의 탁월한 마케팅 전략 중 하나로 생각하면 되겠지요.

### 막걸리 속 항암물질에 관한 황당한 이야기

2011년의 연구에 따르면 항암물질인 파네솔(farnesol) 함유량이 포도주와 맥주는 15~20ppb(micrograms per liter)인 것에 비해 우리나라 막걸리는 150~500ppb라고 합니다. 그 보고서는 "막걸리가 항암효과에 좋다. 특히, 흔들어 먹으면 더 좋다."라고 친절하게 지침까지 주었습니다. 식품의약품안정처는 항암물질인 파네솔이 항암효과를 위해서는 5~7밀리그램이 필요하다고 공식화하고 있습니다. 그렇다면 항암효과를 보이기 위해서 얼마만큼의 막걸리가 필요할까요? 최소한의 효과를 위해서 우리는 33리터의 막걸리를 먹어야 합니다(0.15밀리그램/1리터× $x$ = 5밀리그램의 항암효과). 항암효과를 위해서 막걸리를 33리터 마셔야 할까요? 물론 맥주 333리터를 마시는 것보다는 낫겠지만, 성분만큼이나 양도 중요한 문제입니다.

## 약과 독은 양의 문제입니다

조선시대 송시열과 그의 정적이었던 허목 사이에는 전해져 내려오는 '비상' 이야기가 있습니다. 허목은 조선 효종 때 문신으로 유학자이자 의학에도 조예가 깊은 학자였습니다. 예송 논쟁기간 중에는 송시열의 사형을 주장하였지요. 같은 시기의 송시열은 학자이자 정치가였으며 노론의 영수였습니다. 허목의 정적이었던 송시열은 중년에 병이 들어 고통이 점점 심해지자 허목의 의학적 재능과 학자적인 정신을 믿고 아들에게 병증을 설명하고 처방을 받아오도록 하였습니다. 허목은 비상 석 냥을 먹으면 깔끔하게 나을 것이라고 약을 지어주었습니다. 서늘해진 송시열의 기에 따뜻한 열을 가하여 중화작용이 일어날 수 있도록 비상을 처방한 것이지요. 인간에게 매우 강한 독인 비상도 때에 따라 약이 될 수 있다는 사실을 시사해 주는 송시열과 허목의 민간 설화 한 토막입니다.

## 유기농 채소가 우리 몸에 좋다고?

우리에게 해로운 성분도 결국 양의 문제입니다. 단지 우리 몸에 해롭다고 이야기할 뿐 해로운 정도에 대하서는 이야기하는 사람이 거의 없습니다. 예를 들어 봅시다. 농약을 먹고 자살한 사람의 이야기, 농약을 잘못 먹고 병원으로 실려 간 이야기, 농약을 치던 중 중독된 농부 이야기는 많이 들어 보았지요. 농약 친 채소나 과일을 먹고 중독된 사람의 이야기를 들어본 적 있나요? 유기농만 우리 몸에 좋은 걸까요?

식물이나 우리가 기르는 채소는 우리에게 음식물을 제공하게 위해서 태어났을까요? 물론 스스로 살기 위해서 태어났습니다. 식물은 곤충으로부터 자신을 보호하기 위하여 천연살충제를 만듭니다. 지금까지 알려진 천연식물 살충제 64가지 중 35가지가 발암물질로 보고되었습니다. 익지 않은 토마토나 감자껍질을 먹으면 구토, 메스꺼움, 어지러움증을 호소합니다. 이는 토마토에 있는 솔라닌(solanine), 감자껍질에 있는 솔라닌과 차코닌(chaconine) 때문입니다. 이 물질들은 곰팡이나 곤충을 죽이는 식물의 자연 방어 물질입니다. 원추리나물을 물에 데치지 않고 먹으면 열, 구토, 복부통증과 같은 증상이 나타납니다. 원추리나물 속 자연 독성 물질인 콜키신(colchicine) 때문이지요. 이 물질은 자연 독성 물질이지만 통풍 치료에 쓰이기도 합니다. 결국 양의 문제인 것이지요.

셀러리의 비타민 함유량은 다른 채소에 비해 월등합니다. 이외에도 조혈작용을 돕는 철, 감칠맛을 내는 글루타민산, 간의 작용에 관여하는 필수아미노산 메티오닌(methionine)뿐만 아니라 섬유질이 많아 피를 깨끗하게 하고 신경을 안정시키는 데 도움을 준다고 알려져 있습니다. 유기농 샐러리가 우리 몸에 더 좋을까요? 곤충으로부터 자신을 보호하기 위해 샐러리는 소랄렌(psoralen)을 내놓는데, 이 물질은 건선피부, 백반증, 탈모 등의 치료제로 사용됩니다. 그러나 햇볕을 받으면 이 물질은 광에 의한 암 유발물질(phyto-carcinogen: 빛을 받아 발생하는 암 유발물질)로 변합니다. 물론 이 또한 양의 문제이지만 유기농 샐러리를 많이 먹으면 삿갓을 쓰고 외출해야 할지도 모릅니다.

## 내 체질에 맞는 나만의 음식을 찾아서

'매화틀'을 아시나요? 임금님들이 대변을 누었던 곳입니다. 어의들은 임금님의 대변을 관찰함으로써 건강을 진단하였습니다. 대변의 색을 보면 건강을 알 수 있습니다. 일반적인 대변의 색은 갈색으로, 이는 대장 속에 있는 박테리아가 담즙을 소화할 때 생기는 스테르코빌린(stercobilin) 때문입니다. 붉은 대변은 장에서 피가 났다는 신호일 수 있으며 반대로 검은 대변은 위에서 피가 났다는 신호일 수 있습니다. 철분이 많은 음식을 먹었거나 철분제를 먹었을 때도 검은 빛깔을 띱니다. 종종 우리를 놀라게 하는 초록색 대변은, 시금치 같은 녹색 채소를 먹었거나 세균에 감염되었을 때 나타납니다. 특히, 클로스트리듐 디피실리균(*Clostridium difficile*)에 감염된 경우가 대부분입니다. 노란색 대변은 음식 속에 있는 지방을 소화시키지 못한 경우에 나타나는데 소장, 췌장, 간에 문제가 있다는 신호일 수 있습니다. 따라서, 대변은 건강을 점검하는 지표이자, 어떤 음식을 먹었을 때 그 음식뿐만 아니라 그 음식이 나에게 미친 영향을 보여줍니다. 장이 약한 사람은 일반적으로 장의 길이가 짧기 때문에 술을 마실 경우 설사를 하는 경우가 있습니다. 에탄올이 장 운동을 촉진하고 장 속의 내용물이 더 빨리 이동하여 장에서 수분이 흡수될 시간이 부족한 것이지요.

대변만이 지표는 아닙니다. 우리 몸속 모든 장기는 사람에 따라 그 크기와 기능이 다르고 동양의학에서는 이를 체질이라고 합니다. 이 책에서는 체질보다는 장기의 기능 정도에 따라 다르게 작용하는 음식을 다루고자 합니다. 조만간 개인 맞춤형 식품을 찾고 섭취하는 시대가 올 것이라 생각합니다. 이것을 에피푸드(epifood)라고 명명하겠습니다. '식품을 넘어서(Beyond the food)' 즉 미래 식품을 의미하지요. 눈치 빠른 독자는 '염기서열을 넘어서'라는 의미를 가지는 후성유전학(epigenetics)에서 창안한 단어라는 걸 알았을 겁니다. 개인 맞춤형 식품이, 미래 건강을 지키는 지름길이자 노인 복지비용의 대부분을 차지하는 의료비를 줄이는 첩경이 될 것입니다.

**정리합시다**

- 비만을 유발하고 우리에게 해롭다고 여겨지는 중성지방이 우리 몸에 필요한 이유를 정리합시다.
- 유기농 채소와 채소의 독성을 연관 지어 정리합시다.
- 개인 맞춤형 식품에 대해 정리합시다.

PART XIII

# 생명체를 디자인하라!

## 차이코프스키 비창 교향곡
*Symphony No. 6 in minor, Pathétique*

차이코프스키의 최대의 걸작이자 마지막 교향곡은 6번 비창입니다. 필자는 므라빈스키가 지휘한 레닌그라드 오케스트라의 비창 교향곡과 카라얀이 지휘한 비엔나 심포니 오케스트라의 비창 교향곡을 좋아합니다. 므라빈스키가 지휘한 비창에서는 강하면서도 절제된 열정이 느껴지는 데 반해, 카라얀이 지휘한 비창에서는 비창과 열정을 넘나드는 연주의 강렬함을 느낍니다. 카라얀이 비창을 작곡한 차이코프스키의 심정을 그대로 표현했다면, 므라빈스키는 비창을 승화된 고요한 열정으로 표현했다고 여겨집니다. 카라얀은 이 곡을 비창의 느낌으로 가장 잘 표현한 지휘자입니다. 차이코프스키는 후세 누군가가 자신의 비창을 승화된 열정으로 연주하길 바라는 마음으로 이 곡을 작곡했을지도 모릅니다. 그 바람을 이룬 사람이 지휘자 므라빈스키이지요. 생명과학자가 느낌을 운운한다고요? 그렇습니다. 생명과학은 여전히 90%가 미지의 영역으로 남아 있습니다. 어느 정도 알기 전에는 단정 지을 수 없지요. 이때 필요한 것이 느낌이나 영감이 아닐까요? "Imagination is better than knowledge."이라고 했던 아인슈타인의 말의 생각납니다. 아직 밝혀지지 않은 세계를 알게 하는 가장 큰 힘은 상상력과 창의력일지 모릅니다. 여러분들도 영감, 창의력, 상상력을 총동원하여 생명체를 디자인해 보기 바랍니다.

## 생체모방

● 세계에서 가장 많은 돈을 번 특허는 무엇일까요? 미국 양치기 소년 조셉이 발명한 '철조망'입니다. 조셉은 "어떻게 하면 양들이 울타리를 뛰어 넘지 못하게 할까?"에 대해 고민했는데 양들이 장미 넝쿨에는 가까이 가지 않는 것에 착안하여 철조망을 만들었습니다. 철조망은 목장의 울타리로 쓰이기 시작했고, 제1차 세계대전 이후에는 세계 각국의 국경에도 쓰였습니다. 1918년 세계대전이 끝날 때까지 사용된 철조망은 전쟁 동안 사용된 포탄보다도 그 양이 많았다고 합니다. 20세기 후반에 시작된 생체모방이라는 분야는 조셉의 철조망에서 출발했다고 해도 과언이 아닙니다. 생체모방 또는 바이오미메틱스(biomimetics)는 자연에서 볼 수 있는 디자인적인 요소, 자연이 가지고 있는 물질의 성질, 생명체의 특성들을 모방하여 인류에게 직면한 과제를 해결하는 기술 분야라 정의할

수 있습니다.

바이오미메틱스로 탄생한 아이디어 중 일상생활에서 가장 접하기 쉬운 것이 '벨크로(일명 찍찍이)'일 것입니다. 1948년 스위스 전기기술자 메스트랄(George de Mestral)은 자신의 개를 데리고 산책하다가 개의 털에 붙은 도꼬마리(cockleburs)를 떼어내면서 영감을 받았습니다. 개털에 붙은 도꼬마리의 갈고리를 관찰하여 벨크로라는 상품을 만들고 1955년에 특허를 등록했습니다. 벨크로(VELCRO)는 우단(VELvet)과 뜨개질용 갈고리바늘(CROche)을 합성해서 만든 이름입니다. 이제 벨크로는 우리 주위 어디에서나 볼 수 있습니다. 장갑, 모자, 시계 줄, 가방, 손지갑, 옷소매뿐만 아니라, 무중력 상태의 우주선 안에서 도구를 고정시키는 데에도 벨크로 테이프가 사용된다고 합니다. 벨크로의 후손들을 함께 살펴볼까요?

풀이 두 장의 종이를 붙이는 것은 풀 분자가 종이의 미세한 틈으로 들어가서 시간이 지난 후에 풀이 고체처럼 단단한 구조로 변하는 원리를 이용합니다. 도마뱀이 벽에 달라붙는 힘은 어떤 것일까요? 도마뱀 다리에서 풀과 같은 물질이 나오는 것이 아닙니다. 도마뱀

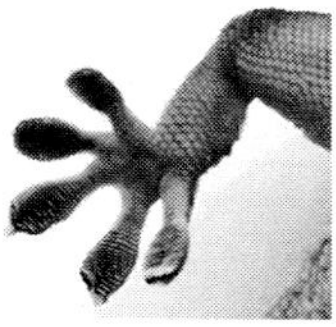

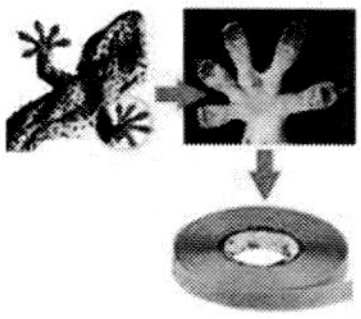

발바닥에 있는 수많은 섬모와 벽 사이에서 물리적인 순간 인력이 작용합니다. 분자와 분자 사이의 인력인 반데르발스 힘입니다. 게코도마뱀의 발바닥에는 길이가 50~100마이크로미터, 지름이 5~10마이크로미터인 수백만 개의 섬모가 촘촘히 박혀 있습니다. 이들 섬모의 개별적인 접착력은 매우 약한 반데르발스 힘이지만 수억 개의 섬모가 합쳐지면 본래 힘의 수십 배 부착력 있는 힘이 됩니다. 따라서 도마뱀이 벽이나 천장에 거꾸로 붙어 몸을 지탱할 수 있는 것이지요. 2003년 미국과 영국의 과학자들이 실리콘 고분자로 만든 접착면에 도마뱀 발바닥의 섬모와 같은 미세돌기를 새겨 넣어 게코 테이프를 개발했으며 지속적으로 개선하여 더욱 뛰어난 인공 게코 테이프로 발전시켰습니다. 그러나 이 도마뱀의 활약은 테이프를 만드는 것에 그치지 않습니다.

2006년 미국 타임 지가 선정한 '올해 최고의 발명품' 44개 중 하나는 스탠포드 대학교 에서 제작한 도마뱀 로봇인 '스티키봇(stikybot)'입니다. 얼핏 장난감 같이 보이는 이 로봇은 크기만 줄이면 스파이 로봇으로 활용할 수 있어 미 국방부가 지대한 관심을 가지고 있습니다. 학계에서는 '방향성 접착성(directional adhesive)'이라는 새로운 이론을 제시했다는 점에서 주목하고 있지요. 이 로봇의 핵심은 한쪽으로 힘을 가하면 붙고 다른 방향으로 당기면 쉽게 떨어지는 패드입니다.

유리 벽면 위에서 아래로 당기면 잘 달라붙고 아래에서 위로 밀면 쉽게 떨어지는 '방향성 접착성'을 가지고 있는 것이 특징입니다. 한 방향으로 당기면 잘 붙지만 반대 방향으로 밀면 쉽게 떨어지는 구조는 게코 도마뱀 발바닥 구조를 모방했습니다.

나미브 사막(Namib Desert)은 아프리카 앙골라 남부에서 나미비아에 이르기까지 대서양 연안을 따라 1,600킬로미터에 걸쳐 펼쳐져 있습니다. 이 매우 건조한 사막에는 나미브 딱정벌레가 살고 있습니다. 연강수량이 13밀리리터에 불과하기 때문에 이 딱정벌레는 대기로부터 물을 흡수하여 살아갑니다. 딱정벌레 바깥 날개에 있는 돌기들은 수분을 끌어당길 수 있는 친수성으로, 딱정벌레가 바람이 불어오는 방향으로 거꾸로 서면 돌기에 수분이 모여들면서 미세한 물방울들이 점점 커집니다. 이 물방울들은 돌기 사이의 홈을 따라 흘러 딱정벌레의 입까지 흘러갑니다. 홈은 방수 기능이 있어 물이 스며들지 않지요. 이러한 원리를 이용하여 한 벤처기업이 저절로 물이 채워지는 물병 시제품을 만들었는데, 딱정벌레처럼 공기로부터 수분을 모으는 이 자가 충전 물병은 시간당 3리터의 물을 모을 수 있습니다. 사막의 식수 공급에서부터 가정용 제습기, 온실의 수분 공급 나아가

나미브 딱정벌레

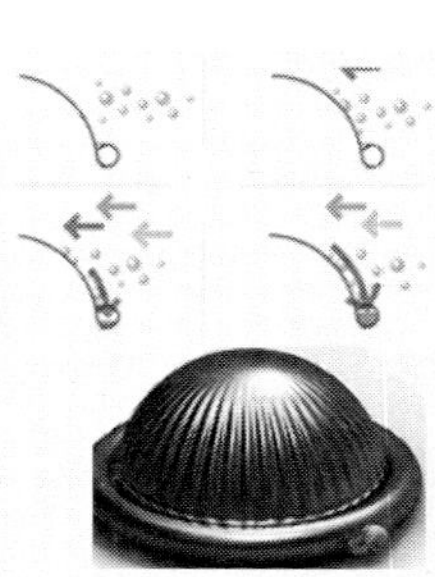

서 제3세계 국가의 물 부족 문제해결에 이르기까지 그 응용 범위는 매우 넓을 것으로 기대됩니다.

생체모방에서 빼놓을 수 없는 것이 생명체가 가지고 있는 천연신소재입니다. 생명체가 가지고 있는 자연신소재의 응용 가능성은 매우 높습니다. 거미줄의 나노 구조를 모방하여 한양대 연구팀은 그래핀과 탄소나노튜브가 결합된 인공근육신소재를 개발했는데, 이 소재는 거미줄보다 6배, 방탄조끼에 사용되는 섬유인 케블라보다 12배 이상 우수한 강도를 가진다고 합니다. 강도뿐만 아니라 나노 구조를 이용했기 때문에 유연성도 뛰어나고 외부 비틀림에도 매우 강한 특성을 지니고 있습니다.

테니스라켓으로 유명한 던롭(Dunlop) 사는 3가지 생체모방 요소를 도입한 '바이오미메틱'이라는 제품을 출시하였습니다. 상어 피부의 구조는 전신 수영복에 이미 사용되었을 정도로 빠른 속도를 내는데 도움을 주는데, 이를 테니스 라켓 표면에 적용하여 스피드를 높였고 안정적인 벌집 구조 즉 육각 구조의 카본 층을 라켓 프레임 내에 삽입하여 진동흡수율을 높였습니다. 마지막으로 앞에서 언급한 게코도마뱀 발바닥 구조를 라켓 그립에 응용하여 라켓의 착용감도 강화하였습니다.

시린 이 치료에도 바이오미메틱스 기술이 도입되었습니다. 미국화학회지는 홍합(mussels)이 스스로 방수접착제를 만들어 자신을 바위에 부착시킨다는 사실에서 단서를 얻어 에나멜과 상아질을 재건하는 방법을 발표하였습니다. 리딩 대학교(University of Reading)의 연구자들이 인체 내 생체에너지를 생산하는 미토콘드리아와 엽록체에서 영감을 얻어, 플라스틱 기판에 표면적을 크게 증가시킨 나노전선(nanowire) 네트워크를 구축해 자연친화적인 연료전지를 개발한 사례도 있습니다. 이제 살아 있는 건물을 상상할 때입니다. 엄청난 양의 이산화탄소를 흡수할 수 있는 지의류와 이끼로 된 미래의 건물을 상상해 볼까요? 스페인 바르셀로나 대학교에서는 햇빛을 받는 모든 벽면을 미세조류, 이끼나 지의류로 덮은 건물을 디자인하였습니다. 건물 벽면의 식물들이 빗물을 모으고 이산화탄소를 흡수할 뿐만 아니라 계절에 따라 건물 색채를 바꾸게 될 것입니다. 건물이 벽면 유기체의 성장을 지지하는 자연적인 생물 지지대가 되는 것이지요. 이제 여러분도 우리 주위의 생명체나 유기체로부터 다양한 생체모방을 고안하고 더 나아가서 생명체를 디자인해 보도록 합시다.

## 생명체를 합성하다

합성생물학(Synthetic Biology)은 생명과학과 공학의 융합학문입니다. 자연계에는 존재하지 않는 생물 구성요소와 시스템을 공학적으로 설계하고, 자연계에 존재하는 생물 시스템을 재설계하고 제작할 수 있지요. 생명체를 구성하는 주요 인자인 유전자와 단백질을 이용하여 성능과 효율이 높은 생물학적 시스템을 생산하거나 특수한 목적에 쓰일 최적의 생명 시스템을 만들기 위해 부품화, 표준화, 모듈화와 같은 공학적 개념을 적용하여 새로운 생명체를 만드는 기술 또는 학문이라고 할 수 있겠습니다.

Part Ⅱ에서 언급한 DNA에서부터 단백질을 합성하는 일련의 정보 흐름을 다시 생각해 봅시다. DNA는 복제를 통해 증식을 하고 전사과정을 통해서 mRNA가 합성되며 다시 번역과정을 통해서 단백질이 합성됩니다. 생명과학에서는 DNA, mRNA 및 단백질을 거대분자라고 하며, 복제, 전사 및 번역을 생체반응 또는 생물학적 과정이라고 합니다. 물론 이 과정에서 무수히 많은 효소나 다른 인자 또는 단백질이 직·간접적으로 관여하고 있습니다.

생명과학과 공학이 만나기 위해서는 공학적 용어의 사용이 필요합니다. 거대분자는 그대로 사용하기로 하겠습니다. 복제, 전사, 번역이 일어나기 위해서는 여러 효소나 또 다른 생체분자의 모임이 필요합니다. 공학에서는 이것을 부품(part)이라고 합니다. 복제과정을 살펴보면 여러 복합적인 과정이 합쳐지고 일련의 연속적인 과정을 통해서 이루어집니다. 예를 들면, 이중나선 구조가 풀리는 과정, 복제시작점을 찾는 과정, 실제 DNA가 합성되는 과정, 두 개의 이중나선으로 분리되는 과정 등으로 이루어져 있습니다. 이러한 각각의 작은 과정에는 여러 생체분자들이 협력하여 이루어지고 있습니다. 공학적으로는 여러 부품들이 결합하는 하나의 장치(device)로 되어 있습니다. 여러 과정이 합쳐져 복제과정을 만들 듯 여러 장치가 합쳐져 공학적인 과정을 수행하는 것을 모듈(module)이라고 합니다. 복제, 전사, 번역 과정을 각각의 모듈로 명명하고 하나의 모듈은 다른 모듈과 연결하여 한 과정이 끝나면 다음 과정을 수행할 수 있도록 설계할

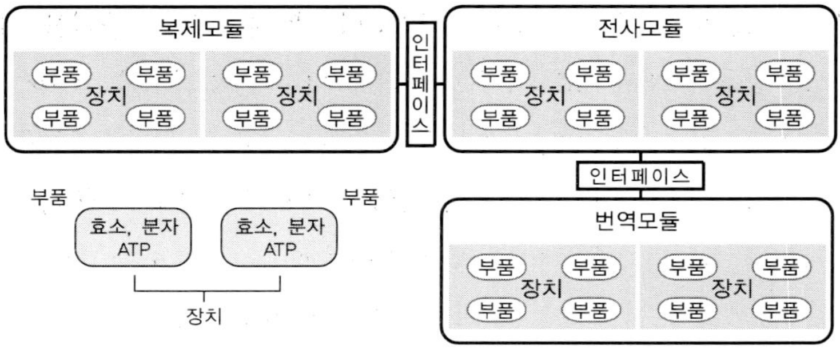


수 있습니다. 모듈 사이의 연결은 필수적이며 공학에서는 이를 인터페이스(interface)라고 합니다.

생명체의 전사과정은 핵에서 일어나며 번역과정은 세포질에서 일어납니다. 이것은 곧 전사모듈은 핵에 있고 번역모듈은 세포질에 있는 것을 의미하지요. 생명체에서 정보 흐름이 제대로 전달되기 위해서는 핵에서의 과정과 세포질에서의 과정이 원활하게 연결되어 있어야 합니다. 공학에서는 두 모듈을 연결하는 인터페이스간에 서로 인식이 가능해야 하는데 이를 표준화라고 합니다. 다시 말해 표준화는 각 모듈들이 같은 표준 인터페이스와 소통을 할 수 있는 운용성을 부여한다는 의미입니다. 지금까지 우리는 실제 생명체에서 일어나고 있는 정보흐름 과정을 공학적인 개념과 결부하여 알아보았습니다. 이것이 합성생물학의 첫걸음입니다.

미국 스탠포드 대학교의 엔디(Drew Endy) 연구팀은 DNA를 공학적인 용어와 개념으로 연계시켜 스위치를 포함하는 작동 환경을 구현해 자체적으로 하나의 독립 기능을 수행하는 표준 부품인 바이오브릭(BioBrick)을 만들었습니다. 바이오브릭스 재단(BioBricks Foundation)

홈페이지에 1,500개 이상의 바이오브릭 표준부품이 등록되어 있으며 누구나 무료로 사용할 수 있습니다. 예를 들어볼까요? 전사모듈에는 전사 종결자 부품이, 번역모듈에는 RBS(Ribosome Binding Site) 부품이 있습니다. 전사 종결자(transcriptional terminator)는 전사의 종결에 관여하는 부품들이며 각 부품마다 고유번호를 부여함으로써 쉽게 구별하여 사용할 수 있도록 했습니다. 그렇다면 번역모듈에 있는 RBS 부품은 무엇일까요? RBS는 리보솜 결합자리와 관련된 부품으로 번역 시작점에 관여할 것입니다. 연구자들은 구조와 기능이 명확하게 알려진 적절한 바이오브릭을 선택하고 조합하여 컴퓨터상에서 작동 여부를 먼저 시뮬레이션 할 수 있습니다. 나아가서 이 결과를 바탕으로 실제 박테리아나 효모 등에 관련 바이오브릭을 직접 삽입하여 검증할 수도 있습니다. 물론 자신이 새로이 개발한 바이오브릭을 이 재단에 추가적으로 등록하여 다른 사용자가 이용할 수 있도록 하는 것도 가능합니다.

2003년 1월에 MIT는 학생들에게 iGEM(international Genetically Engineered Machine) 과정을 개설하여 바이오브릭을 이용하여 자신만의 독특한 바이오장치나 생명체를 디자인하도록 하였습니다. 2004년부터는 iGEM 경진대회로 발전시켜 학생들로 하여금 합성생물학에 쉽게 접근하고 친근감을 가지도록 하고 있습니다. 바이오브릭스 재단 홈페이지(http://biobricks.org)나 iGEM 홈페이지(http://igem.org)에서 관련 정보를 얻을 수 있습니다. iGEM 경진대회에 출품되었던 박테리아 온도계로 어떻게 새로운 생명체를 디자인하였는지를 좀 더 세부적으로 알아보도록 하겠습니다.

박테리아 온도계는 온도에 따라 박테리아가 다양한 색을 낼 수 있게 유전자 발현을 조절하도록 디자인되었습니다. 색을 내는 유전자에는 BFP(Blue Fluorescence Protein), GFP(Green Fluorescence Protein), RFP(Red Fluorescence Protein) 등이 대표적입니다. 유전자 발현을 조절하는 바이오브릭을 이들 유전자 앞에 붙이면 온도에 따라 유전자 발현을 조절할 수 있을 것입니다. 그러기 위해서는 온도에 감수성이 있는 돌연변이체인 박테리아에서 부품을 선택해야 합니다. 사용한 바이오브릭 부품은 다음과 같습니다. 1) *ts* (temperature sensitive) 돌연변이 LacI 시스템 2) *cI* 억제자에 의해 조절되는 박테리오파지 434 시스템 3) *RFP* 유전자 4) *GFP* 유전자 등입니다. 이들 바이오브릭을 조립하면 다음과 같이 온도에 따라 다른 색을 내는 박테리아 온도계가 만들어집니다.

먼저 저온상황에 대해 알아보겠습니다. 온도 감수성이 있는 박테리아는 저온을 감지하여 LacI 전사인자를 합성하여 결합자리에 결합하게 합니다. 이 결합자리에 LacI 전사인자가 결합하면 RFP 및 cI 유전자 발현이 억제되어 RFP 단백질과 cI 전사인자가 합성되지 않습니다. 추가로 넣어준 GFP 유전자는 cI 전사인자가 있으면 발현이 억제되고 cI 전사인자가 없으면 발현되어 GFP를 합성합니다. 따라서 저온상태에는 cI 전사인자가 없기 때문에 GFP 단백질이 합성되

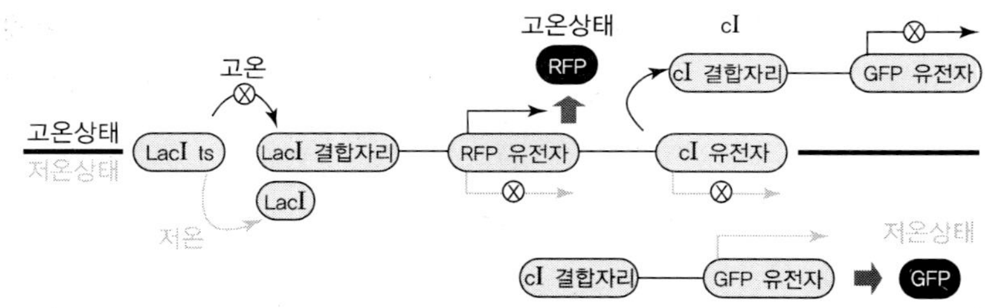

어 이 박테리아는 녹색을 띄게 됩니다.

고온상태는 어떨까요? 이 박테리아의 LacI 전사인자 발현을 억제합니다. 따라서 LacI 결합자리에는 이 전사인자가 붙지 않기 때문에 RFP 유전자가 발현되고 이어서 RFP 단백질이 합성되어 붉은 색을 띄게 됩니다. 당연히 cI 전사인자가 만들어져서 결합자리에 결합하면 GFP 유전자 발현을 억제하여 녹색이 차단될 것입니다. 고온과 저온 중간 상황에서는 붉은색과 녹색 단백질이 온도에 따라 적절한 비율로 합성되어 색이 나타날 것입니다

우리는 지금까지 생체모방과 합성생물학에 대해서 알아보았습니다. 자연계에 존재하는 생명체를 모방하여 인류의 미래 삶이 윤택해진다면 바람직하겠지요. 다른 한편으로는 인간의 욕망은 끝이 없기 때문에 언젠가는 인간이 생명체 전체를 합성하려는 바람직하지 않는 시기가 올지 모릅니다. 그러나 인간은 위기마다 자신을 뒤돌아보았던 것처럼 슬기롭게 대처하는 지혜와 자세가 필요할 것입니다. 이것이 생명윤리가 필요한 이유이기도 합니다. 몇몇 바이오브릭스를 이용하여 여러분들만의 조그만 바이오디바이스(bio-device)를 디자인해 보면 어떨까요?

**정리합시다**

- 바이오브릭스 재단에 있는 바이오부품들 혹은 여러분들의 창의력을 동원하여 조그마한 바이오디바이스나 지구상에 존재하지 않은 생명체를 디자인해 봅시다.

PART XIV

# 복잡계 시대, 생명과학의 미래는?

## 김규태 아리랑 환상곡
*Arirang Fantasy for Orchestra*

한국의 고요한 아침의 정경인 아리랑이 국악과 오케스트라의 만남으로 서정적이면서도 힘차고 강한 환상곡으로 태어납니다. 서구 중심의 환원주의에서 동양 중심의 전체주의로 사고의 전환이 이루어지면서 이제는 복잡계 관점으로 생명과학의 미래를 내다볼 때입니다. 서양과 동양이 융합된 과학적 사고에 의해 생명과학의 새로운 시대가 시작될 것입니다.

## 복잡계로서 생명체

Part I에서 언급하였듯이 서구 과학이 동양의 그것을 앞지르게 된 배경은 환원주의의 도입입니다. 환원주의란 복잡한 전체를 구성성분들로 나누고 나누다 보면 더 이상 나눌 수 없는 것에 이르며 이를 토대로 전체를 예측하는 과학적 사고입니다. 따라서 자연과학의 기초인 물리학자들은 물질의 근원을 찾기 위해서 구성요소를 찾기 시작했고 원자를 발견했습니다. 물론 이후 원자보다 더 작은 구성요소를 찾게 되었습니다. 그러나 이 환원주의에는 "부분의 합은 전체와 같다."는 전제조건이 필요합니다. 여기에 라디오가 있습니다. 라디오를 구성하는 모든 부품을 분해하고 그 모든 부품을 다시 조립하였을 때 라디오가 작동된다면, 이 라디오는 환원주의의 대표적인 예라고 할 수 있습니다. 그러나 이 명제가 모든 것에 적용될까요? 환원주의에 입각하여 만들어진 것에만 성립이 되겠지요. 환원주의가 가지는 한계를 보여주는 일화를 하나 소개하겠습니다.

《괴짜심리학》의 저자인 와이즈먼(Richard Wiseman)은 피실험자들에게 신문을 한 부씩 나눠주면서 신문에 게재된 사진의 개수를 세어 보게 하였습니다. 대부분 피실험자들은 이 지시에 따라 몇 분 이내에 사진의 개수를 헤아렸습니다. 와이즈먼이 신문 2면에 "세는 것을 중단하시오. 이 신문에는 모두 43개의 사진이 있습니다."라고 큼지막하게 써놓은 것을 본 실험자가 아무도 없었던 것이지요. 나무에 집착한 나머지 숲을 보지 못한 대표적인 사례가 되겠습니다. 전체주의(totalism 또는 wholism)는 정치, 심리, 음악 등 여러 분야에 폭 넓게 사용되는데, 여기서는 과학적 사고에 한정지어 이야기하겠습니다. 환원주의적 과학사고와 단순하게 반대되는 개념에서 출발했으면 합니다.

전체가 부분의 합 이외에 다른 요소로 이루어진다면 환원주의만으로는 설명할 수 없을 것입니다. 이 명제에 가장 적합한 것이 생명체이지요. 환원주의적 관점에서 본다면 생명체는 한 세포 안에 수천만 혹은 그 이상의 거대분자, 물질, 이온, 물 분자로 이루어져 있습니다. 그렇다면 우리가 가지는 정신 또는 영혼은 어디에서 왔을까요? 이 질문에 답할 수 없어도 한 가지 확실한 것은 생명체를 환원주의로 설명할 수 없다는 것입니다. 따라서 생명체를 이야기할 때에는 전체주의적 관점에서 접근해야 합니다.

자연과학에 대한 내용은 아니지만 물질로 구성된 인간에게 정신이 있다는 것이 확실하기에 육체와 정신에 대해 잠시 이야기하겠습

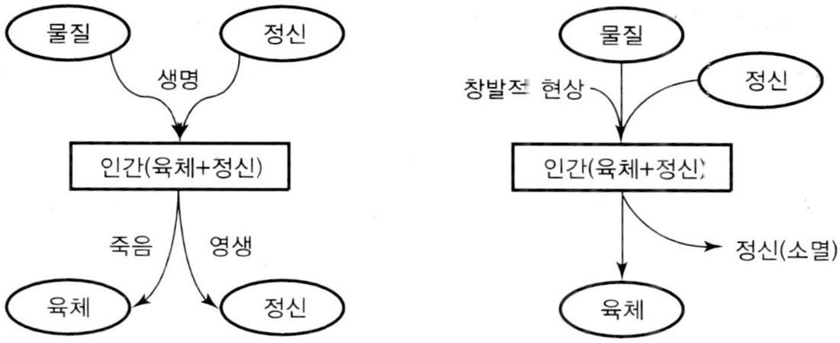


니다. 사람들은 정신과 영혼이라는 단어를 분리하여 사용하기도 하고 함께 쓰기도 하는데 여기서는 정신으로 통일하여 물질의 반대 개념으로 사용하도록 하겠습니다. 인간을 바라보는 관점에는 이원론(dualism)과 일원론(monism)이 있습니다. 이원론은 인간이 '육체와 그 육체와는 전혀 다른 정신의 조합'으로 이루어져 있다는 관점이며 다른 하나는 인간이 '하나의 육체'로만 존재한다는 관점의 일원론입니다. 다시 말해 인간은 한 가지 육체로만 존재하고 정신도 특별한 물질적 존재라는 생각입니다.

인간을 보는 이러한 두 가지 관점은 죽음에 대해서도 두 가지 사고를 제시합니다. 하나는 육체적인 죽음 후에도 정신은 살아 있다는 것이고 다른 하나는 육체가 죽으면 정신도 사라진다는 것입니다. 내세 문제를 다루면 종교를 이야기하지 않을 수 없으니 여기서 중단하고 육체적인 죽음과 정신적인 죽음이 별개의 문제인지에 대해서만 언급하겠습니다. 이원론적 사고에서는 당연히 육체적인 죽음과 정신적인 죽음을 별개로 여기겠지요. 사물 중심의 일원론적 사고에서는 육체의 죽음이 곧 정신의 죽음을 의미합니다. 예일대학교의 철학 교수 케이건(Shelly Kagan)은 자신의 저서 《죽음이란 무엇인가(Death)》에서 이에 대해서 논리적이고 철학적으로 접근하였습니다. 케이건 교수는 결론적으로 육체적인 죽음이 곧 정신적인 죽음이라는 관점을 제시합니다. 복잡계 특성을 언급하고자 생명과학자에게는 다소 생뚱맞을 수 있는 정신과 죽음에 대해서 잠시 다루었습니다.

Part 0에서 언급했듯이, 생명체뿐만 아니라 복잡계가 가지고 있는 공통적인 특성은 창발적 행위(emergent behavior)와 자기조직화(self-organization)입니다. 먼저, 창발적 행위에 대해서 이야기하겠습니다. 창발적 행위란 전체를 구성하고 있는 각각의 요소들은 가지고 있지 않지만 전체에서는 창발적으로 출현하는 현상 또는 행위를 말합니다. 인간은 분명히 물질로 이루어져 있습니다. 동시에, 인간은 정신을 가지고 있지요. 다시 말해 인간의 몸을 구성하는 DNA나 단백질에는 전혀 존재하지 않지만 이들이 모여 생명체, 즉 인간을 만들 때 정신이 나타납니다. 이를 창발적 행위라고 합니다.

원핵세포인 박테리아에는 정신이 없습니다. 진핵세포인 효모에도 정신은 없습니다. 하나의 사람 세포를 배양하고 있다고 할 때 이 세포가 정신을 가지고 있다고 하기는 어렵겠지요. 아메바에게는 정신이 있을까요? 정확히 알 수는 없습니다. 곤충에게는 정신이 있다고 가정해 봅시다. 정신이 없는 세포 여럿이 모여서 만들어진 개체(생명체)에는 정신이 나타납니다. 이것이 복잡계의 특성인 창발적 행위입니다. 몇 개의 세포가 모여야 정신이라는 창발적 현상이 나타나는지는 아무도 알지 못합니다. 창발적 효과라는 특성을 도입하면 육체와 정신은 하나라는 일원론적 관점을 택할 수 있습니다. 육체적인 죽음과 동시에 정신도 함께 죽는다는 관점에 동의하게 되는 것이지요. 케이건은 철학적 분석을 통해 이 문제를 다루었는데, 생명과학자는 창발적 행위라는 복잡계 특성을 통해서 일원론적 죽음을 이야기할 수 있습니다.

복잡계의 또 다른 특성은 자기조직화입니다. 어떤 시스템이 외부로부터 온 힘이나 압력과 상관없이 스스로 혁신적인 방법으로 조직을 꾸려가는 것을 말합니다. 다른 말로 표현하면, 시스템 외부의 어떤 영향 없이 시스템 내부에 있는 요소들이 상호 작용을 하면서 일정한 패턴을 만들어 내는 능력을 말합니다. 우리 주위에서 흔히 볼 수 있는 예가 모래더미의 표면입니다. 모래더미 표면의 모래들은 중력 때문에 아래로 내려 앉아 평평해지려는 성질을 가지기 때문에 만약 모래알이 하나 있다면 반드시 아래로 떨어집니다. 그러나 여러 알의 모래가 모이면 자기조직화라는 내부 힘에 의해 모래더미 표면의 모래는 모래 물결을 형성합니다. 점성이 있는 기름 아래에서 열을 가하면 오일이 휘발되어 얇은 막이 형성되지요. 이때 나타나는 육각형 모양의 패턴을 대류세포(convection cell)라고 합니다. 이 대류세포를 만드는 힘이 자기조직화입니다.

생명체의 자기조직화 현상은 도처에서 발견할 수 있습니다. 가장 대표적인 예가 짝짓기 하는 반딧불이 수컷들의 구애 현상입니다. 많게는 수천 마리의 수컷 반딧불이가 동시에 불을 반짝이며 구애합니다. 이 광경은 크리스마스 트리의 불빛이 동시에 반짝이는 것과 같이 장관을 이루지요. 수천 마리가 동시에 반짝일 수 있는 것은 우두머리의 지시가 아니라 반딧불이 전체의 자기조직화 결과입니다. 어항

을 치게 되면 무리지어 움직이는 물고기가 동시에 같은 방향으로 어김없이 회전합니다. 이것이 자기조직화의 결과입니다. 이러한 자기조직화는 무늬 형성에도 나타납니다. 나비의 무늬 패턴, 얼룩말의 무늬 패턴, 나아가서 배양접시에 자라는 박테리아가 만들어 놓은 성장 패턴도 결국 자기조직화의 결과입니다. 우리나라 겨울은 새들의 자기조직화를 관찰할 수 있는 보고입니다. 서해안의 금강호는 해마다 겨울이 되면 가창오리, 큰고니, 청둥오리, 큰기러기 등 50여 종의 800만 마리가 날아와 장관을 이룹니다. 특히, 이곳에서는 거창오리의 군무를 볼 수 있는데, 이 군무를 연출하는 힘 또한 자기조직화입니다.

## 네트워크 과학

미국 버지니아 주의 조그마한 도시 블랙스버그(Blacksburg)에 위치한 버지니아 폴리테크닉 주립 대학교(Virginia Polytechnic Institute and

State University, 약칭 Virginia Tech)의 2007년 4월은 잔인한 달이었습니다. 당시 이 대학에서 영어를 전공하고 있었던 한국계 미국인의 총기난사로 32명이 목숨을 잃고 29명이 다친 최악의 총기사건이 일어났습니다. 블랙스버그는 인구가 약 5만 명에 불과한 전형적인 대학 중심 도시입니다. 대학 관련 종사자 3만 명에, 이들의 생활을 위해 도시 기능에 종사하는 인구가 2만 명 정도인 살기 좋은 곳이지요. 살인사건의 희생자가 단 한 명이었더라도 발칵 뒤집어질 도시에서, 서른 명이 넘는 사망자가 발생했다면 그 충격이 어떠했을지 짐작조차 하기 어렵습니다. 이 도시 사람들이 같은 도시 사람을 50명씩 안다고 가정해 봅시다. 이 사건으로 블랙스버그에 사는 인구 중 3.2%인 1,600명이 친구를 잃은 셈입니다(32명×50명 = 1,600명). 친구의 친구를 잃은 사람의 수는 도시 전체 인구를 넘어섭니다(1,600명×50명 = 80,000명). 도시 전체가 슬픔에 빠졌지요.

필자는 이곳에서 2006년 한 해 동안 생활하였습니다. 이곳을 떠난 지 4개월 만에 이 사건이 터진 셈이지요. 연구실에서 함께 생활했던 친구의 지인이 희생되었다는 소식을 듣게 되었습니다. 필자 또한 친구의 친구를 잃어버린 사람이 되었습니다. 여러분들 대부분은 이 글을 읽기 전까지는 이 사건과 무관한 사람이었겠지만 지금은 '친구의 친구의 친구'를 잃은 사람이 되었을 겁니다. 이렇듯 아무 관련이 없는 사건이 갑자기 여러분을 불쑥 찾아오는 일이 생깁니다. 이것이 네트워크의 힘입니다. 다른 말로 표현하면 네트워크를 통해서 복잡한 현상이나 사실을 쉽게 이해할 수 있다는 의미이기도 합니다. 그리고 이 네트워크는 끊임없이 활동하고, 팽창하고, 진화합니다.

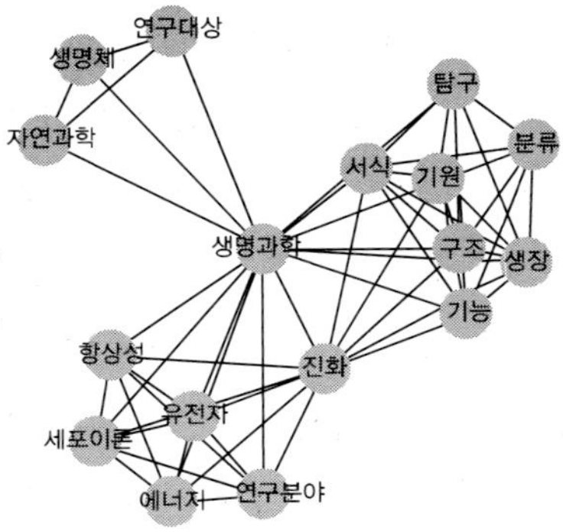


**생명과학**이란 생명체를 연구 대상으로 하는 자연과학이다. 생명과학은 생물의 구조, 기능, 생장, 기원, 진화, 서식, 분류 등을 탐구한다. 생명과학의 주요한 핵심 연구 분야는 세포이론, 진화, 유전자, 에너지, 항상성 등을 들 수 있다.

네트워크는 노드(node)라는 구성요소를 점으로, 이들 간의 관계(link)를 선으로 연결함으로써 복잡한 관계를 그래프로 표현하는 방법입니다. 여기서 노드는 인간, 집단, 개인, 구성성분 등 시스템을 구성하고 있는 모든 인자가 될 수 있으며 링크는 이들 간의 상호작용이 되겠습니다. 이 네트워크 그래프가 복잡한 것을 얼마나 쉽게 보여주는지에 대해 하나의 예를 들어 보겠습니다. 생명과학을 설명하는 위 문장을 네트워크로 전환하겠습니다. 한 문장에 있는 명사를 노드로 두고 명사와 명사를 링크로 연결하여 만들었습니다.

이제 네트워크상에 있는 몇 가지 명사만으로 생명과학에 대해 새로운 문장을 만들어 볼까요? "생명과학은 생명체를 연구하는 학문으로 진화, 유전자, 에너지, 세포, 항상성을 연구하는 학문입니다." 이렇듯 네트워크는 복잡계 시스템을 구성하고 있는 요소와 이들의 관계를 분석하여 단순화하고 쉽게 의미를 도출할 수 있게 합니다.

사회 네트워크에서는 구성원 개인이나 조직이 노드이며, 이들 구성원간의 관계, 즉 친구 관계, 혈연 관계, 공통 취미 관계, 채무 관계,

신뢰 관계 등 다양하고 특별한 관계가 연결되는 구조입니다. 사회 네트워크의 일환으로 영화배우 네트워크, 인터넷 월드 와이드 웹 네트워크, 페이스 북과 트위터를 포함하는 SNS 네트워크, 소설의 등장 인물을 분석하는 삼국지 네트워크와 토지 네트워크, 역사적 사료에 등장하는 역사 관련 네트워크 등 네트워크를 통해서 복잡한 현상을 이해하려는 시도가 전 분야에서 이루어지고 있습니다.

공학 분야에서도 마찬가지입니다. 저비용으로 발전소와 중계탑을 연결하는 전기 네트워크(electric network), 비슷한 목적의 가스관 네트워크, 컴퓨터 네트워크 등과 같은 다양한 네트워크가 있습니다. 이제 생명과학 분야에서도 다양한 네트워크 분석이 시작되었습니다. 대사산물 네트워크, 신경망 네트워크, 단백질 네트워크, 유전자 네트워크, 질병 네트워크, 유전자-단백질 네트워크, 유전자-질병 네트워크 등 세포를 구성하고 있는 구성성분들 사이의 관계를 분석하는 네트워크가 등장할 수 있습니다. 이외에도 바이러스나 전염병들의 전파 네트워크를 구축하여 분석함으로써 확산을 막을 수도 있고 차단 방법을 도출할 수도 있습니다.

네트워크를 통해서 복잡한 현상을 분석하는 데 그치지 않고 네트워크를 조절하여 통제할 수도 있습니다. 네트워크에서 많은 링크를 가지는 노드를 허브라고 합니다. 허브는 공항에도 적용되지요. 우리나라는 제주뿐만 아니라 김해와 청주에도 국제공항이 있지만 노선(링크)이 가장 많은 허브공항은 단연 인천공항입니다. 허브공항이 무너지면 전체 항공망이 무너집니다. 2001년 미국의 9.11 테러(September 11 attacks) 발생 당시, 미국을 방문했던 많은 사람들의 발이 며칠

동안 묶인 적이 있었습니다. 미국의 허브공항인 뉴욕의 JFK(John F. Kennedy) 공항과 보스턴의 로건(Logan) 공항이 마비되었기 때문이지요. 허브를 공략하면 네트워크를 파괴할 수 있고, 허브를 방어하면 외부 공격으로부터 네트워크를 보호할 수 있습니다.

초기에 있었던 하나의 노드에 노드가 하나 더 추가되었고, 이 두 노드가 연결되었습니다. 이때 다시 하나의 노드가 생긴다면 두 노드 중 하나의 노드에 연결될 확률은 반반입니다. 이제 한 노드는 두 노드와 연결되어 있고 다른 노드는 하나의 노드와 연결되어 있습니다. 또 다른 노드가 생기면 기존의 세 노드에 결합할 확률은 33%입니다. 이처럼 네트워크는 팽창(성장)하며 어떤 패턴으로 성장할지 예측하기 어렵지만 무작위로 성장하는 것은 아닙니다. 링크가 많은 노드에 연결이 몰리는 속성이 있습니다. 허브 노드가 생기는 이유는 '빈익빈 부익부' 현상의 결과입니다. 우리가 정보 검색을 손쉽게 하기 위해서 정보량이 많은 곳을 방문하고, 그 정보를 많은 사람들과 공유하기 위해서 방문자가 많은 곳에 게시하는 것과 같은 이치이지요. 우리는 네트워크의 확장 패턴(네트워크의 동적 변화)을 분석하여 네트워크의 과거를 분석하여 미래를 예측할 수 있습니다.

하나의 세포는 수천만 개 또는 그 이상의 구성요소들로 구성되어 있습니다. 이 하나의 세포는 독립적으로 살아가거나 박테리아와 서로 협력하면서 살아갑니다. 강한 자만 살아남는 적자생존의 기본원리가 생태계를 지배하기는 하지만 항상 그런 것은 아닙니다. 생명체는 자신의 유전자를 후손에 물려 주고자 하는 본능이 있습니다. 집단을 형성하며 살아가는 박테리아 집단 앞에 적이 나타났을 때, 신호를 보내는 박테리아가 적에게 먼저 발견될 확률이 높습니다. 이런 위험에도 불구하고 왜 적이 나타났다는 신호를 보내는 걸까요? 비록 자신은 죽지만 다른 박테리아를 살릴 수 있다면 유전자 보존 측면에서는 더 유리하기 때문에 서로 협력하는 것이지요. 단일 세포로 살아나가는 환경에 적이 너무 많아 힘을 합쳐 뭉치기로 한 것이 다세포 생명체입니다. 인간 또한 여기에 속합니다. 하나의 세포 내 구성성분들의 네트워크도 복잡한데, 수십조 개의 세포들 사이의 상관관계를 분석하기란 보통 일이 아닙니다. 네트워크를 통한 분석에도 한계가 있고 이 분석을 더욱 쉽게 도울 수 있는 것은 역시 컴퓨터입니다. 복잡계에 대한 이해는 컴퓨터 발달과 비례할 수밖에 없는 이유도 여기에 있습니다. 1998년 미국 사이언티픽 아메리칸(Scientific American)의 과학기자 깁스(Wayt Gibbs)는 "가장 단순한 생 세포일지라도 슈퍼컴퓨터가 완벽하게 재현해낼 수 없을 만큼 그 행동 양상이 매우 복잡하다."는 이야기를 하면서 "비록 불완전한 모델이지만 가상세포(cyber cell)는 생물학의 기초를 뒤흔들 만큼 위력을 가진다."고도 하였습니다. 복잡한 생명체를 이해하는 데 가상세포가 또 하나의 방법이 될 것입니다.

## 가상세포에 대해서

1999년 12월 10일자 사이언스 지에 최소세포(minimal cell)에 관한 셀레라 지노믹스(Celera Genomics)의 벤터(Craig Venter) 박사의 논문이 실렸습니다. 마이코플라스마(mycoplasma)는 박테리아보다 더 작은 원생생물로 517개의 유전자를 가집니다. 연구팀은 제거했을 때 치명적이지 않은 유전자, 즉 제거하여도 죽음과는 무관한 유전자를 제거하여 반드시 필요한 필수유전자 265~350개만 가지는 최소세포를 발표하였습니다. 다시 말해 생명체가 살아가는 데 필요한 최소한의 유전자 265개를 발표한 셈이지요.

1997년 일본 게이오 대학교(Keio University)에서 최소세포가 가지고 있는 265개 중 120개에 다른 유전자 7개를 더 추가하여 에너지대사 중심의 가상세포를 최초로 만들었습니다. 이것이 최초의 가상세포인 'E-cell'입니다. 최소세포에 관한 논문이 발표된 시기가 1999년인데, 게이오 대학교에서 그보다 앞서 1997년에 가상세포를 만들었습니다. 어떻게 가능했던 걸까요? 1996년 최소유전자 중 120개에 대한 정보가 이미 사이버 상에서 공개되었습니다. 그 후 게이오 대학교는 사이버세포에 관한 선두주자로 발돋움하였습니다. E-cell에 관한 추가 버전이 발표되었고 적혈구 세포에 관한 가상세포도 발표되었습니다. 생물학적 실험을 통해서 알 수 있는 것은 단절된 구성원 사이의 상호작용입니다. 비록 완벽하지 않더라도 복잡한 시스템(E-cell의 경우, 127개 구성요소가 연결된 복잡계)과의 상호작용을 통해서 현상을 살피는 것이기 때문에 훨씬 더 실제 생명체에 가깝다고 할 수 있습니다.

2001년 미국 코네티컷 대학교에서는 또 다른 가상세포인 'Virtual cell'을 만들었습니다. 이 가상세포는 세포 내의 칼슘이온 활동을 처음으로 분석하였습니다. 생화학적 반응에 수리모델을 추가하여 모델링하고 시뮬레이션을 통해 생물학적 현상을 유추할 수 있으며 실제 실험을 설계할 수 있습니다. 이 시스템을 이용하면 실험의 시간적·경제적 손실을 막는 부수적인 효과도 얻을 수 있습니다.

우리나라도 KAIST의 이상엽 박사 연구팀이 대사공학과 사이버 세포를 연결하여 대사공학적 시너지 효과를 창출할 수 있는 시스템을 구축하였습니다. 대사공학이란 유용한 생체 물질을 대량생산하기 위하여 세포 대사과정을 인위적으로 조절하는 것입니다. 어떤 세포에 다음과 같은 대사과정이 있다고 합시다. 우리의 목표가 'F'를 대량생산하는 것이라고 할 때, 이를 위해서 'B'에서 'C'로의 경로를 차단하면 대부분의 대사체가 'B'에서 'E'로 흐르기 때문에 'F'가 많이 생산될 것입니다. 박테리아에 이 방법을 적용하여 실제로 더 많은 'F'를 생산하였습니다. 이것이 대사공학입니다.

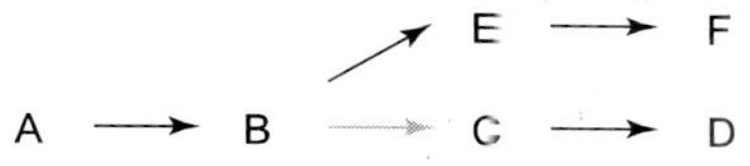


세포는 이보다 더욱 복잡하게 연결되어 있기 때문에 직접 연결되어 있는 경로만 고려하는 이러한 방법에는 문제가 있습니다. 자! 이제 실제를 들여다볼까요? 그 결과는 다음과 같습니다. 물론 이 네트워크도 세포 전체를 연결한 것이 아니며, 실제 생명체는 아래에서 보여준 네트워크보다 매우 복잡하게 되어 있습니다. 그러나 실제 세포에 있는 경로 전체를 수리모델링하여 가상세포 안에 구축하기란 현재 불가능합니다. 그렇기 때문에 간접적으로 영향을 미치는 경로와 구성성분들은 고려하지 않고 다음 그림의 경로만을 가지고 새롭게 수리모델링하여 가상세포 상에서 시뮬레이션 하는 것으로 가정하겠습니다.

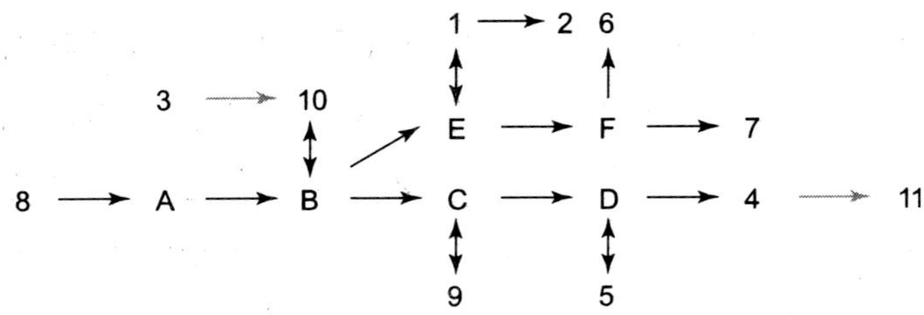


'F'를 대량생산하는 데 있어서 'B → C 경로'를 제어하는 것은 아무런 관련이 없었으며 전혀 관계가 없어 보이는 '3 → 10 경로'와 '4 → 11 경로'를 제어하는 것이 오히려 도움이 된다는 결과가 도출되었습니다. 믿을 수 있나요? 실제로 이 두 경로를 차단한 결과, 단순히 'B → C 경로'를 차단한 경우보다 10배 혹은 그 이상의 'F'가 대량생산되었다는 유사한 연구 결과가 있습니다. 이것이 사이버 세포에 대사공학을 접목한 결과라고 할 수 있습니다. 아직 초기단계이기 때문에 사이버 세포에 관한 미래는 밝습니다.

실제 세포의 일부만이라도 컴퓨터를 이용해 모델링하여 가상세포(cyber cell 또는 in silico)를 구축하면 그 응용 가능성은 무한합니다. 앞에서 본 바와 같이 대사경로를 사이버 세포에 구축하면 산업에의 응용, 대량 생산의 기틀을 마련할 수 있습니다. 세포 내에서 특정 기능을 하는 경로를 수리모델링하고 시뮬레이션 한다면 실험 결과를 예측하고 결과를 이해할 수도 있습니다. 그 외에도 세포를 구성하는 단백질이나 DNA 염기서열에 관한 정보를 컴퓨터에 넣고 결과를 도출한다면 구조와 기능 등 세포 내에서 일어나고 있는 복잡한 현상을 이해하는 데 도움이 될 것입니다.

복잡계 세계는 여전히 밝혀지지 않은 부분이 많은 초기단계이기 때문에 도움이 될 만한 문헌을 특별히 소개하고자 합니다. 네트워크의 선두주자인 바라바시(Albert-Laszlo Barabasi)가 저술한 《링크: 21세기를 지배하는 네트워크 과학》(2002, 김기훈·강병남 역)은 네트워크를 이해하는 데 도움이 됩니다. 복잡계를 구성하고 있는 성분들 사이의 네트워크뿐만 아니라 협력관계에 대한 이해를 돕는 데는 수학자이자 생물학자인 노왁(Martin Nowak)과 하이필드(Roger Highfield)가 저술한 《초협력자》(2012, 허준석 역)를 권합니다. 생물을 전공하는 사람에게는 오래 전 원서이지만 아주 쉽게 풀어쓴 《Self-organization in Biological Systems》(2001, Camazine, Deneubourg외 4인)를 권합니다. 자기조직화를 이해하는 데 도움이 될 것입니다. 복잡계 과학에 대한 연구는 앞으로도 계속되겠지요. 열린 다음으로 바라보고 이해하는 것이 이 세계를 이해하는 데 가장 중요하다는 것을 기억하기 바랍니다.

### 정리합시다

- 복잡계의 특성 두 가지에 대해 정리합시다.
- 네트워크와 복잡계를 연계하여 숨겨진 실마리를 찾는 것에 대해 정리합시다.
- 생명체 네트워크를 예로 들고 얻을 수 있는 정보를 정리합시다.
- 가상세포에 관해서 설명하고 실례를 바탕으로 미래 과학에 대해 정리합시다.

### □ 더 읽어야 할 문헌


- 죽음이란 무엇인가, 셸리 케이건, 박세연 옮김, 엘도라도, 2012년.
- 복잡계 개론, 윤영수·채승병, 삼성경제연구소, 2005년.

# 찾아보기


ㄱ

가상세포 347
가시고기촌충 177
감기 127
감마프로테오박테리아 100
게놈 지도 74
게놈의 재편성 128
고세균 83
골수세포 239
골지체 18
공유결합 6, 9, 26
광합성 259
구아닌 38
글리벡 227
근위축성 측색경화증 209
글루카곤 301
글루코시드결합 34
글리세르알데히드 33
글리코겐 34, 307, 310
글리포세이트 252
급성 거부반응 241

ㄴ

낭배과정 205
낭배형성 202
노드 344
노쇠화 167
논-코딩 RNA 293
누라미니다아제 127
뉴클레오솜 54
뉴클레오티드 38
니치세포 224

ㄷ

다능성 줄기세포 203
다이너마이트 20
단백질 18, 32, 35
당뇨병 144
대류세포 341
대변이 128
대사공학 349
대식세포 143
대장균 103
뎅기 바이러스 178
뎅기열 178

독감 127
돌리 200
디히드록시아세톤 33

ㄹ

라민A 단백질 162
라스 단백질 228
래깅주형 59
런던분산력 31
레트로바이러스 124
레플리콘 188
렌티바이러스 124
리딩주형 59
리베이로이아흡층 177
리보솜 73
리소좀 18
링크히스톤 295

ㅁ

만능세포 203
만성 거부반응 241
만성 골수성 백혈병 119
말라리아 158
머리핀 경로 83
머리핀 구조 106
먹이사슬 259
메탄영양성 생물 100
메틸화 296
면역 거부반응 241
명반응 259
무생물 3
물질 22
물질대사 261
미미바이러스 117
미토콘드리아 18
미토콘드리아 DNA 95
믿음이 242

ㅂ

바이러스 8, 113
바이러스 단백질 분해효소 130
바이오디바이스 333
바이오디젤 279
바이오미메틱스 323
바이오에탄올 279
박테리오데이트 175
반데르발스 힘 6, 28
발암유전자 209
배아줄기세포 204
백시니아 바이러스 116
백신 116
번역 60
베르너증후군 162
베타프로테오박테리아 100
변종바이러스 128
복잡계 세계 290
복잡계 시스템 11, 344
복제 55, 56
복제 부위 57
복제기점 188
볼티모어 분류법 121
분자 19

분절게놈 128
불포화지방산 27
비소세포암 230
비타민 D 149
비피더스균 174
빙하기 146

ㅅ

사이버 세포 349
산화－환원반응 260
살리바리우스균 174
상보적 구조 8
새롬이 253
생식 4, 7
생체모방 323
샤가프 법칙 7
샷건 49
선택마크 190
선택적 스플라이싱 과정 67
성체줄기세포 203
세포 3
세포괴사 165
세포분열 205
세포사멸 165
세포의 자살 165
셰일가스 280
소랄렌 318
소변이 128
소세포암 230
소수성 결합 6, 28
소수성 상호작용 31
소포체 18
솔라닌 317
수소결합 6, 10, 28, 30
수정 198
숙주유전자 134
스트레스 호르몬 292
시그마 인자 63
시그마결합 26
시스템생물학 164
시아노박테리아 100
시알산 128
시키메이트 경로 252
시토신 38
시토크롬 C 106
시트르산 105
식물의 노쇠화 167
신생혈관형성 217

ㅇ

아데닌 38
아미노산 32, 35, 68
아세틸화 296
아포토시스 165
악성 종양 217
알데히드 탈수소효소 150
알코올 탈수소효소 150
알파갈 유전자 241
알파프로테오박테리아 100
암 억제 유전자 132
암 유발인자 217
암반응 259

암세포 167
암세포의 침입 221
암의 전이 221
암줄기세포 225
앤지오스타틴 218
약물 스크리닝 210
양이온 25
어바인 신드롬 204
에스트로겐 148
엑손 66
엔도스타틴 218
여분의 염색체 DNA 187
역전사 122
역전사 효소 121
연소 4
연쇄상구균 174
열발생단백질 146
염기서열 40, 48, 71
염색체 55
염색체 DNA 187
엽록소 260
엽록체 260
오가자키 DNA 조각 59
오존층 276
요소환원주의 17
원자 19
원자핵 20
원핵생물 83
원핵세포 64
원형질막 18
유도만능줄기세포 207
유비퀴틴 133, 296
유비퀴틴 E3 리가제 133
유비퀴틴화 296
유전병 141
유전자 60
유전자 재조합 191
유전자의 자리이동 226
유크로마틴 294
음양오행설 182
음이온 25
이온결합 6, 155
이원론 339
이중결합 26
이중나선구조 7
인간 게놈 48
인간 게놈 프로젝트 49
인간 마이크로바이옴 프로젝트 180
인산디에스테르결합 39
인산화 296
인슐린 144, 239, 301
인식자리 193
인지질 41
인터페론 238
인트론 66
일원론 339

ㅈ

자가인산화 228
자궁경부암 131
자기복제시스템 7, 8
자기조절시스템 9
자기조직화 341

자일리톨 314
장티푸스 179
전기영동법 247
전기음성도 29
전능세포 203
전립선암 230
전사 60
전자 20
전자전달계 260
전체주의 338
절약유전자 292
점착말단 190
젖산균 174
제한자리 189
제한효소 188, 193
제한효소길이다형성 246
조로증 161
조류 인플루엔자 120
좀비 개미 178
줄기세포 197
증식 56
지노 241
지방단백질 147
지방산 40
지질 18, 40
직립보행 168
진핵생물 83
진핵세포 64
진화 5
진화론 81


ㅊ


차코닌 317
창발적 행위 12, 340
창발적 효과 340
천연두 115
체세포 203
체세포 복제 201
체액설 180
초급성 거부반응 241
최소세포 347
최외각전자 23
췌장암 231


ㅋ


캘빈 사이클 261
코티솔 292
콜라겐 XVIII 219, 220
콜레스테롤 147
콜키신 317
크로마틴 294


ㅌ


탄수화물 18, 33
테스토스테론 148
텔로머라제 161
텔로미어 161
톡소플라즈마 곤디 176
튀는 DNA 117, 118
트랜스포존 118
트리아실글리세롤 40, 307

티로신 키나아제 227
티민 38

ㅍ

파네솔 316
파레토 법칙 308
파이결합 26
퍼옥시좀 18
페니실린 183
펩티드결합 32, 35
폐암 230
포도당 33
포배낭 198, 201
포화지방산 27
프로그램화된 세포 죽음 165
프로모터 64, 188
프로테아좀 133
프리온 114
플라스미노겐 219
플라스미드 116
피르미큐트 175
필라델피아 염색체 227

ㅎ

합성생물학 328
핵 18
핵산 18, 37
핵치환 기술 199
허브 345
헤마글루티닌 127
헤이플릭 한계 160, 161
헤테로크로마틴 294
헤파린 241
혈뇌장벽 135
혈색소 침착증 142
혈액 응고 단백질 242
혈우병 242
형질전환 191
호흡 4
환경호르몬 115
환원주의 13, 17, 337
활성산소종 249
후성유전학 290
흑사병 143
히스톤 54
히스톤 변형 293

A

ATP 146, 266

B

BCR－ABL 유전자 119
BFP 332
BGH 254
BMI 지수 311
Bt 물질 250
Bt 유전자 251
Bt 유전자 도입 작물 250

C

cDNA 122

CpG 섬 294
CpG 억압 294

D

DNA 37, 47
DNA 리가아제 191
DNA 메틸전달효소 293
DNA 메틸화 293
DNA 연결효소 59
DNA 이중나선 구조 53
DNA 재조합기술 238
DNA 중합효소 59
DNA 증폭 245
DNA 지문 247
DNA 지문감식 246
DNA 치환 기술 199
DNA 헬리카아제 59

E

E－cell 348
EPO 253
EPSP 합성효소 252

G

G－CSF 239
G6PD 157
GFP 332
GMO 249
GWAS 78

H

H1N1 바이러스 120
HDL 147

L

LDL 147
LMO 255

M

MAPK/ERK 경로 226
MCP 242
miRNA 297
mRNA 67
Myc 유전자 226

O

ORF 73

P

p53 217
PCR 245
poly(A) tail 66
PrPC 135
PrPSC 135

R

RFP 332
RISC 298
RNA 37

RNA 스플라이싱 65
RNA 합성효소 63

S

siRNA 297
SNP 76
STR 246

V

Virtual cell 348

VNTR 246

W

WRN 유전자 162

기타

1-4 글루코시드결합 33
1-6 글루코시드결합 344
80:20 법칙 308

바이오필하모니

지은이 • 김학용
발행인 • 조승식
발행처 • (주) 도서출판 북스힐
등록 • 제22-457호


주소 • 142-877 서울시 강북구 한천로 153길 17
www.bookshill.com
E-mail • bookswin@unitel.co.kr
전화 • 02-994-0071
팩스 • 02-994-0073


인쇄 2021년 1월 20일
발행 2021년 1월 25일

값 15,000원

ISBN : 978-89-5526-760-0